实用技术丛书

机器视觉

原理与经典案例详解

宋春华　张　弓　刘晓红　等编著

化学工业出版社
·北京·

内容简介

机器视觉是指利用相机、摄像机等作为传感器，并配合机器视觉算法，赋予智能设备具备人眼的功能，从而进行相关物件识别、检测、测量等操作的一种技术，现已广泛应用于多个领域。

本书在对机器视觉的定义、现状及组成单元等基础理论进行介绍的基础之上，从实用性角度，对 Delta 并联机器人机器视觉动态分拣等 5 个工业应用实例、铁路货车超限监测等 5 个交通应用实例、基于人脸识别的智能窗帘等 3 个其他领域应用实例进行了重点讲解，并对机器视觉技术和市场的未来发展进行了展望。

本书可供仪器科学与技术、机械电子工程、自动化等领域的科研人员和工程技术人员参考使用，也可作为高等院校测控技术与仪器、智能感知工程、机械电子工程、电子信息工程等相关专业本科生和研究生的教学用书。

图书在版编目（CIP）数据

机器视觉：原理与经典案例详解 / 宋春华等编著.
—北京：化学工业出版社，2022.6（2024.7 重印）
ISBN 978-7-122-41148-8
Ⅰ. ①机…　Ⅱ. ①宋…　Ⅲ. ①计算机视觉
Ⅳ. ①TP302.7

中国版本图书馆 CIP 数据核字（2022）第 057987 号

责任编辑：张海丽　　　　装帧设计：刘丽华
责任校对：王　静

出版发行：化学工业出版社
（北京市东城区青年湖南街 13 号　邮政编码 100011）
印　　装：北京天宇星印刷厂
787mm×1092mm　1/16　印张 $16\frac{1}{2}$　彩插 3　字数 367 千字
2024 年 7 月北京第 1 版第 3 次印刷

购书咨询：010-64518888　　　　售后服务：010-64518899
网　　址：http://www.cip.com.cn
凡购买本书，如有缺损质量问题，本社销售中心负责调换。

定　　价：88.00 元　　

Preface

The introduction of the automation has revolutionized the manufacturing in which complex operations are broken down into simple step-by-step instruction that could be repeated by a machine. In such a mechanism, the needs for the systematic assembly and inspection have been realized in different manufacturing processes. These tasks are usually performed by the human operators, but these types of deficiencies have made a machine vision more attractive. Wikipedia defines machine vision as: Machine vision is the technology and methods used to provide imaging-based automatic inspection and analysis for such applications as automatic inspection, process control, and robot guidance, usually in industry.

Machine vision simulates human visual functions to observe and recognize the objective world, which could be used for image acquisition, image processing, and feature recognition. With the rapid development of information integration, machine vision has become indispensable in automation, robotics, autonomous driving, security monitoring, and other domains. New application scenarios and the increasing amount of data have created a demand for machine vision with faster parallel processing, higher energy efficiency, smaller volume, and lower price.

The book "Machine Vision: Principles and Detailed Explanation of Classic Cases", starts from practicality. The basic theory of machine vision is first introduced. Then the typical application cases of machine vision in industry, transportation and other fields are comprehensively explained. Finally, the future technology and market of machine vision are analyzed and prospected. Looking at the whole book, this is a popular science book, it can also be said to be a textbook that guides machine vision innovation research.

How to choose an appropriate machine vision solution to ensure the accuracy, real-time and robustness of the system has always been the direction of attention and efforts of researchers and application enterprises. Therefore, this book is not only worth reading for scientific and technical personnel in the machine vision industry, but also beneficial to the scientific and technological personnel and managers who study, apply and pay attention to the application of machine vision in various fields.

January 2022

·序·

自动化的引入使制造业发生了革命性的变化，复杂的操作被分解成简单的、可由机器重复的分步指令。在此种机制下，可在不同的制造过程中实现系统的装配和检查。通常，这些任务是由人类操作完成的，但很多局限性使得机器视觉更具吸引力。维基百科对机器视觉的定义是：机器视觉是一种技术和方法，通常用于工业领域，为自动检测、过程控制和机器人导航等应用提供基于图像的自动检测和分析。

机器视觉通过模拟人类的视觉功能来观察和识别客观世界，可用于图像采集、图像处理和特征识别。随着信息集成技术的飞速发展，机器视觉已经成为自动化、机器人、自动驾驶、安防监控等领域不可缺少的一部分。新的应用场景和不断增加的数据量对具有更快并行处理、更高能效、更小体积和更低价格的机器视觉技术提出了需求。

《机器视觉：原理与经典案例详解》一书从实用性出发，首先介绍了机器视觉的基础理论，然后重点针对机器视觉在工业、交通以及其他领域的典型应用案例进行了全面的讲解，最后对机器视觉未来的技术和市场进行了分析与展望。纵观全书，这是一部机器视觉的科普书，也可以说是一部指导机器视觉创新研究的教科书。

如何选择合适的机器视觉解决方案，以保证系统的准确性、实时性和鲁棒性等，一直是研究人员与应用企业关注与努力的方向。因此，本书不仅值得机器视觉行业科技人员一读，对研究、应用、关注机器视觉在各领域应用的科技人员、管理人员来说，也必定开卷有益。

韩彭秀

韩国汉阳大学教授、韩国工程院院士

中国国家高层次人才计划入选者

2022年1月

前·言

机器视觉技术作为信息获取与处理的重要技术，已经是大多数理工科类本科和研究生的必修和选修课程。自20世纪60年代Roberts正式开启三维机器视觉的研究开始，机器视觉技术经过几十年的发展，并伴随计算机技术、现场总线技术的提升，现已是现代加工制造业不可或缺的产品之一。机器视觉技术强调实用性，具有非接触性、实时性、自动化、智能化和可移植性等优点，有着广泛的应用前景。目前已广泛应用于食品、化妆品、制药、建材、化工、金属加工、电子制造、包装、汽车制造等行业。

机器视觉技术是获取信息、分析和处理数据的关键技术和手段，是从事科学研究、产品智能化与无人化的关键技术。可以说，没有机器视觉技术，就没有科学研究的未来，各行各业会因为没有机器视觉技术而大大阻碍智能化和无人化发展的脚步。因此，机器视觉技术相关的知识是已经或者将要从事科技与生产的人员必须学会、必须掌握的一门重要的专业基础知识。

机器视觉技术涉及人工智能、神经生物学、心理物理学、计算机科学、图像处理、模式识别等诸多学科。机器视觉主要用计算机来模拟人的视觉功能，从客观事物的图像中提取信息，进行处理并加以理解，最终用于实际检测、测量和控制。机器视觉技术最大的特点是速度快、信息量大、功能多。

目前，与“机器视觉技术”相关的图书已有多种，各种版本各有所长，各有所取。本书正是以现在的多种版本为借鉴，同时又紧扣时代脉搏，尽可能地反映现代机器视觉技术的最新发展撰写而成的。本书对机器视觉在工业、交通、农业、智能家居等各方面的应用给出了较多的案例，每一个案例从背景、目标、方法和实验结果进行了具体分析，旨在给相关人员研究机器视觉技术提供有效的参考。

本书共17章，前3章为基础理论，后13章为机器视觉在工业、交通和其他领域的应用实例，最后1章为未来发展趋势预测。前3章介绍了机器视觉的发展历史、定义、系统构成和平台组成；第4章～第16章分析讨论了13个具体应用案例，有Delta并联机器人机器视觉动态分拣、3-PPR平面并联机构视觉伺服精密对位、关节臂式机器人3D视觉智能抓取、工件表面缺陷视觉检测、工件尺寸视觉测量、铁路货车超限监测、高速列车弓网异常状态检测、车站客流安全智能监控、高铁牵引变电所绝缘子异常状态识别、高速列车接触网状态巡检、基于人脸识别的智能窗帘、基于机器视觉的茶叶嫩芽识别方法、基于机器视觉的车牌识别系统；第17章对机器视觉的发展进行了展望。

本书由宋春华、张弓、刘晓红等编著，由宋春华对全书进行统稿。其中，西华大学宋春华和中国科学院深圳先进技术研究院广州先进技术研究所张弓共同完成了第1章、第2章、第3章；广州先进技术研究所张弓完成了第4章、第5章、第6章和第17章；广州先进技术研究所杨根完成了第7章、第8章；西南交通大学刘晓红和西华大学宋春华共同完成了第9章、第10章、第11章、第12章、第13章；西华大学宋春华完成了第14章、第15章、第16章。全书是在各位作者的通力合作下完成的。

特别感谢韩国汉阳大学教授、韩国工程院院士、中国国家高层次人才计划入选者韩彰秀为本书作序。感谢西华大学机械工程学院硕士生程川、王鹏、孟令方、邸银浩参加了本书的校对工作。感谢西南交通大学肖世德教授、权伟副教授、程学庆副教授、金炜东副教授，太原理工大学张兴中教授，西南交通大学硕士生孙丽丽、刘可敬、郑丹阳、吴镜锋，天津大学硕士生乔佳，太原理工大学硕士生潘哲对本书编写的大力支持。本书在编写过程中，参考了大量的资料，在此向书中所列参考文献的作者表示衷心的感谢！

由于编著者水平所限，书中定有欠妥之处，敬请读者批评指正。

编著者

2022年1月

目·录

应用实例篇：工业 023

第10章 高速列车弓网异常状态检测 121

第11章 车站客流安全智能监控 142

第12章 高铁牵引变电所绝缘子异常状态识别 159

基础理论篇

第1章 绪论

1.1 机器视觉的定义

机器视觉（Machine Vision，MV）主要研究用计算机来模拟人的视觉功能，从客观事物的图像中提取信息，进行处理并加以理解，最终用于实际检测、测量和控制[1]。

一个典型的机器视觉应用系统包括光源、光学成像系统、图像捕捉系统、图像采集与数字化模块、数字图像处理模块、智能判断决策模块和机械控制执行模块，如图 1.1 所示[1]。首先采用图像拍摄装置将目标转换成图像信号，然后转变成数字化信号传送给专用的图像处理系统，根据像素分布、亮度和颜色等信息进行各种运算来抽取目标的特征，最后基于预设的容许度和其他条件输出相应的判断结果。

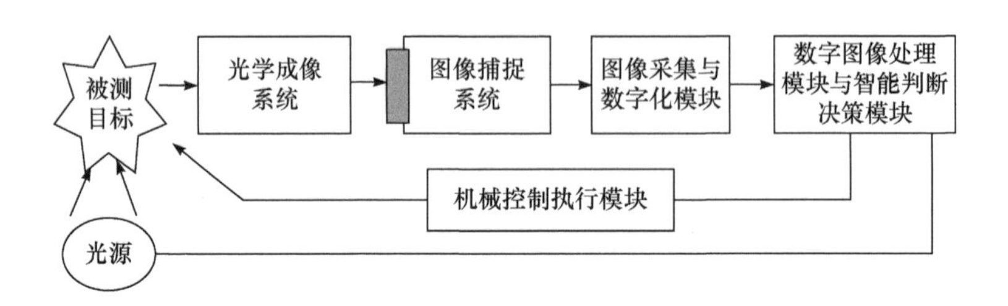

图 1.1　典型机器视觉系统组成

以饮品行业灌装水平检测系统为例[2]（图 1.2）。每一瓶啤酒通过一个检测传感器，触发机器视觉系统，以开启闪光灯并拍摄瓶子的照片。采集图像后，视觉软件经过处理或分析后，根据瓶子的灌装程度发出通过或失败响应。如果系统检测到灌装不正确的瓶子（失败情况），则向分流器发出拒绝瓶子的命令。操作员可以在显示器上实时查看到不合格瓶子，以及持续过程中的数据统计量。

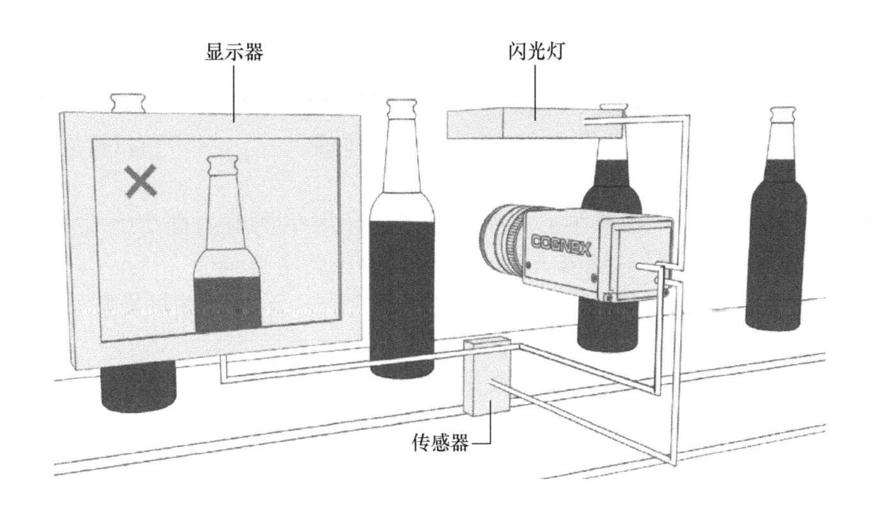

图 1.2　饮料瓶罐装过程机器视觉检测示例

需要指出的是，广义的机器视觉（MV）与计算机视觉（Computer Vision，CV）既有联系又有区别，二者与相关智能领域的关联性如图 1.3 所示。IBM 公司对计算机视觉（CV）给出的定义是：计算机视觉属于人工智能的研究领域，它使计算机和系统能够从数字图像、视频和其他视觉输入中获取有意义的信息，并根据这些信息采取行动或提出建议。

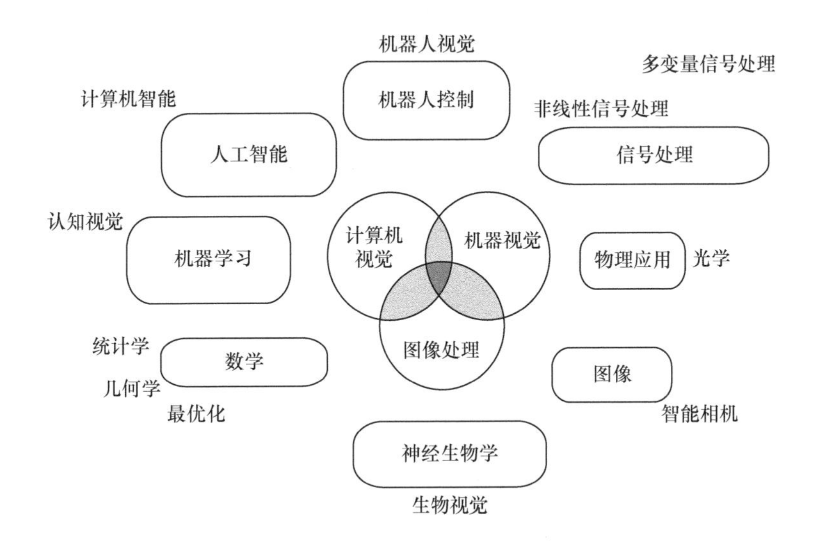

图 1.3　机器视觉和计算机视觉与相关智能领域的关联性

由此可见，机器视觉（MV）与计算机视觉（CV）都是泛指使用计算机和数字图像处理技术达到对客观事物图像的识别、理解和控制，但是也存在着明显区别。计算机视觉依赖人眼和大脑，有智能化功能，也依赖经验的累积；机器视觉则是依赖严格几何信息，重在精确。如果以人眼的功能划分，人眼具有的功能可以作为计算机视觉，如识别物体、认识人等，虽然不能精确获得障碍距离，但是足以避障。人眼相比相机做不到的，则作为机器视觉，如精确测出一个物体的尺寸、物体和相机之间的相对距离和角度等。

① 机器视觉（MV）是指在工厂和其他工业环境中使用的自动化成像“系统”，计算机视觉（CV）扩展到与机器人和人类视觉的相关主题。

② 如果把机器视觉（MV）看作一个系统的主体，那么计算机视觉（CV）就是视网膜、视神经、大脑和中枢神经系统。

③ 机器视觉（MV）使用摄像机来查看图像，计算机视觉（CV）则对图像进行处理和解释，然后指示系统中的其他组件对这些数据采取行动。

④ 计算机视觉（CV）可以单独使用，而不需要成为大型机器系统的一部分。但是机器视觉（MV）如果没有计算机和其核心的特定软件是无法工作的。

⑤ 计算机视觉（CV）为机器视觉（MV）提供理论和算法基础，机器视觉（MV）是计算机视觉（CV）的工程实现。

由此可见，计算机视觉（CV）偏重深度学习并且偏向软件，机器视觉（MV）偏重特征识别同时对硬件方面的要求比较高。不过随着对智能识别的要求越来越高，二者也会互相渗透、互相融合，区别仅限于应用领域不同。

本书重点介绍机器视觉技术。机器视觉涉及图像处理、模式识别、人工智能、信号处理、光机电一体化等多个学科领域，具有实时性好、定位精度高等优点，能有效地增加系统的灵活性与智能化程度[3]。随着机器视觉技术的不断完善，以及制造业中高质量产品的需求增多，机器视觉从最开始主要用于3C（Computer，Communication，Consumer Electronics）行业的尺寸测量和缺陷检测，已逐步应用到机器人技术、自动驾驶、汽车制造、食品监控、交通运输、纺织加工、医药医疗等多个领域，不仅提高了生产效率，而且在精度、速度和质量上也比人工具有更大的优势[4]。

1.2 机器视觉的发展历史

机器视觉技术是计算机学科的一个重要分支，自起步发展至今，已有数十年的历史，作为一种应用系统，其功能以及应用范围随着工业自动化的发展逐渐完善和推广。

机器视觉发展于20世纪50年代对二维图像的模式识别，包括字符识别、工件表面缺陷检测、航空图像解译等。1965年，美国麻省理工学院Roberts[5]通过计算机程序从数字图像中提取出诸如立方体、楔形体、棱柱体等多面体的三维结构，并对物体形状及物体的空间关系进行描述，开创了面向三维场景理解的立体视觉研究。20世纪70年代中，麻省理工学院人工智能实验室正式开设“机器视觉”课程，1977年，Marr[6]提出了不同于“积木世界”分析方法的计算机视觉理论，即著名的Marr视觉理论，该理论在20世纪80年代成为机器视觉研究领域中一个十分重要的理论框架和模式化基础。

20世纪80年代，开始了全球性的机器视觉研究热潮，不仅出现了基于感知特征群的物体识别理论框架、主动视觉理论框架、视觉集成理论框架等概念，而且产生了很多新的研究方法和理论，无论是对一般二维信息的处理，还是针对三维图像的模型及算法研究，都有了很大提高。机器视觉获得蓬勃发展，新概念、新理论不断涌现。20 世纪 90 年代后，机器视觉理论得到进一步发展，同时开始在工业领域得到应用，在多视图几何领域的应用也得到快速发展。

人们设想开发无需手动设计特征、不挑选分类器的机器视觉系统，以及期待机器视觉系统能同时学习特征和分类器[7]。随着深度学习的迅猛发展、卷积神经网络（Convolutional Neural Networks，CNN）的出现，使得该设想得以实现，基于深度学习的机器视觉研究发展迅速。2012 年，“神经网络之父”和“深度学习鼻祖”Hinton 的课题组开发出的 CNN 网络 AlexNet 在 ImageNet 图像识别比赛中一举夺得冠军。2014 年，英国牛津大学几何视觉组的 VGG（Visual Geometry Group）网络在 ImageNet 图像识别比赛中获得定位结果的冠军，GoogLeNet 获得分类和检测结果的冠军。2015 年，ResNet 在 ImageNet 图像识别比赛中获得分类、定位和检测三项冠军。2016 年，欧洲计算机视觉大会上，南京大学魏秀参的 DAN+（Deep Averaging Network）模型在短视频表象性格分析竞赛（Apparent Personality Analysis）中夺冠，基于卷积神经网络的机器视觉已充分兑现了其发展潜力。

1.3 机器视觉的发展研究现状

1.3.1 国外机器视觉现状

机器视觉早期发展于欧美和日本等国家和地区，并诞生了许多业内著名的机器视觉相关技术公司，包括光源供应商日本 Moritex，镜头公司美国 Navitar、德国 Schneider、德国 Zeiss、日本 Computar 等，工业相机公司德国 AVT、美国 DALSA、日本 JAI、德国 Basler、瑞士 AOS、德国 Optronis 等，视觉分析软件公司德国 MVTec、美国康耐视（Cognex）、加拿大 Adept 等，以及传感器公司日本松下（Panasonic）、日本基恩士（Keyence）、德国西门子（Siemens）、日本欧姆龙（Omron）、美国迈思肯（Microscan）等。

尽管近 10 年来，全球机器视觉产业向中国转移，但欧美等发达国家在机器视觉相关技术上仍处于主导地位，其中美国康耐视（Cognex）与日本基恩士（Keyence）几乎垄断了全球 50%的市场份额，全球机器视觉行业呈现两强对峙状态。2018 年，全球机器视觉市场规模接近 80 亿美元；2019 年，全球机器视觉市场规模达到 102 亿美元，增长 27%以上；2020 年由于新冠疫情影响，全球机器视觉市场规模下滑至 96 亿美元，预计未来全球机器视觉市场规模会持续增长。

1.3.2 国内机器视觉现状

相比发达国家，我国直到 20 世纪 90 年代初才有少数的视觉技术公司成立，相关视觉产品主要包括多媒体处理、表面缺陷检测以及车牌识别等。但由于市场需求不大，同时产品本身存在软硬件功能单一、可靠性较差等问题，直到 1998 年开始，我国机器视觉技术才逐步发展起来，其发展历程经历了起步期、引入期、发展初期、发展中期和高速发展期 5 个阶段。

第一阶段，1990—1998 年，称之为机器视觉起步期。期间真正的机器视觉系统市场销售额微乎其微，主要的国际机器视觉厂商还没有进入中国市场。1990 年以前，仅仅在大学和研究所中有一些研究图像处理和模式识别的实验室。20 世纪 90 年代初，一些来自这些研究机构的技术人员成立了视觉公司，开发出第一代图像处理产品，可以开展一些基本的图像处理和分析工作。尽管这些公司用机器视觉技术成功解决了一些实际问题，如多媒体处理、印刷品表面检测等[8]，但由于产品本身软硬件方面的功能和可靠性还不够好，限制了它们在工业应用中的发展。另外，一个重要的因素是市场需求不大，工业界的很多工程师对机器视觉没有概念，很多企业也没有认识到质量控制的重要性。

第二阶段，1998—2002 年，称之为机器视觉概念引入期。越来越多的电子和半导体工厂落户珠三角和长三角，带有机器视觉的整套生产线和高级设备被引入中国。伴随着这股潮流，一些厂商和制造商开始希望发展自己的视觉检测设备，这是真正的机器视觉市场需求的开始。设备制造商或 OEM（Orignal Equipment Manufacturer）厂商需要更多来自外部的技术开发支持和产品选型指导，一些自动化公司抓住了这个机遇，走了不同于上面提到的图像公司的发展道路——做国际机器视觉供应商的代理商和系统集成商。他们从美国和日本引入最先进的成熟产品，给终端用户提供专业培训咨询服务，有时也和他们的商业伙伴一起开发整套视觉检测设备。经过长期的市场开拓和培育，不仅仅是在半导体和电子行业，在汽车[9]、农产品[10]、包装[11]等行业中，很多厂商也开始认识到机器视觉对提升产品品质的重要作用。在此阶段，许多著名视觉设备供应商，如美国 Cognex、德国 Basler、美国 Data Translation、日本 SONY 等，开始接触中国市场，寻求本地合作伙伴。

第三阶段，2002—2007 年，称之为机器视觉发展初期。在各个行业，越来越多的客户开始寻求机器视觉解决方案，可以实现精确的测量，更好地提高产品质量，一些客户甚至建立了自己的机器视觉部门。越来越多的本地公司开始在他们的业务中引入机器视觉，一些是普通工控产品代理商，一些是自动化系统集成商。随后，一些有几年实际经验的公司逐渐强化自己的定位，以便更好地发展机器视觉业务。他们或者继续提高采集卡、图像软件开发能力，或者试图成为提供工业现场方案或视觉检查设备的主导公司。随着人们日益增长的产品品质需求，国内很多传统产业，如棉纺[12]、农作物[13]、焊接[14]等行业开始尝试用视觉技术取代人工来提升质量和效率。

第四阶段，2007—2012 年，称之为机器视觉发展中期。期间出现了许多从事工业相机、镜头、光源到图像处理软件等核心产品研发的厂商，大量中国制造的产品步入市场。相关企业的机器视觉产品设计、开发与应用能力，在不断实践中也得到提升。同时，机器视觉在农业[15]、制药[16]、烟草[17]等多个行业得到深度广泛的应用，培养了一大批技术人员。

第五阶段，2012 年至今，称之为机器视觉高速发展期。得益于相关政策的扶持和引导，我国机器视觉行业的投入与产出显著增长，市场规模快速扩大。目前，我国共有关键词为“机器视觉”的现存企业 2677 家，如海康威视、大华股份、大恒科技、奥普特、万讯自控、矩子科技、商汤科技、旷视科技、云从科技等。2020 年注册机器视觉企业 365 家，同比减少 17%，2021 年上半年的注册量为 174 家。据统计，机器视觉在我国消费电子行业中的应用最为成熟，2019 年市场份额高达 46.6%。2015 年，我国机器视觉市场规模为 31 亿元，2019 年提升至 103 亿元，预测 2023 年有望达到 197 亿元。

虽然近十年来，我国机器视觉技术已经在消费电子、汽车制造、光伏半导体等多个行业应用，涵盖了国民经济中的大部分领域，但总体来说，大型跨国公司占据了行业价值链的顶端，拥有较为稳定的市场份额和利润水平。2019 年占据我国机器视觉市场前三名的企业为：日本基恩士（Keyence）、美国康耐视（Cognex）、广东奥普特（OPT），其市场份额分别约为 37%、7%、5%。由此可见，我国机器视觉公司规模较小。尤其是许多机器视觉基础技术和器件，如图像传感器芯片、高端镜头等，仍全部依赖进口，国内企业主要以产品代理、系统集成、设备制造，以及上层二次应用开发为主，底层开发商较少，产品创新性不强，处于中低端市场，利润水平偏低。

本章小结

机器视觉技术的诞生和应用，极大地解放了人类劳动力，提高了生产智能化水平，改善了人类生活现状，其应用前景极为广阔。机器视觉作为人工智能的重要组成单元，随着产业的不断智能化，需要不断推进高精度、高适应性、高效率和智能互联的机器视觉技术才能满足未来的发展需求。

参考文献

[1] 段峰，王耀南，雷晓峰，等. 机器视觉技术及其应用综述[J]. 自动化博览，2002(3): 59-61.

[2] Cognex Corporation. Introduction to machine vision: A guide to automating process & quality improvements[R]. Massachusetts, USA, 2016.

[3] 朱云，凌志刚，张雨强. 机器视觉技术研究进展及展望[J]. 图学学报，2020, 41(6): 871-890.

[4] 宋春华，彭泫知. 机器视觉研究与发展综述[J]. 装备制造技术，2019(6): 213-216.

[5] Roberts L. Machine perception of 3-d solids[D]. Massachusetts: Massachusetts Institute of Technology, 1965.

[6] Marr D. Vision: A computational investigation into the human representation and processing of visual information[M]. Cambridge: MIT Press, 2010.

[7] Forsyth D, Ponce J. Computer vision: A modern approach[M]. London: Prentice Hall, 2011.

[8] Loh H H, Lu M S. Printed circuit board inspection using image analysis[J]. IEEE Transactions on Industry Applications, 1999, 35(2): 426-432.

[9] 刘常杰，郲继贵，叶声华，等. 汽车白车身机器视觉检测系统[J]. 汽车工程，2000, 22(6): 373-376.

[10] 应义斌，景寒松，马俊福，等. 机器视觉技术在黄花梨尺寸和果面缺陷检测中的应用[J]. 农业工程学报，1999, 15(1): 197-200.

[11] 王健. 食品包装机器视觉检测系统[J]. 中国食品工业，2000(11): 36-37.

[12] 李勇，周颖，尚会超，等．基于机器视觉的坯布自动检测技术[J]．纺织学报，2007, 28(8): 124-128.
[13] 胡淑芬，药林桃，刘木华．脐橙表面农药残留的计算机视觉检测方法研究[J]．江西农业大学学报，2007, 29(6): 1031-1034.
[14] 赵相宾，李亮玉，夏长亮，等．激光视觉焊缝跟踪系统图像处理[J]．焊接学报，2006, 27(12): 42-44.
[15] 刘凯，辜松．基于机器视觉的嫁接用苗识别研究[J]．农机化研究，2009, 31(11): 46-48.
[16] 张辉，王耀南，周博文，等．医药大输液可见异物自动视觉检测方法及系统研究[J]．电子测量与仪器学报，2010, 24(2): 125-130.
[17] 刘朝营，许自成，闫铁军．机器视觉技术在烟草行业的应用状况[J]．中国农业科技导报，2011, 13(4): 79-84.

第2章

机器视觉系统组成单元及应用

一般来讲，机器视觉系统的主要组成单元包括照明、镜头、图像传感器、视觉信息处理和通信模块等[1]，其主要组成单元如图 2.1 所示。照明可以照亮要检测的零件，使其特征突出，从而可通过相机被清晰地看到；镜头采集图像并以光的形式将其传送给图像传感器；图像传感器将此光转换为数字图像，然后将其发送至处理器进行分析；视觉处理包括检查图像和提取所需信息的算法，运行必要的检查并做出决

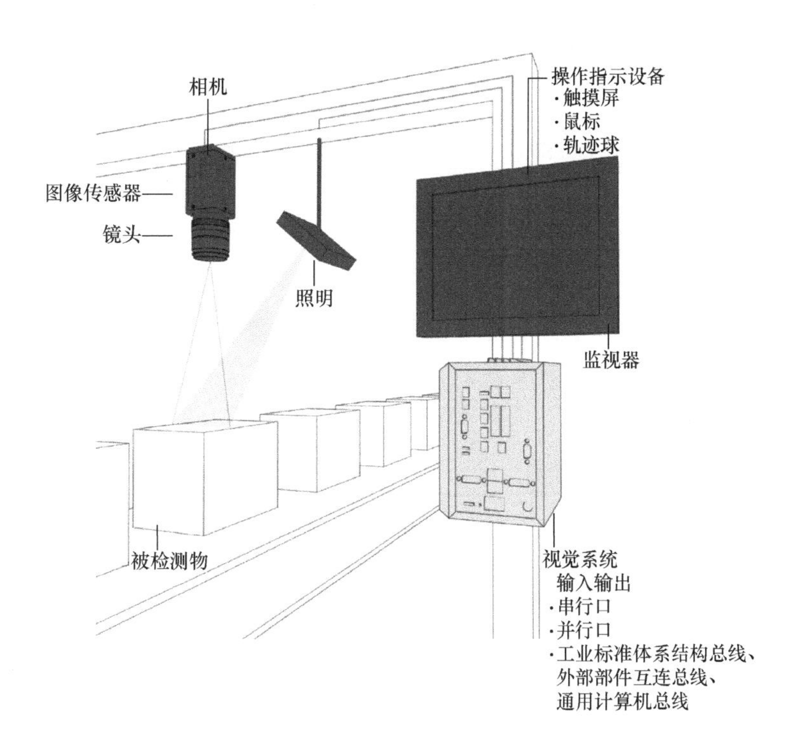

图 2.1 机器视觉系统主要组成单元

定；最后通过离散 I/O（Input/Output）信号或串行连接，将数据发送到记录信息或使用信息的设备，从而完成通信。

2.1 照明

照明的主要作用是：将外部光源以合适的方式照射到被测目标物体，以突出图像的特定特征，并抑制外部干扰等，从而实现图像中目标与背景的最佳分离，提高系统检测精度与运行效率[2]。机器视觉光源主要包括：卤素灯、荧光灯、氙灯、LED（Light Emitting Diode）、激光、红外、X 射线等[3]。其中，卤素灯和氙灯具有宽的频谱范围和高能量，但属于热辐射光源，发热多，功耗相对较高；荧光灯属于气体放电光源，发热相对较低，调色范围较宽；LED 发光是半导体内部的电子迁移产生的发光，属于固态电光源，发光过程不产生热，具有功耗低、寿命长、发热少、可以做成不同外形等优点，LED 光源已成为机器视觉的首选光源；而红外光源与 X 射线光源应用领域较为单一。

视觉系统可基于环境和应用、光源的照射方式，提供 6 种不同的照明选项组合[4]，包括：背光式、轴向漫射式、结构光式、暗场式、明场式、漫射穹顶式等，如图 2.2 所示。

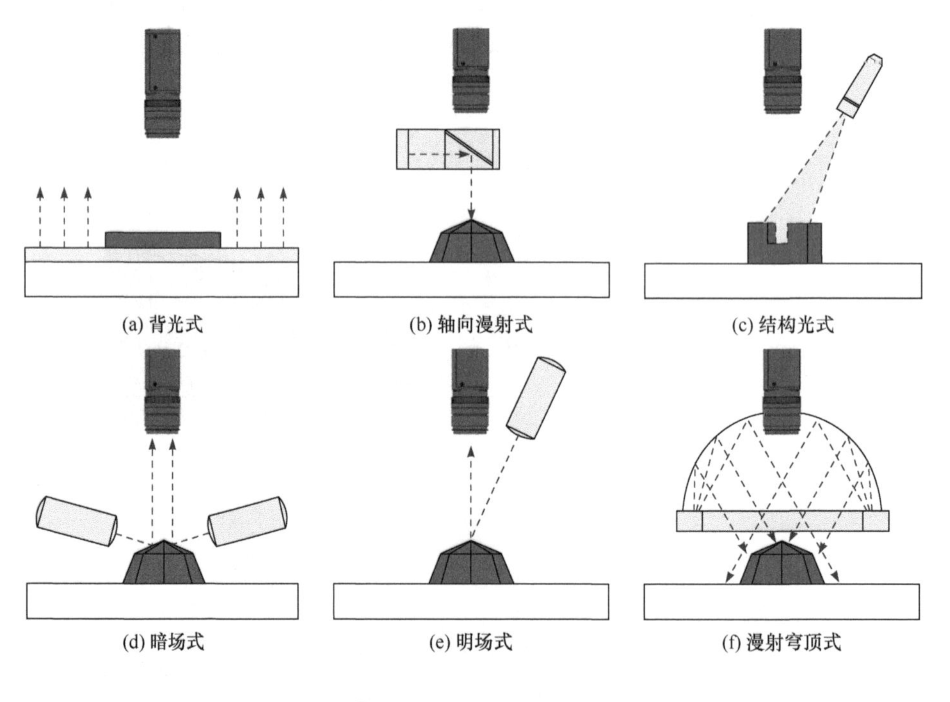

图 2.2　6 种不同照明方式

① 背光照明。背光照明从目标后侧投射均匀的照明，从而突出目标的轮廓。该照明类型用于检测孔或间隙的存在与否、目标轮廓形状的测量或验证，以及增强透明目标部件上的裂缝、气泡和挂擦。但是，此类照明方式可能会丢失物件的表面细节信息。

② 轴向漫射照明。轴向漫射照明将光从侧面（同轴）耦合到光程中。一个半透明的镜子从侧面照亮，将光线以 90°向下投射到物件上。此种照明方式，通过半透明镜将光线反射回相机，可减少阴影，并且眩光较少，从而形成照明均匀且外观均匀的图像。该种方式适合检测反光、平坦表面上的缺陷，测量或检查有反光的物体，以及检查透明包装。

③ 结构光照明。结构光照明以已知角度将光图案（平面、栅格或更复杂的形状）以已知角度投影到物件上。此种照明方式非常适用于与对比度无关的表面检测、获取尺寸信息和计算体积等场景。

④ 暗场照明。暗场照明技术以小角度光照射目标，镜面反射光从相机反射出去，来自物件表面的所有纹理特征（如挂擦、边线、印记、凹口等）被反射到摄影机中，使这些表面功能特征显得明亮，而其余部分则显暗。此种照明方式通常优先用于低对比度的应用场景。

⑤ 明场照明。此种照明方式常用于高对比度应用。然而，高定向光源（如高压钠灯和石英卤素灯等）可能会产生尖锐的阴影，并且通常不会在整个视野中提供一致的照明。因此，发光或反射表面上的热点和镜面反射可能需要更多的漫射光源，以在亮场中提供均匀的照明。

⑥ 漫射穹顶照明。此种照明方式可为物件的表面特征提供最均匀的照明，并且能够遮掩无关的且可能会混淆场景信息的特征。

此外，光源颜色也会对图像对比度产生显著影响，一般来说，波长越短，穿透性就越强，反之则扩散性越好。因此，光源选择需要考虑光源波长特性，如红色光源多用于半透明等物体检测。美国加利福尼亚大学 Vriesenga 等[5]利用控制光源的颜色来改善图像的对比度。同时，光源旋转需要考虑光源与物体的色相性，通过选择色环上相对应的互补颜色来提高目标与背景间的颜色对比度[6]。因此，在实际应用中，需考虑光源与物体颜色的相关性，选择合适的光源来过滤掉干扰，如对于某特定颜色的背景，常采用与背景颜色相近的光源来提高背景的亮度，以改善图像对比度[7]。

2.2 镜头

机器视觉系统中，镜头作为机器的眼睛，主要作用是捕捉目标物件的图像，并将其传到图像传感器的光敏器件上，从而使机器视觉系统能够从图像中提取目标物件的信息。镜头决定了拍摄图像的质量和分辨率，直接影响到机器视觉系统的整体性能。合理地选择和安装镜头，是设计机器视觉系统的重要环节。常见的以成像为目的的镜头，可以分为透镜和光阑两部分，透镜侧重于光束的变换，光阑侧重于光束的取舍约束。镜头的种类繁多，按照变焦与否可分为定焦镜头和变焦镜头。镜头选择也非常重要，通常会根据放大率、焦距、靶面直径、视场角来选择。

镜头的其他物理参数包括光圈、景深、视野、视角等，各参数之间相互关联。其中焦距越小，视角越大；最小工作距离越短，视野越大；光圈和焦距的大小直接影响到景深，光圈越大，景深越短；焦距越大，景深也越短，反之亦然。除此之外，镜头的接口类型与相机的安装方式分为F型、C型、CS型三种。F型接口是通用型接口，适用于焦距大于25mm的镜头；而当焦距小于25mm时，常采用C型或CS型接口。

2.3 图像传感器

相机捕捉被检物件图像的能力，不仅取决于镜头，还取决于相机内的图像传感器。图像传感器通常使用电荷耦合器件（Charge-Coupled Device，CCD）或互补金属氧化物半导体（Complementary Metal Oxide Semiconductor，CMOS）技术，以将光信号（光子）转换为电信号（电子）。CCD是一种半导体器件，其作用就像胶片一样能够把光学影像转化为电信号。CCD上植入的微小光敏物质称作像素（Pixel），一块CCD上包含的像素数越多，其提供的画面分辨率也就越高。CMOS则是通过外界光照射像素阵列，发生光电效应，在像素单元内产生相应的电荷，行选择逻辑单元根据需要选择相应的行像素单元，最后转换成数字图像信号输出。

本质上，图像传感器就是采集光源并将其转换为数字图像，以平衡噪声、灵敏度和动态范围。与光敏二极管、光敏三极管等“点”光源的光敏元件相比，图像传感器是将其受光面上的光像分成许多小单元，将其转换成可用的电信号的一种功能器件。图像传感器分为光导摄像管和固态图像传感器。与光导摄像管相比，固态图像传感器具有体积小、重量轻、集成度高、分辨率高、功耗低、寿命长等特点。图像是像素的集合，弱光产生暗像素，而强光产生更亮的像素。确保相机具有适合的传感器分辨率至关重要，分辨率越高，图像的细节就越多，测量也就越精确。零件的尺寸、公差，以及其他参数将决定所需的传感器分辨率。

2.4 视觉信息处理

视觉信息处理可称为机器视觉的“大脑”，能对相机采集的图像进行处理分析，以实现对特定目标的检测、分析与识别，并做出相应决策，是机器视觉系统的“觉”部分。视觉信息处理是从数字图像中提取信息的机制，可以在基于PC的外部计算机系统中进行，也可以在独立的机器视觉系统内部进行。视觉信息处理由软件执行，包括三个步骤。首先，从图像传感器获取目标物件的图像信息，在某些情况下，可能还需要进行预处理，以优化图像并确保能突出所有必要的特征；然后，软件定位给定特征，执行测量，并将其与既定规范进行比较；最后，做出决策并传达结果。

视觉信息处理一般包括图像预处理、图像定位与分割、图像特征提取、模式分类、图像语义理解等层次[8]。具体说明如下：

图像预处理主要借助相机标定、去噪、增强、配准与拼接、融合等操作，来提高目标物体的图像质量，降低后续处理难度。图像定位与分割主要利用目标边界、几何形状等先验特征或知识确定待检测目标物件的位置，或从图像中分割出目标，是确定目标物件的位置、大小、方向等信息的重要手段。图像特征提取可看作从图像中提取关键有用的低维特征信息的过程，常用二维图像特征包括有形状特征、纹理特征和颜色特征等，高效的图像特征提取可提高后续目标识别精度与鲁棒性。模式分类本质上是通过构造一个多分类器，将从数据集中提取的图像特征映射到某一个给定的类别中，从而实现目标分类与识别。模式分类可分为统计模式识别、结构模式识别、神经网络以及深度学习等方法。图像语义理解是在图像感知（如预处理、分割、分类等）的基础上，从行为认知以及语义等多个角度挖掘视觉数据中内涵的特征与模式，并对图像中目标或群体行为、目标关系等进行理解与表达，是机器理解视觉世界的终极目标[9]。

尽管视觉信息处理研究取得了巨大的进步，但面对检测对象多样、几何结构精密复杂、高速运动状态以及复杂多变的应用环境，现有的视觉处理算法仍然面临着极大的挑战。

2.5 通信模块

在完成目标物体图像的采集和处理后，需要将视频图像信号和处理结果传输至上位机显示出来，同时还要与上位机连通以获取指令，这部分功能即由通信模块完成。由于机器视觉通常使用各种现成的组件，所有这些部件必须能够快速、方便地协调，并连接到其他元件，通常都是通过离散 I/O 信号或串行连接，将数据发送到记录信息或使用信息的设备来完成的。

离散 I/O 点可连接至可编程逻辑控制器（Programmable Logic Controller，PLC），然后 PLC 使用该信息控制工作单元或指示灯（如堆栈指示灯），或直接连接至控制阀，以用于触发拒绝机制。

通过串行连接进行的数据通信，可以采用常规 RS-232 串行或以太网（Ethernet）的形式输出。部分系统采用了更高级别的工业协议，如以太网/IP（Ethernet/IP），可连接到监视器或其他操作员接口等设备，以提供与应用相关的操作员界面接口，方便过程监控。

2.6 机器视觉软件

国外研究学者和机构较早地开展了机器视觉软件的研究与开发，并在此基础上开发了许多成熟的机器视觉软件，主要包括：美国 Intel 开发的开源图像处理库 OpenCV、德国 MVTec 开发的机器视觉算法包 HALCON[1]、美国 Cognex 开发的机器视觉软件 VisionPro、美国 Adept 开发的机器视觉软件开发包 HexSight、比利时 Euresys 开发的 EVision、美国 Dalsa 开发的 SherLock、加拿大 Matrox 开发的 Matrox Imaging Library（MIL）等[8]。这些机器视觉软件都能提供较为完整的视觉处理功能，具有界面友好、操作简单、扩展性好、与图像处理专用硬件兼容等优点，应用广泛。

相对而言，我国机器视觉软件系统发展较晚，国内公司主要代理国外同类产品，然后在此基础上提供机器视觉的系统集成方案。目前，国内机器视觉软件有广东奥普特（OPT）的 SciVision 机器视觉开发包、北京凌云光的 VisionWARE 机器视觉软件、陕西维视数字图像的 Visionbank 机器视觉软件、深圳市精浦科技的 OpencvReal ViewBench（RVB）等。其中，SciVision 定制化开发应用能力比较强，在 3C 行业优势较大；VisionWARE 在印刷品检测方面优势较大，应用于复杂条件下印刷品的反光和拉丝等方面比较可靠；Visionbank 的测量和缺陷检测功能易于操作，不需要任何编程基础，能非常简单快捷地进行检测。

本章小结

总体而言，机器视觉综合了光学、机电一体化、图像处理、人工智能等方面的技术，其综合性能并不仅仅取决于某一个组成单元的单个性能，还需要综合考虑系统中各组成单元之间的协同能力。因此，系统分析、设计以及集成与优化是机器视觉技术开发的热点和难点，也是机器视觉研究未来有待加强的方向。

参考文献

[1] Steger C, Ulrich M, Wiedemann C. 机器视觉算法与应用[M]. 2 版. 杨少荣，段德山，张勇，等译. 北京：清华大学出版社, 2019.

[2] 朱云，凌志刚，张雨强. 机器视觉技术研究进展及展望[J]. 图学学报，2020, 41(6): 871-890.

[3] 张巧芬，高健. 机器视觉中照明技术的研究进展[J]. 照明工程学报，2011, 22(2): 31-37.

[4] Cognex Corporation. Introduction to machine vision: A guide to automating process & quality improvements [R]. Massachusetts, USA, 2016.

[5] Vriesenga M, Healey G, Peleg K, et al. Controlling illumination color to enhance object discriminability[C]//1992 IEEE Conference on Computer Vision and Pattern Recognition(CVPR 1992), New York, USA, 1992: 710-712.

[6] 余文勇，石绘. 机器视觉自动检测技术[M]. 北京：化学工业出版社, 2013.

[7] 陈朋波. 基于机器视觉的零件外形质量自动化检测系统的设计[D]. 桂林：桂林电子科技大学, 2016.

[8] 汤勃，孔建益，伍世虔. 机器视觉表面缺陷检测综述[J]. 中国图象图形学报，2017, 22(12): 1640-1663.

[9] Pawar P G, Devendran V. Scene understanding: A survey to see the world at a single glance[C]//2019 International Conference on Intelligent Communication and Computational Techniques(ICCT 2019), New York, USA, 2019: 182-186.

第 3 章

机器视觉系统与平台

3.1 机器视觉系统

广义上讲，机器视觉系统包括三类：一维机器视觉系统、二维机器视觉系统和三维机器视觉系统[1]。

3.1.1 一维机器视觉系统

一维机器视觉系统仅一次分析一行数字信号，而不是一次查看分析整张图片，如分析评估最近一组（共 10 行）采集的线与之前一组线之间的差异。一维机器视觉系统通常对连续制造加工过程中材料存在的缺陷进行检测和分类，如纸张、金属、塑料和其他无纺布片材或卷材，如图 3.1 所示。在上述示例中，为检测板材中的缺陷，当物件移动时，一维机器视觉一次仅扫描一行。

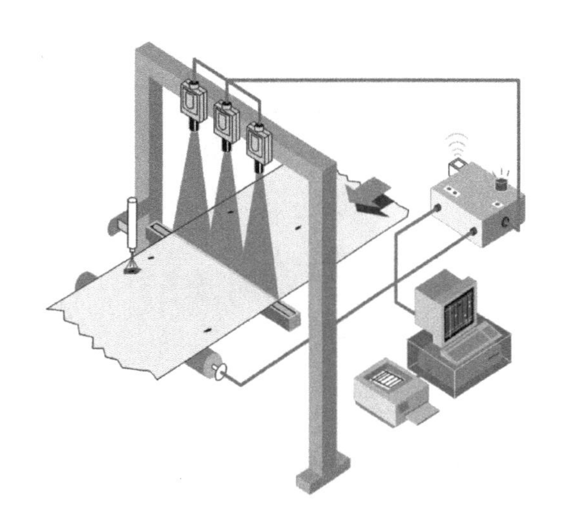

图 3.1 一维机器视觉系统

3.1.2 二维机器视觉系统

二维机器视觉技术根据灰度或彩色图像中对比度的特征提供结果，适用于缺失/存在检测、离散对象分析、图案对齐、条形码和光学字符识别（Optical Character Recognition，OCR）以及基于边缘检测的各种二维几何分析，用于拟合线条、弧线、圆形及其关系（距离、角度、交叉点等）。二维机器视觉技术在很大程度上由基于轮廓的图案匹配驱动，以识别部件的位置、尺寸和方向。技术人员可以使用二维机器视觉系统来识别零件并创建动态适应零件位置、角度和尺寸的检测工具，从而实现零件移动的稳健测量。

通过相机线扫描方式，来逐行创建二维图像，是一种常见的二维机器视觉，如图 3.2 所示。通过输送带的运动，线光源扫描后，即可在相机中一次生成一行二维图像。

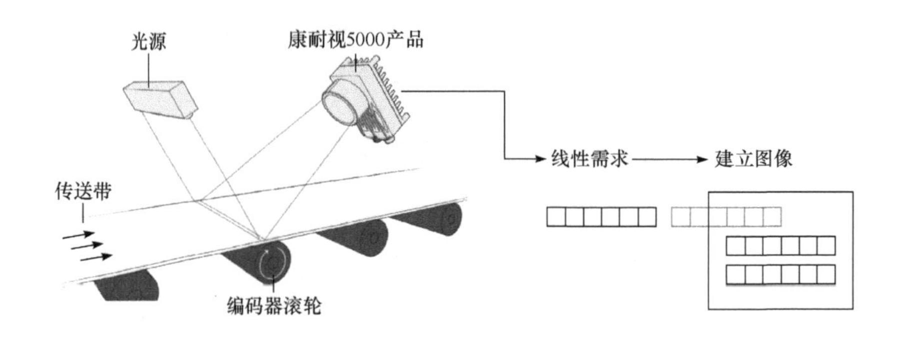

图 3.2 通过线扫描方式一次生成一行二维图像

相机在执行面阵扫描目标物件时，如印制电路板（Printed Circuit Board，PCB），可采集得到不同分辨率下目标物件的二维图像，如图 3.3 所示。从图中可以看出，分

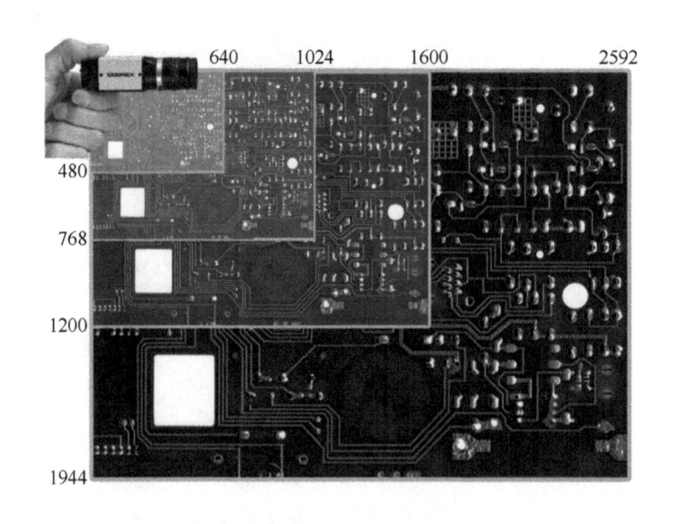

图 3.3 不同分辨率下 PCB 电路板的二维图像

辨率从 480 到 5K（1944 × 2592 = 5038848），目标物件的图像清晰度得到很大提升。

但是在某些应用中，线扫描技术比面阵扫描技术更具优势。例如，检查圆形或圆柱形物件可能需要多个面阵扫描相机来覆盖整个物件表面，如图 3.4（a）所示。但是线扫描相机只需要扫描旋转的物件，即可通过展开图像以捕获整个表面。例如，当相机必须通过输送机上的滚轮监视物件底部时，线扫描技术更容易通过狭窄的空间去观测扫描，如图 3.4（b）所示。另外，线扫描技术通常也可以获取比传统相机高得多的分辨率，如图 3.4（c）所示。由于线扫描技术需要物件的运动来构建二维图像，因此更适合连续运动物件的检测，如图 3.4（d）所示。

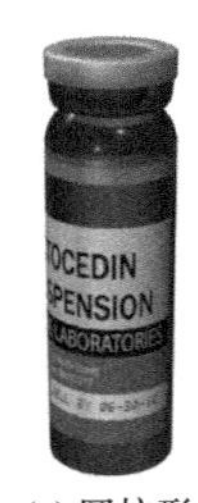

(a) 圆柱形

(b) 空间受限环境下

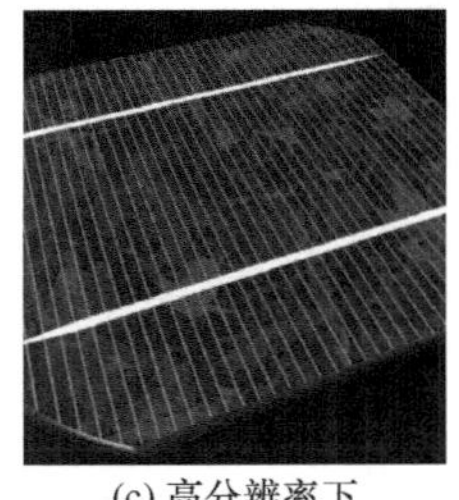

(c) 高分辨率下

(d) 连续运动物件

图 3.4　线扫描相机应用场景

3.1.3　三维机器视觉系统

二维机器视觉技术从灰度图中提取被测物特征，在 *X*-*Y* 平面内进行测量。当遇到需要高度测量或 *Z* 方向信息，如需要测量高度、深度、厚度、平面度、体积、磨损等情况时，二维机器视觉技术往往无能为力。甚至在被测物灰度图像对比度较差，无法准确提取被测物特征值时，也难以实现。这时，三维机器视觉技术就成为解决机器视觉问题的重要手段。

三维机器视觉显然就是用来显示立体影像的，其基本原理就是输出两个画面，让双眼看到不同的画面，由于画面之间的差别会使人产生立体感，三维视觉测量不仅拥有更为丰富、更为强大的功能，还有着更加便捷的操作。在耐用性和维护管理方面也表现得更为出色。用三维机器视觉系统进行测量时，拥有更多的优势，如精度高、测量速度快、适配性强、抗干扰能力强、数据采集更加丰富、操作便捷、易于维护等。

三维机器视觉系统通常包括多个相机，或者一个或多个激光位移传感器，如图 3.5 所示。通过安装在不同位置的多个相机对三维空间中的目标物件进行“三角测量”，从而获取物件的位置和姿态等关键信息。

相比之下，三维激光位移传感器的应用通常包括表面检查和体积测量，只需一个摄像头即可获取三维信息，利用物体上反射的激光位置位移生成高度图。与线扫描类似，必须移动物件或相机才能生成整个物件的图像。借助校准的偏置激光器，三维激光位移传感器可以测量表面高度和平面度等参数，精度在 20μm 以内，如图 3.6 所示。

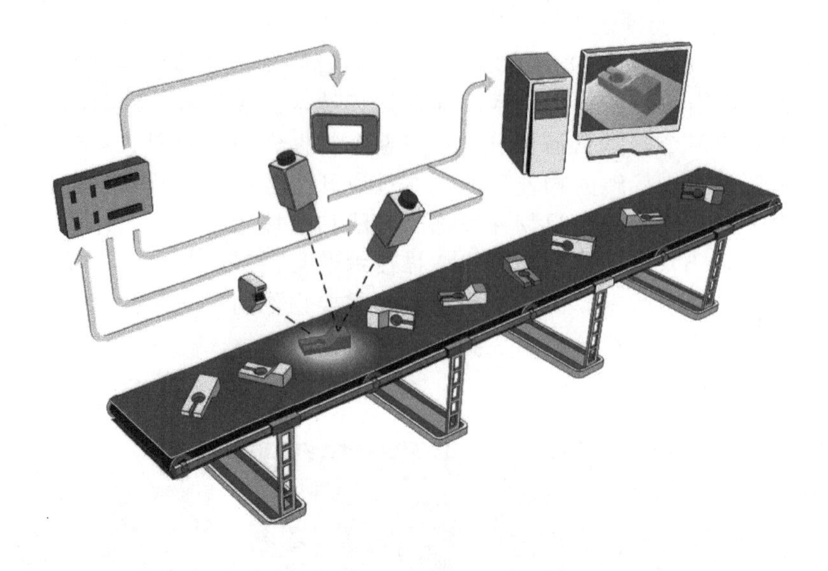

图 3.5 采用多个相机的三维机器视觉系统

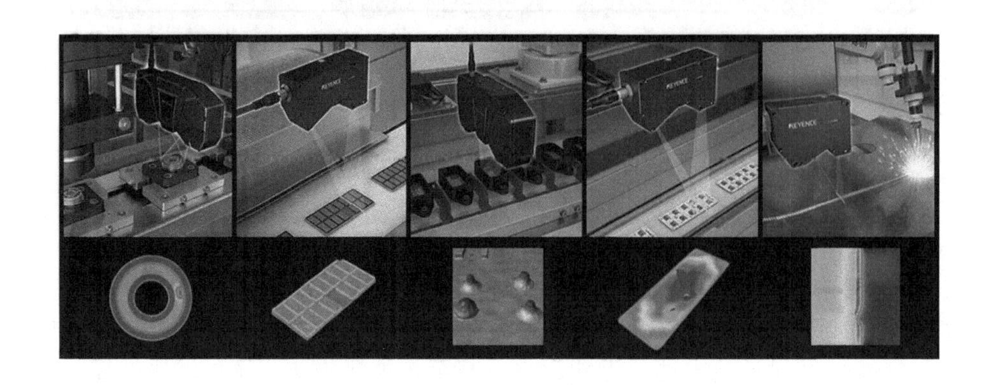

图 3.6 基于三维激光位移传感器的机器视觉检测

三维机器视觉是一个多学科的交叉融合，可以说是计算图形学、机器视觉技术、人工智能的综合体。具体来讲，包含以下 4 个任务：

① 三维重建。三维重建包括三维场景的深度估计或者对物体表面的数字化采样，以及对三维数据的处理及展示。

② 涉及任务。涉及任务包括单目重建、双目重建、基于结构光的重建、基于激光的重建、大场景三维重建、移动端三维重建。

③ 位姿感知。位姿感知是对相机或物体在三维物理空间中的位置和朝向的计算以及实时跟踪。

④ 三维理解。三维理解是指物体的检测、识别、检索，以及对场景或者物体的分割和语义标记等。

可以说，三维机器视觉涵盖了多个学科的内容。无论是做视觉、图形学，还是做机器人、自动化、机器学习等方向，都会涉及三维机器视觉的内容。

3.2 机器视觉平台

机器视觉可以在多个物理平台上得到实现，包括：基于 PC（Personal Computer）的机器视觉系统、为三维和多相机二维应用而开发的视觉控制器、独立视觉系统、简单视觉传感器和基于图像的条形码阅读器、嵌入式视觉系统、基于图像处理器（Graphic Processing Unit，GPU）的视觉系统等。选择合适的机器视觉平台通常取决于实际应用需求，包括开发环境、功能、架构和成本等。

3.2.1 基于 PC 的视觉系统

基于 PC 的机器视觉系统可以方便地与相机或图像采集板连接，并配有大量可配置的机器视觉应用软件。此外，通过使用熟悉且得到广泛支持的语言程序，如 Visual C/C++、Visual Basic 和 Java 以及图形编程环境，可以提供大量自定义代码开发选项。另外，可以方便使用机器视觉库中的算法及资料，如常用的机器视觉算法库 OpenCV 和 HALCON[2]。

基于 PC 的机器视觉系统具有良好的人机交互界面，使用方便，且有强大的处理能力，但是因为使用 PC 及操作系统，其缺乏足够的硬件支持，且在处理时间上无法预测，实时性无法得到保障，其开发时间较长也较复杂，因此通常仅限大型设备使用，适合高级机器视觉用户和程序员。

3.2.2 视觉控制器

视觉控制器作为机器视觉中的处理器，起到了大脑的作用，具备软件的载体、信号的中转和处理、数据的分析及存储等功能。视觉控制器一般需要具有信号通信功能、逻辑分析和数据分析功能。另一类视觉控制器使用工控机的方式，插入对应网卡、I/O 卡等通信模块，通过视觉软件的添加，可充当视觉控制器。

视觉控制器不但可以提供基于 PC 的机器视觉系统所有强大功能和灵活性，而且更能承受苛刻的工厂环境。视觉控制器可以更方便地配置三维和多相机二维应用程序，例如面向合理的时间和成本支出的一次性视觉任务，这样可以非常经济高效的方式配置比较复杂的应用场景。

3.2.3 独立视觉系统

独立视觉系统不但经济性好，而且可以快速、方便地配置。此类视觉系统自带相机、处理器和通信模块，有些还集成了照明和自动对焦光学元件。在许多情况下，此类视觉系统结构紧凑、价格合理，可以在整个工厂内安装。通过在关键工艺点使用独立视觉系统，即可在制造过程中更早地发现缺陷，并更快地发现设备问题。

大多数独立视觉系统都提供内置以太网通信，使用户不仅可以在整个流程中布置视觉系统，还可以将两个或多个视觉系统连接在一个完全可管理、可扩展的视觉系统局域网中，从而在系统间交换数据并通过主机进行管理。独立视觉系统的网络还可以轻松地连接到工厂和企业网络，允许工厂中任何具备TCP/IP（Transmission Control Protocol/Internet Protocol）功能的工作站都可以远程查看视觉结果、图像、统计数据和其他信息。这些独立视觉系统提供可配置的环境，其中有简单的引导式设置或更高级的编程和脚本。部分独立视觉系统不仅提供了易于设置的开发环境，以便增加效率，而且提供了灵活的编程和脚本功能，以更好地控制系统配置和处理视觉应用数据。

3.2.4 视觉传感器和基于图像的条形码阅读器

视觉传感器是整个机器视觉系统信息的直接来源，主要由一个或者两个图形传感器组成，利用光学元件和成像装置获取外部环境图像信息。有时还要配以光投射器及其他辅助设备。视觉传感器的主要功能是获取足够的机器视觉系统要处理的最原始图像，通常用图像分辨率来描述视觉传感器的性能，其精度不仅与分辨率有关，而且与被测物件的检测距离相关。

条形码阅读器也称为条形码扫描枪、条形码扫描器，是用于读取条形码所包含的信息的一种设备。按光源的不同，条形码阅读器可以分为虹光条形码阅读器和激光条形码阅读器。激光条形码阅读器在扫描速度、扫描距离、扫描灵敏度等方面都优于虹光条形码阅读器，市场上主要应用的是激光条形码阅读器。

视觉传感器和基于图像的条形码阅读器通常不需要编程，并提供用户友好的界面，大多数都可以轻松地与其他机器集成，以提供具有专用处理的单点检查，并提供内置以太网通信，以实现工厂内部联网使用。

3.2.5 嵌入式视觉系统

嵌入式视觉系统具有简便灵活、成本低、可靠、易于集成等特点，小型化、集成化产品将成为实现“芯片上视觉系统”的重要方向[3]。机器视觉行业将充分利用更精致小巧的处理器，如DSP（Digital Singnal Processor）、FPGA（Field Programmable Gate Array）等，来建立微型化的视觉系统，小型化、集成化产品成为实现“芯片上视觉系统”的重要方向。此类视觉系统几乎可以植入任何地方，不再限于生产车间内。趋势表明，随着嵌入式微处理器功能的增强，以及存储器集成度的增加与成本降低，嵌入式视觉系统将由低端的应用覆盖到PC架构应用领域，将有更多的嵌入式系统与机器视觉整合，嵌入式视觉系统前景广阔。

3.2.6 基于GPU的视觉系统

图形处理器（Graphic Processing Unit，GPU）是专门为图像处理而设计开发的专用处理器。由于GPU专为图像处理而生，在浮点运算、并行计算等方面，GPU可以提供数十倍乃至上百倍于CPU的性能。GPU中所有计算均使用浮点算法，而且目前还没有位或整数运算指令，在一些复杂的视觉算法实现上，GPU能达到非常高的性能和实时性。GPU 能提供硬件加速，流处理（Single Instruction Multiple Data，SIMD）技术最初也是在 GPU 上提出的。GPU 应用于机器视觉系统，是除 FPGA 外机器视觉技术的另一发展方向，将 GPU 作为视觉处理平台仍是当前实时视觉处理的重要研究方向。

本章小结

机器视觉从数字图像中自动提取信息，制造业普遍使用机器视觉系统代替人工检测，以进行下一步的处理和质量管控，可以大大节省资金并提高盈利能力。广义的机器视觉系统，一般可分为一维、二维和三维。另外，选择合适的机器视觉平台通常取决于实际应用需求，一般可以在基于 PC 的、视觉控制器、基于图像的条形码阅读器、嵌入式的、基于 GPU 的等物理平台上得到实现。

参考文献

[1] Cognex Corporation. Introduction to machine vision: A guide to automating process & quality improvements[R]. Massachusetts, USA, 2016.

[2] Steger C, Ulrich M, Wiedemann C. 机器视觉算法与应用[M]. 2 版. 杨少荣, 段德山, 张勇, 等译. 北京: 清华大学出版社, 2019.

[3] 朱云, 凌志刚, 张雨强. 机器视觉技术研究进展及展望[J]. 图学学报, 2020, 41(6): 871-890.

应用实例篇：工业

第4章 Delta 并联机器人机器视觉动态分拣

4.1 研究背景意义

20 世纪 80 年代以来，通过将机床结构技术与关节型串联机器人技术相结合，出现了以并联机器人为主机构的工业机器人，引发了业界的普遍关注。这类机器人的动平台和静平台之间由两条或多条运动链相连，具有两个或两个以上的自由度，以并联方式驱动。与关节型串联机器人相比，并联机器人具有精度较高、速度快、刚度高、承载能力大等特点。

在众多并联机器人中，存在一类由外转动/转动副驱动的含平行四边形支链的少自由度并联机器人，由动平台、静平台和若干支链组成，其典型运动特性为工作空间内的平动。由于其驱动器可布置在机架上，且从动臂可以设计成轻杆，因此可获得很高的速度和加速度，特别适合对物料的高速抓放操作。

其中，最具代表的当属 1985 年瑞士洛桑联邦理工大学的 Clavel 博士发明的三自由度空间平移并联机器人，即著名的 Delta 机器人[1][图 4.1（a）]。该机器人采用外转动副驱动，动平台由三条平行四边形支链与静平台相连，可实现末端执行器的高速三维平动，若在动静平台之间附加可伸缩转轴（UPU 支链），被称作 Delta-4 机器人，可实现三平动一转动的操作。

Delta 机器人克服了并联机构诸多缺点，具有承载能力强、运动耦合弱、力控制容易、安装驱动简单等优点[2-6]，特别适合小型物料的高速分拣操作。近几年来，由于工业需求刺激与专利保护解限，柔体动力学的发展与轻量化结构的应用，虚拟平台与多领域新技术的发展等，Delta 系列机器人更加成为研究热点。

从20世纪80年代起，Delta机器人不断改进出多种衍生类型。Clavel先后提出了将外转动副改为移动副的3种变异形式[7]，呈现出机构设计的灵活性。同时，为在动平台与静平台间加装伸缩性转轴，Tsai[8]用虎克铰代替球铰以简化机构，Pierrot等[9]将Delta机器人改进为6支链的Hexa高速机械手。这类均受Delta机构启发，并具有相似结构和运动方式的机器人，通常称为类Delta系列机器人（Delta-like Manipulator，DLM）[10]。

21世纪以来，Delta系列机器人呈现出高速、高精度、灵活性等发展方向。针对Detla-4机器人的UPU支链寿命问题，Pierrot团队在Delta型机构基础上，采用一种双动平台结构，巧妙地利用双平台的相对移动来实现绕z轴的转动，从而相继发明了4支链（三平动一转动）的H4[11][图4.1（b）]、I4[12][图4.1（c）]和Heli4[12]以及Par4[13][图4.1（d）]等机构。类似地，天津大学黄田发明了C4机器人[14][图4.1（e）]，并将Delta机构简化为平面机构Diamond型[15][图4.1（f）]和Unigrabber 2型[图4.1（g）]，更易于控制。Miller[16]通过改变电机驱动方向，有效增大了工作空间，提高了性能。1987年，瑞士Demaurex公司首先购买了Delta机构的专利，先后开发了系列产品并将其产业化[图4.1（h）]，广泛用于巧克力、饼干、面包等多种食品包装。

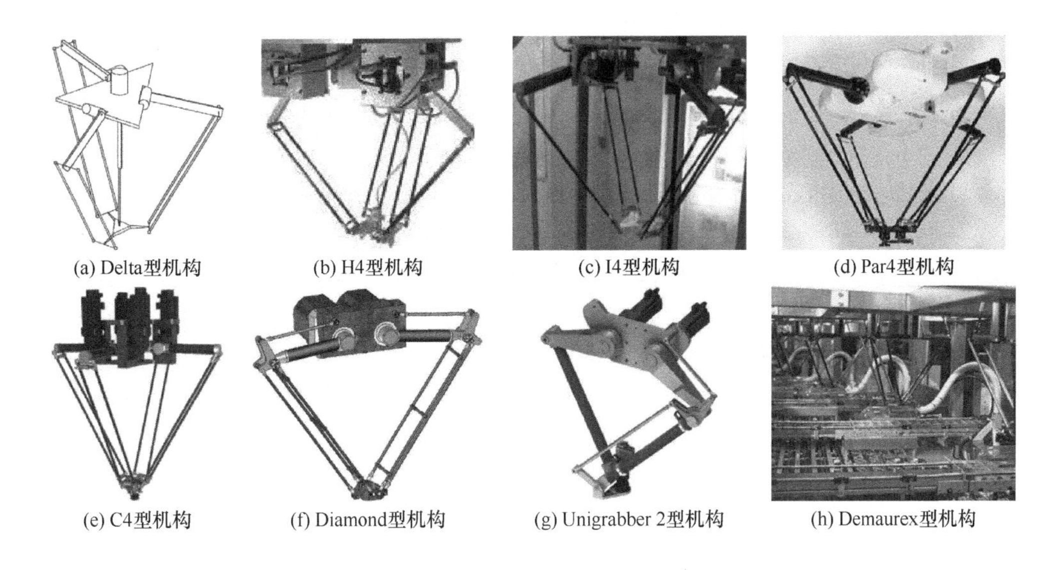

图4.1 Delta系列机器人及其变异构型

在机器人行业的四大家族中，ABB公司的Delta系列机器人IRB 360 FlexPicker[图4.2（a）]具有运动性能佳、节拍时间短、精度高等优势，能够在狭窄或者广阔空间内高速运行，误差极小。每款FlexPicker的法兰工具经过重新设计，能够安装更大的夹具，从而高速高效地处理同步传动带上的流水线包装产品。KUKA公司的KR Delta卫生机器人[图4.2（b）]采用卫生机械规格的高速机器人，用于食品、医药和电子等一系列行业的小零件操纵和组配，能很好地完成食品等行业在高速区域内进行分拣的任务。

YASKAWA 公司的 Delta 系列机器人 MPP3S[图 4.2（c）]，具有小型、轻量、节省空间等特点，全轴均低功率输出，无需设置安全栅栏，设备构成简易，适用于高速高精度码垛、取件、包装等多功能场景。FANUC 公司的 Delta 系列机器人 M-1iA[图 4.2（d）]是一款轻型、结构紧凑的高速拳头机器人，具有轻型、紧凑、高柔性的特点，不仅可以被安装在狭窄的空间，而且可以被安装在任意的倾斜角度上。根据用途可以选择适宜的手腕自由度和动作，实现敏捷动作的 iRVision（内置视觉功能）相机也可以装在机构内部。

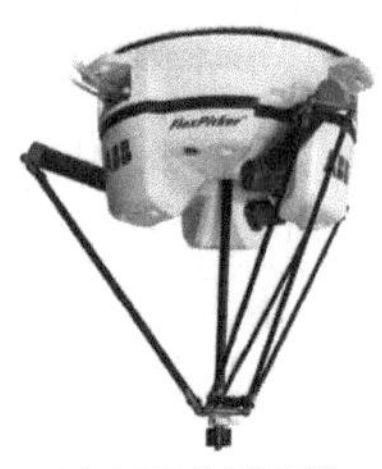
(a) ABB公司产品

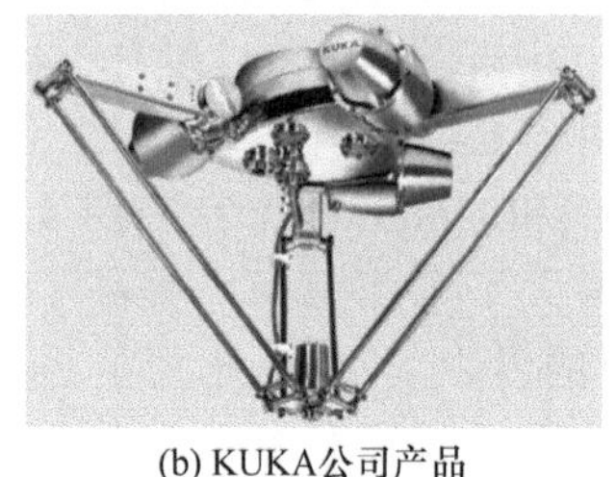
(b) KUKA公司产品

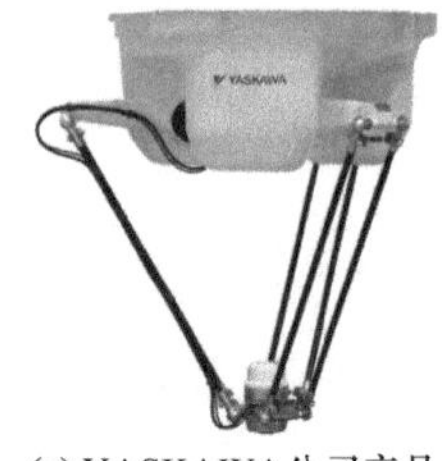
(c) YASKAWA公司产品

(d) FANUC公司产品

图 4.2　机器人四大家族的代表性 Delta 系列机器人

在电子、轻工、食品和医药等行业中，通常需要以很高的速度完成诸如插装、封装、包装、分拣等操作，相应操作对象一般具有体积小、质量轻的特征，特别适合于这类少自由度的 Delta 高速并联机器人的应用。

迄今为止，上述各种 Delta 高速并联机器人已广泛应用在电子、医药、食品等工业自动化生产或包装流水线的分拣、抓放、包装等操作。此外，在工业生产过程中，鉴于柔性生产的需求，要求机器人对外部环境变化具有较强的适应能力，研究者开始为 Delta 高速并联机器人安装上各种传感器，其中比较重要的一种就是视觉传感器。针对 Delta 高速并联机器人，配备单目视觉系统实现传送带上散落物料的快速识别和精准抓放等操作具有广泛的需求，如图 4.3 所示。

图 4.3　Delta 高速并联机器人与视觉系统组成的物料分拣线

机器人机器视觉是指用摄像机和计算机来模拟人的视觉功能，将计算机视觉技术应用于机器人领域，为机器人建立视觉系统，使得机器人能灵活自主地适应所处的环境[17]。早期的机器人视觉为 Look-then-Move 的方式，通过视觉传感器获取目标物体的图像，经过特征提取和匹配，计算出目标物体相对于摄像机或者机器人坐标系的位姿，利用该位姿信息，机器人运动到理想的位置，然后在无视觉的状态下完成相应的作业任务[18]。

1979 年，Hill 和 Park[19]提出了视觉伺服概念，利用视觉信息控制 Delta 高速并联机器人末端执行器与目标物体之间的相对位姿（Position and Orientation），或者是利用一组从图像中提取的特征来控制 Delta 高速并联机器人末端执行器与该组特征信息之间的相对位姿。

根据反馈信息的类别，Delta 高速并联机器人视觉伺服控制方法可以分为基于位姿、基于图像和混合视觉伺服三种。

① 基于位姿的视觉伺服利用已标定的摄像机，从图像特征估计物体的空间位姿，然后在笛卡儿空间对机器人进行控制[20]。

② 基于图像的视觉伺服直接在图像平面上进行伺服控制，将实测得到的图像信号与给定图像信号直接进行在线比较，然后利用所获得的图像误差进行反馈来形成闭环控制[21]，消除了当前图像特征与目标图像特征之间的图像误差。

③ 混合视觉伺服采用基于位置的视觉伺服控制一部分自由度，利用基于图像的视觉伺服控制另一部分自由度[22]。

根据摄像机的安装方式，Delta 高速并联机器人视觉又分为 Eye-in-Hand 和 Eye-to-Hand 两种方式[23]：

① 对于 Eye-in-Hand 系统，摄像机安装在 Delta 高速并联机器人末端，随着机器人的动作，摄像机坐标系相对于世界坐标系而言总是变化的。

② 对于 Eye-to-Hand 系统，摄像机安装在 Delta 高速并联机器人本体外的固定位置，在机器人工作过程中不随机器人一起运动。对于多目视觉系统的 Delta 高速并联机器人系统，也有学者采用 Eye-in & to-Hand 混合方式，如首先通过安装在 Delta 高速并联机器人本体外的摄像机进行目标粗定位，然后待目标进入 Delta 高速并联机器人末端摄像机视野后，使用该摄像机对目标进行精定位。

传统的 Delta 高速并联机器人分拣生产线中，Delta 高速并联机器人的运动控制一般采用示教或离线编程的方法，无法适应多变的工作环境。将机器视觉技术应用于工业分拣系统，能够显著提高生产效率，增强机器人的环境适应能力，因此基于视觉的 Delta 高速并联机器人系统具有广阔的应用前景[24]。这类机器视觉一般采用 Eye-to-Hand 的方式，且由于机械臂向目标移动及操作时会对目标造成遮挡，基于图像的视觉控制不适合这类任务，而通常采用基于位置的视觉控制，视觉系统通过目标的颜色、边缘、形状等特征对目标进行识别与定位，引导 Delta 高速并联机器人完成相应的抓取操作。

最早的研究工作出现在 1978 年，研究者利用视觉反馈完成在传送带上抓取移动部件的任务[25]，后来 Zhang[26]设计了一个跟踪控制器来完成同样的任务（传送带的速度为 300mm/s）。Allen 使用了频率为 60Hz 的固定摄像机立体视觉系统跟踪速度为 250mm/s 的运动目标[27]，之后又完成了圆形轨道运动的玩具火车的抓取任务[28]。

图像去重复处理以及抓取模式的选择，是 Delta 高速并联机器人分拣系统正常工作的前提。在图像去重复处理方面，张策[29]提出通过传送带上安装的编码器定距离地触发相机拍照，以这一确定的位移变化作为判别依据对相邻两帧图像中的工件进行对比。何晓[30]为实现机器人的自动拾取，将视觉系统引入 Delta 机器人中，提出基于 ORB（Oriented FAST and Rotated BRIEF）特征匹配的 OneCut 图像分割算法，达到目标图像的二值分割，从而通过求解轮廓图像的矩阵实现了分拣对象的质心定位。在抓取模式方面，相比动态跟踪抓取，定点等待抓取方式不能充分利用机器人的工作空间，分拣效率难以提高。张文昌[18]提出了根据工件在传送带上的分布密度来调整传送带速度的控制思想，以保证机器人总是处在最快抓取速度状态。邓明星等[31]以当前位置与目标位置的偏差作为机器人运动规划的依据，提出基于 PID（Proportion Integration Differentiation）控制的传送带跟踪算法，具有较好的跟踪效果。

由此可见，对于集成视觉系统的少自由度 Delta 高速并联机器人的工程应用，其目的是在视觉的引导作用下实现 Delta 高速并联机器人对传送带上散乱目标的准确、快速抓放操作，目前主要存在如下两类问题：视觉控制技术和机器人精度保障技术。

机器人视觉控制涉及的研究内容比较广泛，主要包括摄像机标定、图像处理、特征提取、视觉测量、运动学、控制算法、动力学、控制理论、实时计算等，不同的视觉控制任务所涉及的研究内容的广度和深度有所不同。针对 Delta 高速并联机器人在高速抓取生产线上的应用，因其动作频率比较快，因此如何实现目标的快速识别、定位与跟踪，机器视觉系统-机器人动作及传送带同步实时控制，以保证系统流畅的工作是需要解决的关键问题。

4.2 项目研究目标

项目的总体方案是以 Delta 高速并联机器人为技术基础，集成单目机器视觉系统，实现传送带上散落物料的精密标定、快速识别、精准抓放等操作，构成智慧型的分拣与包装生产线，如图 4.4 所示。从图中可以看出，该生产线主要由 Delta 高速并联机器人、视觉系统、控制系统、输送带、来料等组成。

该研究成果主要应用于食品、药品行业产品包装环节的物料快速分拣、理料、包装环节。在将工人从连续不停歇高速运作的生产线上解放出来的同时，避免了人为因素对食品、药品的安全、卫生、分装质量带来的影响，也避免了在产品线上，特别是药品生产线上操作工人长期接触药品对其身体带来的负面损害。

前端工艺生产的物料（以饼干为例）在经过来料视觉检测工位时，通过机器人视觉标定算法，快速识别前端生产工序的无序来料的性状（位置坐标、形状尺寸、物件表面颜色等），并将获得的物料信息传输到 Delta 并联机器人的控制系统。控制系统根据先进分拣算法，以最优路径将分拣任务分配到生产线上的各台高速分拣机器人（图 4.4 中仅示意一台 Delta 机器人，可根据产量来确定 Delta 机器人的台数，见 4.4.4 小节），将饼干等物料快速分拣至右端输送线上的包装盒内，在此过程中完成自动分拣、废品剔除、身份标定等复杂功能，实现生产线分拣、包装工序的自动化、无人化、智能化。

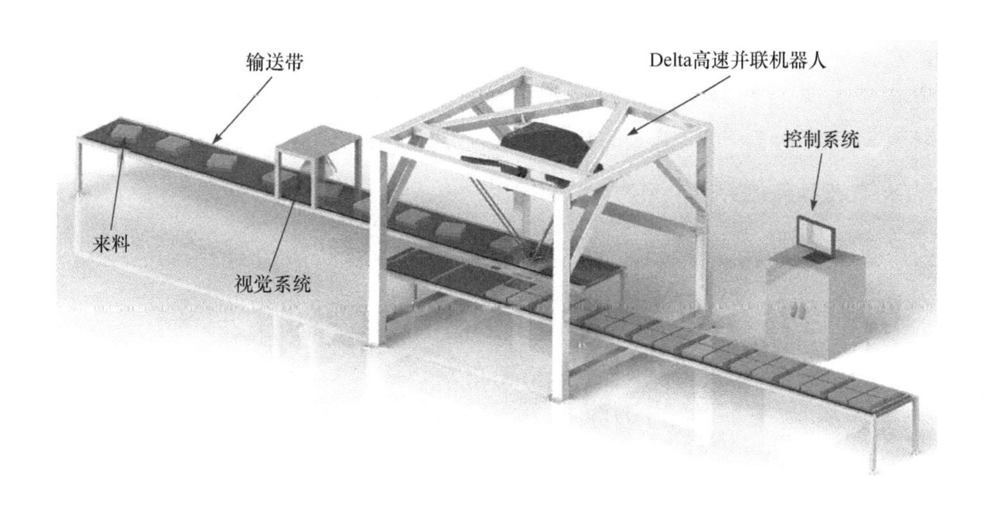

图 4.4　基于 Delta 高速并联机器人的分拣与包装生产线

更进一步，项目提出 Delta 高速并联机器人与多视觉系统组成的手机壳装盒方案，主要包括 Delta 高速并联机器人、3 套机器视觉组件、多条输送带等，如图 4.5 所示。其中，左边的摄像头 1 负责检测相应工件的位置和转角；中间的摄像头 2 负责检测缺陷工件，并将次品放在输送带上；右边的摄像头 3 负责检测塑料盒是否已装满，从而防漏装。Delta 高速并联机器人快速识别、精准抓取，并旋转工件，以将其顺利放入料盘中。

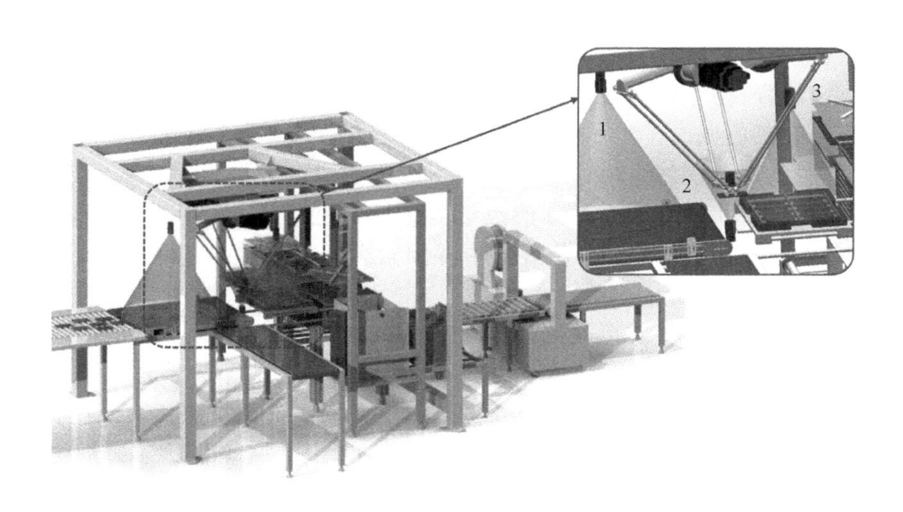

图 4.5　Delta 高速并联机器人与多视觉系统组成的手机壳装盒方案

4.3　主要研究内容

对于智慧型的分拣与包装生产线的研究，通过制定跨模型优化的评价指标体系，使 Delta 高速并联机器人分拣系统向规范化、模块化发展。本项目主要的研究内容如下：研究基于灰色系统理论的图像识别算法，开发出机器视觉检测系统，实现 Delta 高速并联机器人在分拣生产线上的精密标定、快速识别、精准抓放等操作，使其能够适用于多种场合，如医药生产、食品生产等。

4.4 项目研究方法

4.4.1 基于灰色关联度的边缘检测算法

“灰色系统”理论（Grey System Theory）由我国学者邓聚龙[32]提出。在 1981 年于上海召开的中美控制系统学术会议上，邓聚龙作了《含未知参数系统的控制问题》的学术报告，在发言中首次使用“灰色系统”一词，并论述了状态通道中含有灰色元的控制问题，在国际上引起了很大重视，并获得很高的评价。“灰色系统”理论的研究任务可以概括为确立事实，揭示边界，找出核心，指出方法，已成功应用于农业、工程控制、经济管理、未来学研究等领域，被誉为在诞生之初的 10 年内获得重大发展的自然科学学科之一。

根据系统中信息的清晰程度，邓聚龙将系统分为白色系统、黑色系统和灰色系统。白色系统的信息完全清晰可见；黑色系统的信息全部未知；灰色系统介于白色系统和黑色系统之间，即部分信息已知，而另一部分信息未知。

“灰色系统”理论研究灰色系统中灰色信息的白化问题，主要包括以下 8 个方面：

① 灰色观念，指“认知根据原理”“差异信息原理”等基本原理及“外延明确、内涵不明确”的灰色概念。

② 灰色生成，即累加生成、累减生成、级比生成等数据生成技术。

③ 灰色数学，即以灰数为基础的数学，包括灰色矩阵、灰色方程等。

④ 灰色关联分析，指根据灰色系统中各因素之间发展趋势的相似或相异程度，展现诸因素间各种关系的系统分析技术。

⑤ 灰色建模，即利用灰色数列建立灰色模型的建模技术。

⑥ 灰色预测，以灰色模型为基础，对事物的时间分布或数值分布进行的预测。

⑦ 灰色决策，指灰靶决策、灰关联决策、灰聚类决策、灰色局势决策、灰色层次决策等决策方法。

⑧ 灰色控制，指基于本征性灰色系统的控制或以灰色系统方法为主构成的控制。

图像边缘检测是 Delta 高速并联机器人对物料图像分析的重要内容，也是图像处理领域中一种重要的预处理技术，广泛应用于物料轮廓、特征的抽取和纹理分析等领域。传统的物料边缘检测，一般采用高通滤波和微分算子的方法，如 Prewitt 算子、Robert 算子、Kirsch 算子等，其有效性还需进一步提升。

基于此，本项目针对 Delta 高速并联机器人的分拣物料，提出并实现了基于灰色绝对关联度的灰度图边缘检测算法，该算法有效地避免了几种典型的边缘点误判，对各个方向的边缘的敏感度较为均衡。把灰色关联分析引入边缘检测的实质是依据子序列与母序列的关联度大小排序来进行边缘点的判断，所以关联度的正确计算显得十分重要。灰色绝对关联度主要依据两个时间序列在对应时段上曲线的斜率来衡量其数列间的几何关系。若两曲线在各时段上斜率相等或相差较小，则两者的关联系数就大：反之就小。灰色绝对关联度定义如下：

$$R(k_0,k_n)-\frac{1}{p-1}\sum_{x=1}^{p-1}r(k_0(x),k_n(x)) \tag{4.1}$$

式中，p 为序列中元素的个数。

关联系数定义为

$$r(k_0(x),k_n(x))=\frac{1}{1+(k_0(x+1)-k_0(x))-(k_n(x+1)-k_n(x))} \tag{4.2}$$

对 $M \times N$ 的灰度图进行边缘检测，其算法的效果和流程图如图 4.6 所示。首先，列出 k_0，取像素 $k_{i,j}$，列出 k_n，k_n'；接下来，计算 k_n 与 k_0 的绝对关联度 R（k_0，k_n），同时计算 k_n' 与 k_0 的绝对关联度 R'（k_0，k_n'）；通过判定 $W_{i,j}$ 为 0 或 1，来确定是否为非边缘点；取编所有点后，循环结束。

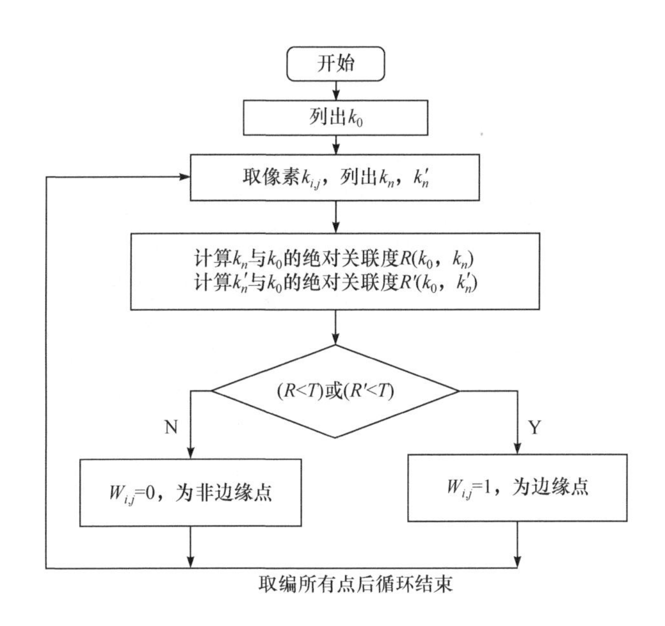

图 4.6 基于灰色关联度的边缘检测算法流程

图 4.7 即采用本方法，对某相片进行灰色关联度的边缘检测效果。从图中可以看出，边缘轮廓清晰，效果良好。

图 4.7 基于灰色关联度的边缘检测效果

4.4.2 基于边缘梯度的模板匹配算法

同时，基于灰色关联度的边缘检测算法，结合图像金字塔模型，开发出基于边缘梯度的二维和三维模板匹配的机器视觉算法，并结合摄像机标定和立体视觉技术，开发适用于不同应用场合的并联机器人视觉分拣系统，能广泛应用于食品、药品及日化品的视觉识别，对提高生产效率，降低企业运营成本具有重要意义。该算法能抗欧氏变换、光照变换及部分遮挡，具有较强的鲁棒性，其效果如图 4.8 所示。

图 4.8 基于边缘梯度的模板匹配算法

针对传送带上运动物料的跟踪定位难题，本项目开发了基于卡尔曼滤波的动态跟踪算法，一方面对传送带背景及前景进行有效的分割，一方面对同一物料的运动轨迹进行有效的跟踪。结合二维模板匹配算法，实现特定物料的识别及跟踪定位，其动态跟踪效果如图 4.9 所示。

图 4.9　基于卡尔曼滤波的动态跟踪算法

4.4.3　摄像头及 Delta 机器人系统标定

本项目是以 Delta 高速并联机器人为技术基础，并集成摄像头及 Delta 机器人坐标系外参数标定技术。项目对摄像机的成像机理进行了研究分析，对所采用的摄像头进行了内参数标定，进而对采集图像进行畸变校正。项目设计并定制了标定板，将摄像机与 Delta 机器人坐标系统一起来，进行了外参数标定，使得摄像机视野里面识别到的物体能实时映射到 Delta 机器人坐标系下，如图 4.10 所示。

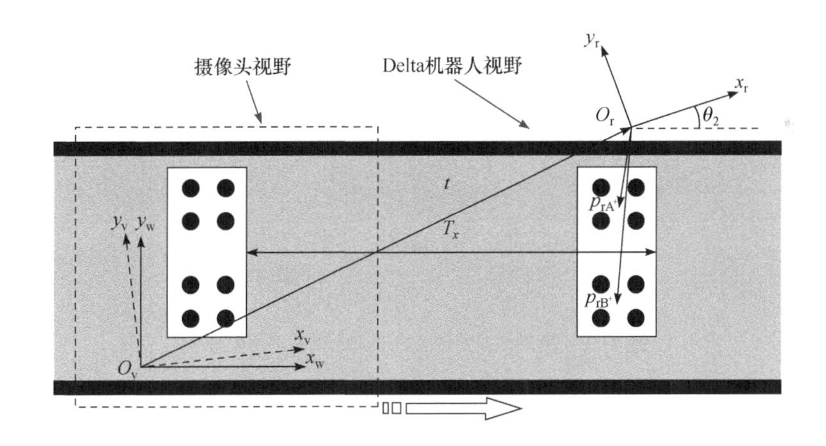

图 4.10　摄像头与 Delta 机器人坐标系外参数标定

4.4.4　多 Delta 机器人系统协同分拣策略

在实际分拣生产线中，单台 Delta 机器人无法满足大批量的产量需求，需要多台机器共同完成大批量分拣任务，而且输送带上物料位置分布的随机性也较大。因此，Delta 机器人拾取轨迹需动态规划，以满足合理高效的拾取策略和拾取效率。为此，本项目提出多 Delta 机器人协同分拣连线系统，如图 4.11 所示，主要包括：多台 Delta 机器人、控制系统、视觉系统、输送带等。

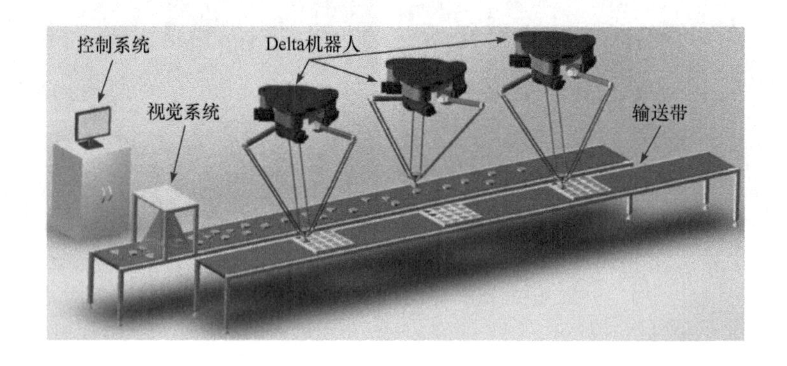

图 4.11　多 Delta 机器人协同分拣连线系统示意图

视觉系统针对所分析产品建立模板库，对目标进行动态跟踪。将跟踪到的目标加入相应的拾取任务队列，查询机器人工作状态进行任务分配，若异常应发出警报（一般由拾取物品过多引起）。末端跟随目标物做同步运动，当两者在输送线方向速度分量相同时，平稳、精确地拾取物料后放置到指定点。图 4.12 和图 4.13 分别为面向相同种类的物料和不同种类的物料时多 Delta 机器人协同分拣方案。

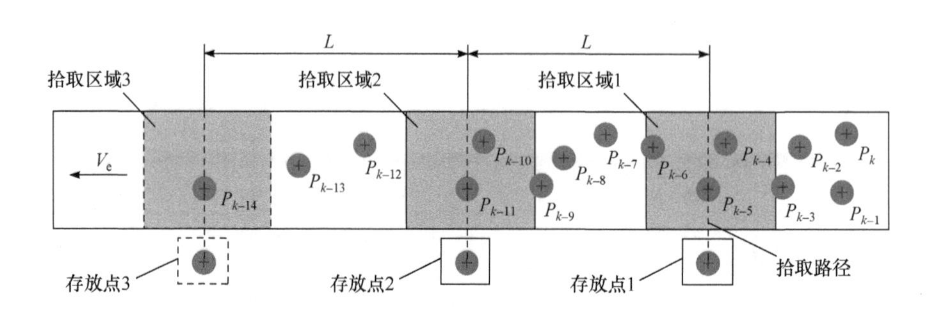

图 4.12　相同种类物料的多 Delta 机器人协同分拣

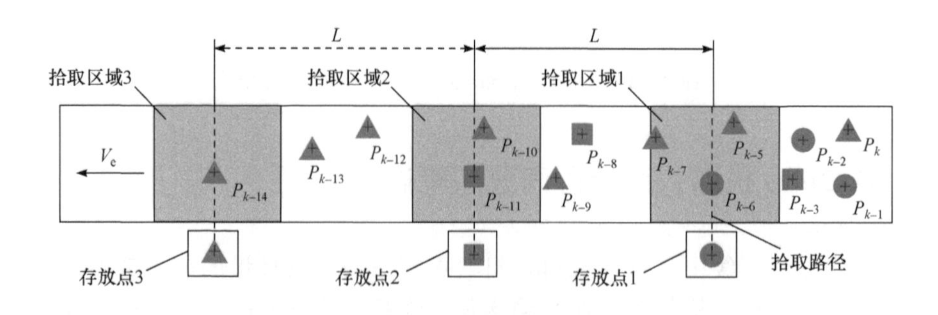

图 4.13　不同种类物料的多 Delta 机器人协同分拣

多机协同作业时需进行拾取任务的分配，图 4.14 所示为多 Delta 机器人协同分拣相同种类物料的流程。根据传送带上物料的分布和机器人的作业状态进行作业匹配，确定拾取相应目标物料 P_n 的机器人编号 m，并结合目标物料到达指定拾取线的时间点和位置坐标，分别计算相应机器人末端的拾取轨迹和拾取时间点。

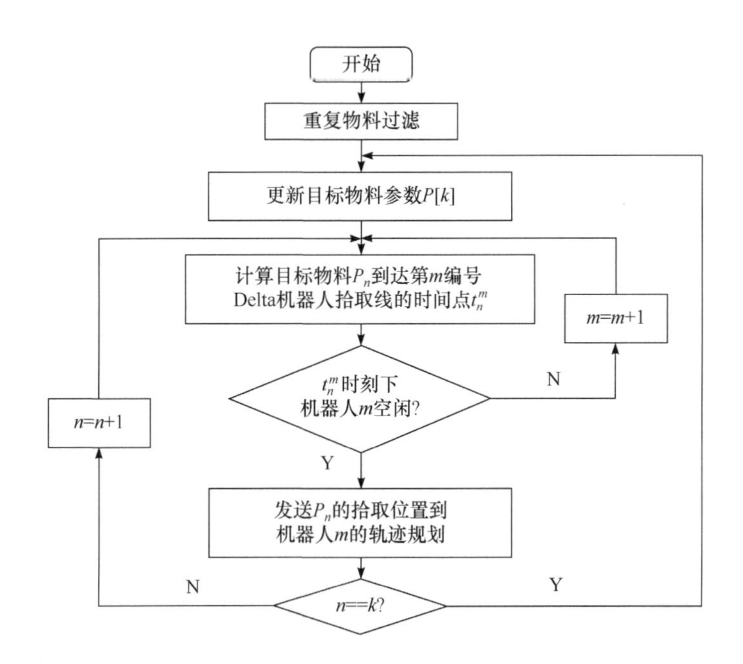

图 4.14　多 Delta 机器人协同分拣相同种类物料的流程

设定目标物料 P_n（X_{Pn},Y_{Pn},Z_{Pn}）到达编号为 m 的 Delta 机器人的固定拾取线的时间点 $t_n{}^m$ 为

$$t_n^m = i_n T + \frac{X_{P_n} + (m-1)L}{V_e} \tag{4.3}$$

式中，i_n 为目标物料对应的帧号；T 为拍照周期；V_e 为传送带速度；L 为固定拾取线间距。

从图 4.14 中可以看出，设拾取序列中物料 P_n（n=1,2,⋯,k）的种类代号为 m（m=1,2,3），分配编号为 m 的机器人在对应的拾取线上对其完成拾取，对应的拾取时间即上述 $t_n{}^m$。相对于同种物料的分拣，不同物料进行位置筛选和排序之前需进行物料的种类识别匹配：分拣系统的视觉系统针对所分拣的传送带上的物料建立种类库，通常识别的特征主要有外形或颜色。

系统根据相机所获得的物料进行特征匹配，确定物料的种类，最终完成对物料分拣机器人的分配。计算物料到达该拾取 Delta 机器人拾取线的时间点 $t_n{}^m$，并对其进行状态查询以确定是否满足拾取条件，从而根据对应目标位置坐标点进行最终拾取轨迹规划。

4.5 实验结果分析

分拣操作是Delta高速并联机器人最基本的工作方式，机器人在进行抓取工件时主要走门字形运动轨迹，包括竖直-水平-竖直三部分，分为拾取、平移、放置三个阶段。

本实验平台主要包括Delta并联机器人、一体化驱动控制器、电气控制系统、视觉系统、输送系统等，如图4.15所示。上位中控系统为Windows操作系统，主机为研华（Advantech）工控机IPC-610-L，CPUE5300；摄像头选用Basler acA1300-30um，标称帧率为30fps，镜头为Computar 1/2英寸；电机为安川（YASKAWA）交流伺服电机，型号为SGM7G-09A7C6C；物料工件是直径为70mm、高为45mm的圆柱，质量为50g；运行最大速度为3.0m/s，最大加速度为8*g*，加加速度为2000m/s^3。

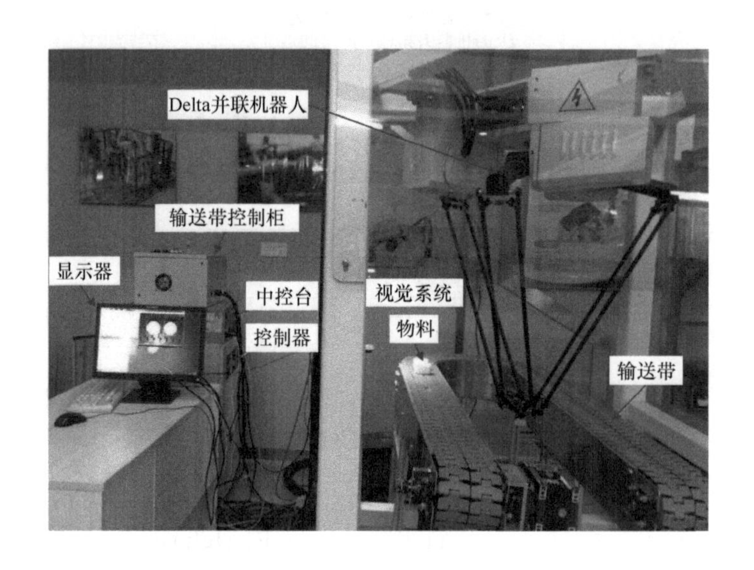

图4.15 Delta并联机器人动态分拣实验平台

本动态分拣实验将Delta并联机器人与机器视觉相结合，通过视觉系统识别物料的位置信息，利用该信息指导Delta并联机器人完成相应的分拣摆放操作[33]。在进行动态抓取物料时，Delta机器人通过摄像头捕捉目标物料的信息，计算出输送带的速度，通过图像处理将位姿信息传递给控制器。工控机根据输送带的速度计算出物料的位置，同时将控制命令发送给机器人控制器。然后控制器通过对指令的解析，得到运动的目标轨迹，并将下一步动作指令发动给DSP指导Delta并联机器人，从而控制Delta并联机器人运动到该位置进行抓取操作。根据控制器计算出的下一步位置信息，将物料分拣至输送带的另一侧给定位置。

Delta并联机器人的技术参数如下[33]：上臂为235mm，下臂为800mm；最大速度为3.0m/s，平均速度为2.5m/s；工作空间为ϕ800mm；定位精度为±0.01mm；最大负载为1kg，最大加速度为8*g*，最大加加速度为2000m/s^3；系统功率为4.5kW。

分拣实验过程中，通过中控系统获取Delta并联机器人运动轨迹参数，包括当前位置、目标设定位置、误差以及关节位置信息，采样数据以记事本形式保存在中控系统中，然后采用MATLAB进行数据分析。Delta并联机器人多点拾取物料的运动轨迹，如图4.16所示。从图中可以看出，多点拾取目标路径是按照基本运动轨迹进行的，从而说明本项目的视觉系统能够顺利完成路径规划与控制。

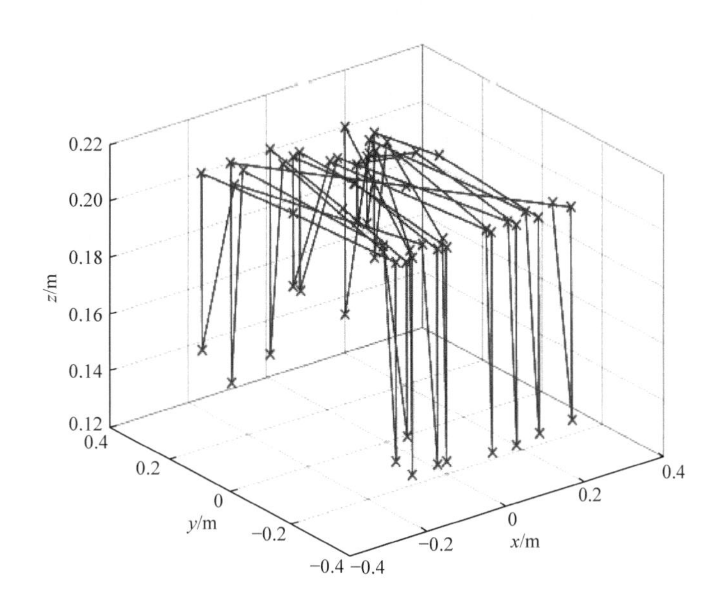

图4.16 Delta并联机器人多点拾取运动轨迹

为了检测传送带在不同速度下机器人动态拾取的成功率，在试验中设定了多组不同的传送带速度，在工件总数相同的基础上计算机器人拾取时的成功率，其实验结果如表4.1所示。从表4.1中可以看出，Delta并联机器人在传送带低速情况时，抓取成功率很高；随着传送带速度增加，抓取成功率有所降低。主要原因在于：输送带速度大于600mm/s时，由于真空吸盘打开到吸住需要一定时间（0.01s），物料在此时间内已经有所偏移，两个物料距离较近，由于第二个物料运动速度较快，第一个物料抓取过程中撞到第二个物料，故而使得第二个物料位置发生错位。

针对此问题，拟解决办法是在输送带高速运行过程中，机器人抓取位置添加一个偏移量，即提前分量。虽然抓取成功率有所降低，但仍然保持较高的抓取成功率，也验证了本项目视觉系统的高有效性。

表4.1 变速拾取数据

输送带速度/（mm/s）	抓取总数	漏抓个数	误抓个数	抓取成功率/%
100	200	0	0	100
150	200	1	0	99.5
200	200	2	0	99
400	200	2	0	99
600	200	4	0	98
800	200	10	0	95

不同时间点下，Delta 并联机器人对目标物料的动态分拣过程如图 4.17 所示。从图中可以看出，Delta 并联机器人能快速识别并精准抓取目标物料。

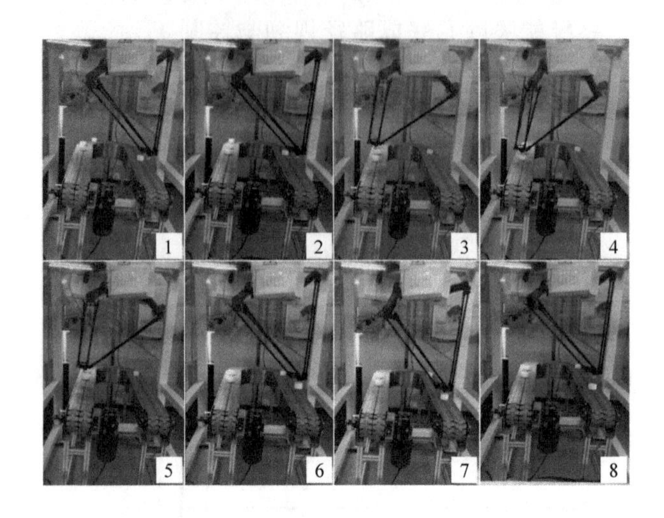

图 4.17 Delta 并联机器人分拣目标物料

更进一步，为了验证前述多 Delta 机器人系统协同分拣策略，本项目也搭建了两台 Delta 机器人协同分拣连线，如图 4.18 所示，运行状态良好。多机协同拾取同种物料的拾取流程与密集场合的多机协同拾取策略的区别在于：对应不同种类物料的 Delta 机器人编号固定，以实现对目标物料品种的动态分拣。

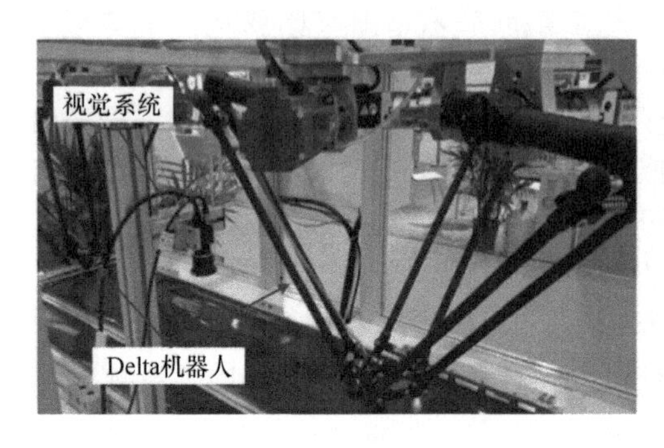

图 4.18 两台 Delta 机器人协同分拣连线实物图

本章小结

本项目密切结合电子、轻工、食品和医药等领域自动化生产线高速分拣作业需求，研究基于机器视觉的 Delta 并联机器人高速动态分拣技术，并将研究成果用于实现 Delta 高速并联机器人快速识别和精准抓取。在本项目的研究基础上，还需开展如下工作：

① 在图像处理方面，需考虑实际生产中，同一批次产品在输送带上，会存在多个物料同时进入 Delta 并联机器人视野，以及多个物料重叠摆放等情况，需要对算法的鲁棒性进行深入完善。

② 在工程应用中，往往需要多台 Delta 并联机器人合作完成大批量物料的高速分拣任务，多机器人协同的物料规划问题，还需要更进一步研究。

参考文献

[1] Clavel R. Device for displacing and positioning an element in space[P]. Europe: EP0250470 B1, 1991.

[2] Brogardh T. Present and future robot control development-An industrial perspective[J]. Annual Reviews in Control, 2006, 31(1): 69-79.

[3] Poppeova V, Uricek J, Bulej V, et al. Delta robots-robots for high speed manipulation[J]. Technical Gazette, 2011, 18(3):435-445.

[4] 黄真，孔令富，方跃法．并联机器人机构学理论及控制[M]．北京：机械工业出版社，1997.

[5] Milutinovic D, Slavkovic N, Kokotovic B, et al. Kinematic modeling of reconfigurable parallel robots based on Delta concept[J]. Journal of Production Engineering, 2012, 15(2): 71-74.

[6] 冯李航，张为公，龚宗洋，等．Delta 系列并联机器人研究进展与现状[J]．机器人，2014, 36(3): 375-384.

[7] Rey L, Clavel R. The Delta Parallel Robot [M]. London: Springer, 1999.

[8] Tsai L W. Robot Analysis: The Mechanics of Serial and Parallel Manipulators[M]. New York: John Wiley & Sons, 1999.

[9] Pierrot F, Dauchez P, Fournier A. Fast parallel robots[J]. Journal of Robotic Systems, 1991, 8(6): 829-840.

[10] di Gregorio R. Determination of singularities in Delta-like manipulators[J]. International Journal of Robotics Research, 2004, 23(1): 89-96.

[11] Pierrot F, Marquet F, Gil T. H4 parallel robot: Modeling, design and preliminary experiments[C]//2001 IEEE International Conference on Robotics and Automation (ICRA 2001), Piscataway, USA, 2001: 3256-3261.

[12] Pierrot F, Nabat V, Company O, et al. Optimal design of a 4-DOF parallel manipulator: From academia to industry[J]. IEEE Transactions on Robotics, 2009, 25(2): 213-224.

[13] Nabat V, de la Rodriguez M, Company O, et al. Par4: Very high speed parallel robot for pick-and-place[C]//2005 IEEE/RSJ International Conference on Intelligent Robots and Systems (IROS 2005), Piscataway, USA, 2005: 553-558.

[14] 黄田，宋轶民，赵学满，等．一种具有三维平动一维转动的并联机构[P]．中国：ZL200910228105.1, 2009.

[15] Huang T, Li M, Li Z X, et al. Optimal kinematic design of 2-DOF parallel manipulators with well-shaped workspace bounded by a specified conditioning index[J]. IEEE Transactions on Robotics and Automation, 2004, 20(3): 538-543.

[16] Miller K. Maximization of workspace volume of 3-DOF spatial parallel manipulators[J]. Journal of Mechanical Design, 2002, 124(2): 347-350.
[17] Wiehman W. Use of optical feed back in the computer control of an arm[J]. Stanford AI Project, 1967: 33-43.
[18] 张文昌. Delta 高速并联机器人视觉控制技术及视觉标定技术研究[D]. 天津: 天津大学, 2012.
[19] Hill J, Park W T. Real Time Control of a Robot with a Mobile Camera[C]// 9th International Symposium on Industrial Robots, Washington DC, USA, 1979: 233-246.
[20] Park D H, Kwon J H, Ha I J. Novel position-based visual servoing approach to robust global stability under field-of-view constraint[J]. IEEE Transactions on Industrial Electronics, 2012, 59(12): 4735-4752.
[21] Copot C, Lazar C, Burlacu A. Predictive control of nonlinear visual servoing systems using image moments[J]. IET Control Theory & Application, 2012, 6(10): 1486-1496.
[22] Zhang X B, Fang Y C, Liu X. Motion-estimation-based visual servoing of nonholonomic mobile robots[J]. IEEE Transactions on Robotics, 2011, 27(6): 1167-1175.
[23] Hager G D, Hutchinson S, Corke P I. A tutorial on visual servo control[J]. IEEE Transactions on Robotics and Automation, 1996, 12(5): 651-670.
[24] 倪鹤鹏, 刘亚男, 张承瑞, 等. 基于机器视觉的 Delta 机器人分拣系统算法[J]. 机器人, 2016, 38(1): 49-55.
[25] Nitzan D, Bolles R, Cain R, et al. Machine intelligence research applied to industrial automation[R]. Technical Report, SRI International, 1978.
[26] Zhang D B, Van Gool L, Oosterlinck A. Stochastic predictive control of robot tracking systems with dynamic visual feedback[C]//1990 IEEE International Conference on Robotics and Automation (ICRA), Cincinnati, OH, USA, 1990, 1: 610-615.
[27] Allen P K, Yoshimi B, Timcenko A. Real-time visual servoing[C]//1991 IEEE International Conference on Robotics and Automation (ICRA), Sacramento, CA, USA, 1991, 1: 851-856.
[28] Allen P K, Timcenko A, Yoshimi B, et al. Trajectory filtering and prediction for automated tracking and grasping of a moving object[C]//1992 IEEE International Conference on Robotics and Automation (ICRA), Nice, France, 1992, 2: 1850-1856.
[29] 张策. 高速包装机械手视觉控制系统研究与开发[D]. 天津: 天津大学, 2008.
[30] 何晓. 基于机器视觉的 Delta 并联机器人拾取方法研究[D]. 太原: 中北大学, 2021.
[31] 邓明星, 刘冠峰, 张国英. 基于 Delta 并联机器人的传送带动态跟踪[J]. 机械工程与自动化, 2015(1): 153-154.
[32] 邓聚龙. 灰色系统综述[J]. 世界科学, 1983(7): 1-5.
[33] 吴晓君, 祁玫丹, 马长捷, 等. 一体化驱控技术在 Delta 机器人上的应用[J]. 机械科学与技术, 2018, 37(2): 306-312.

第5章

3-PPR 平面并联机构视觉伺服精密对位

5.1 研究背景意义

高精密对位技术集成了精密机械、电子、伺服驱动、运动控制、智能通信、图像处理等诸多学科和技术，广泛应用于表面贴装技术（Surface Mount Technology，SMT）、锡膏印刷、丝网印刷、布料印花、液晶显示器（Liquid Crystal Display，LCD）、医疗手术、光学元件对接、微型机械零件加工和装配、微型电子器件封装等场景，具有很高的理论研究和实际应用价值。高精密对位技术作为目前机器人技术领域中具有显著代表性的高尖端技术，是当前高精密领域的重要研究方向之一。

随着制造业的不断发展，一些精密制造领域需要对位平台的对位精度能够达到微米级甚至纳米级，这样就对对位平台提出了更高的要求。目前，国内外采用的精密对位平台大多为并联机构，这类平台采用共平面的结构设计思想，结构简洁灵活[1]。并联机构根据其自身特点，可以分为空间并联、球面并联和平面并联三种类型。其中，平面并联机构是并联机构中最重要的一种，研究也比较成熟。对于平面并联机构的组成单元，其典型单关节运动副[2]如图 5.1 所示，主要包括：旋转关节（Revolute Joint）、平移关节（Prismatic Joint）、圆柱关节（Cylinder Joint）、球形关节（Spherical joint）等 4 种。

目前，高精密对位平台大多采用三自由度并联机构，这种机构既不像简单的单自由度机构运动的确定性是肯定的，也不像六自由度机构运动完全可以任意给定，这种具有多自由度而又非完全自由的机构是并联机构研究的一个重要领域[3]。三自由度并联机构不仅构型简单、自由度少，还易解耦、便

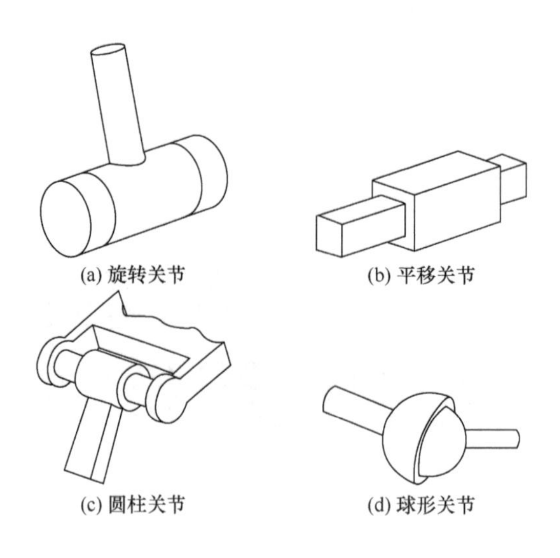

图 5.1　典型单关节运动副

于控制且造价低。Merlet[4]在其著作中详细介绍了三自由度的平面并联机构，并将其划分为 7 种结构，如图 5.2 所示。

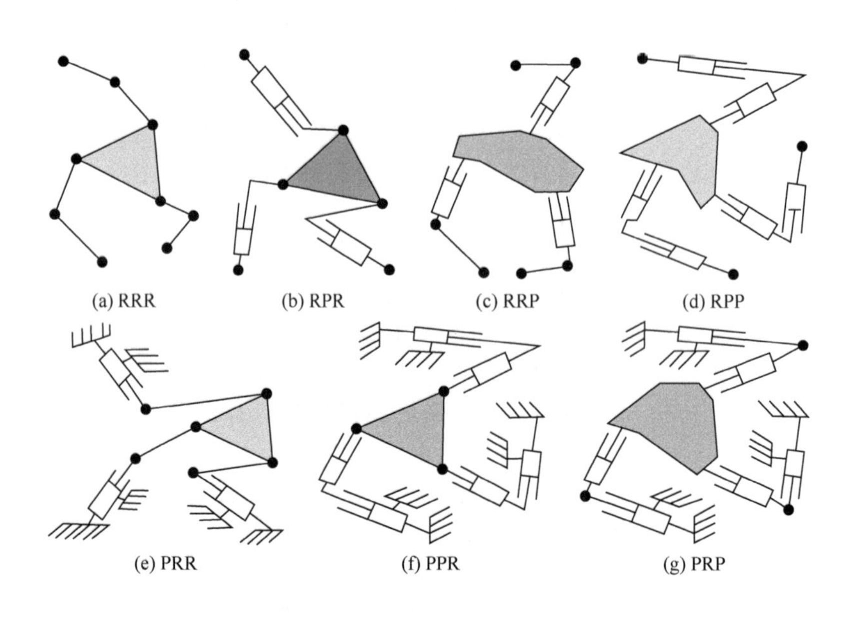

图 5.2　三自由度并联机构的 7 种构型

P—移动副；R—转动副

从图 5-2 中可以看出，三自由度并联机构的构型取决于运动链的构型和布置，每个运动链都有相同的结构，由三个平面低运动副串联而成，每个运动副具有一个自由度。运动链根据其中三个运动副类型的不同组合，可以构成以下类型[5]：RRR、PPP、PRR、RPR、RRP、RPP、PRP、PPR，除了运动链 PPP 构不成三自由度平面并联机构，其他 7 种都可以组成并联对位平台。

在上述 7 种三自由度并联机构中，RRR 型和 RPR 型平面并联机构最早受到关注，并且其研究最为完善。如华东交通大学杨春辉[6]介绍了三自由度 RRR 型平面并联微动机器人解析运动学模型的建立方法，并利用 MATLAB7.1 软件计算输出位移和方位角，再次应用 ANSYS10.0 软件对其进行有限元分析，最后通过分析比较 3-RRR 平面并联微动机器人的理论运动学方程、实验运动学方程和有限元运动学方程，得到输出平台适用的运动学方程。法国巴黎信息实验室 Moroz 等[7]研究了 RPR 并联机器人在关节空间中奇异曲面上可能出现的尖峰位形，提出采用一种严格的方法来确定 3-RPR 机械手的尖点，并证明所有尖点都已找到，这种方法使用了判别变体的概念，并依次来求解方程组。

另外 5 种平面并联机构的研究则相对较少，但也具有一定的研究价值。对于具备相同运动链构型的并联机构，其运动链的位置分布不同和选择不同的运动副作为驱动副都会形成不同的三自由度并联机构，从而造成并联机构的性能不同，具有很好的创新价值[8]。

本项目采用三自由度 PPR 并联机构作为精密对位平台，PPR 并联平台由两个平移关节 P 和一个旋转关节 R 组成，是三自由度串联机构的平行对应物[9]。该机构主要由定平台、动平台以及连接上下平台的运动链组成，如图 5.3 所示。采用四周对称型布局，拥有 4 条运动链，包括 3 条主动链和 1 条从动链，总体驱动结构呈 U 形。其中一条主动链安装在平台 Y 方向一侧的中间位置，此运动链可驱动平台在 Y 方向运动，与此对称的另一边安装一条从动链，从动链只起导向作用。另外两条主动链安装在平台 X 方向两边的中间位置，可以驱动平台在 X 方向运动。另外，采用两套机器视觉系统，从而实现精密对位。

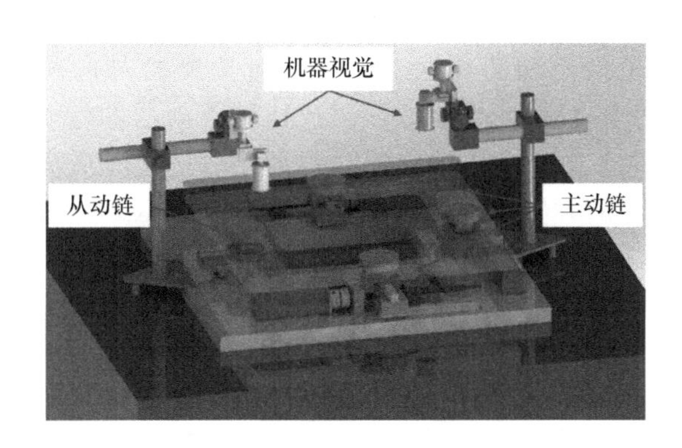

图 5.3　三自由度 PPR 并联机构

该 3-PPR 并联机构能够实现在 X、Y 方向移动以及绕工作面内任一点旋转三个自由度的对位功能，其对位精度是评价 3-PPR 并联平台性能好坏的关键指标[10]。3-PPR 并联机构是平面三自由度并联机构的重要组成部分，是对 3-RRR 平面并联机构在驱动构件运动受到旋转限制时的必要补充，能够扩大以三自由度平面并联机构为基础的精密定位平台的应用范围，因此对其进行研究具有重要价值[11]。

为实现 3-PPR 并联机构的精密对位，国内外很多学者和机构都进行了研究。Kong 等[12]针对三自由度 PPR 并联平台，通过引入虚拟链来表示三自由度运动的运动模式，并回顾螺旋理论的相关结果，提出了用于三自由度 PPR 等效并联机构类型合成的方法。该方法分三个步骤进行，可将 PPR 等效平行运动链的类型合成简化为三自由度单环运动链的类型合成，易于实现。

Zhang 等[13]对三自由度冗余驱动并联机构的正向运动学进行了研究。Ruggiu 等[14]运用螺旋理论对 1-RPU-2-UPU（R：Revolute；P：Prismatic；U：Universal）型平面并联机器人的运动性能进行了分析。Wu 等[15]采用空间机构建模方法，研究了 3-PPR 柔性平面并联机器人的刚度问题，对应于平移和旋转刚度，导出两个解耦的齐次矩阵，特征螺旋分解得到 6 个螺旋弹簧，然后从 2 个分离的子矩阵的特征值问题中，确定主刚度及其方向。此外，该团队还研究了非线性驱动柔量对机械手刚度的影响，并对所建立的刚度模型进行了实验验证。

Bai 等[16]为了最大化机器人的工作空间，提出基础平台设计的拓扑结构，提出非对称基座的带有 U 形底座的平面 3-PPR 并联机器人，具有大工作空间和部分解耦自由度。另外，在保留并联机构运动的同时，还能实现高精度。Mohammad 等[17]针对包括三个沿各轴具有可变摩擦的平移作动器的并联机构的闭环动态控制，提出位置速度控制器，在基于反馈的控制单元中添加前馈单元作为摩擦补偿器，进行了动力学辨识的实验研究，辨识了棱柱作动器动力学模型中的可变摩擦力。此外，该机构还安装了作为位置反馈的 Kinect 视觉传感器，提高了并联机构的对位精度。

国内中北大学高晓雪等[18]等针对 3-PPR 平面并联机构，利用闭环矢量方法进行了位置正解和位置逆解分析，建立了该机构的位置正、逆解方程，求出了简单位置正解和逆解的结果。发现输入量的伸长范围和中间杆的伸长范围是影响工作空间形状和大小的主要因素，为其动力学研究、优化设计等奠定了一定的理论基础。山东理工大学黄朋涛[19]采用伪刚体模型法和简化法对三自由度柔顺微定位平台的正反解方程进行了分析。上海交通大学李建强[20]通过对超磁致伸缩驱动器的精确位移建模以及对柔性铰链的有限元分析，得出三自由度磁致伸缩驱动平台的运动关系。

武汉理工大学黄安贻等[21]针对目前高精密行业中对位精度不高的问题，提出一种 3-PPR 平面并联对位平台的运动控制系统，并结合解析法和矢量法，建立平面并联对位平台的运动学正逆解方程，分析计算了对位平台在不同位姿下的工作空间，设计了一套基于 GUS Controller 运动控制器的对位控制系统，并通过运动学分析及控制系统对其精度进行了实验研究。陕西科技大学郑甲红等[22]为了获得 3-PPR 并联平台的最佳对位精度，针对平台的结构布局与工作影响因素对其对位精度的影响，采用理论误差分析与实验验证的方法对平台进行对位精度研究，为进一步改善与开发平台性能提供了必要的理论依据，可用于各种高精密对位场合，具有一定的实际应用价值。

需要特别指出的是，机器视觉系统（图 5.3）可以为 3-PPR 平面并联机构获取高清、高放大倍数的图像信息，然后通过图像处理技术对平台进行判断和测量，快速且准确地获取对位平台上的 MARK 点位置，利用视觉伺服技术驱动关节的运动，实现对位平台的高速、高精度对位[23]。机器视觉在高精密对位中主要是对对位平台进行视觉伺服引导，补偿对位误差，提高对位效率和对位精度。德国 Karl Suss 公司开发的 FC-150 贴片机使用了基于工业相机的机器视觉系统，日本 NEC 公司开发了基于红外光源的基底芯片对准贴片系统。由此可见，机器视觉在高精密对位领域中的重要性。

由于并联平台的对位技术需求越来越复杂多样，传统的检测手段往往面临着检测范围的局限性和检测手段的单一性。视觉伺服控制利用视觉信息作为反馈，对环境进行非接触式测量，具有更大的信息量，提高了平台对位系统的灵活性和精确性[24]。视觉伺服控制系统是指使用视觉反馈的控制系统，其控制目标是将任务函数调节到最小，与常规控制不同的是，视觉伺服控制系统比传统的传感器信息具有更高的维度和更大的信息量。视觉伺服控制系统通常由视觉系统、控制策略和驱动系统（如机器人等）组成[25]。其中，视觉系统由图像获取和视觉处理两部分组成，通过图像获取和视觉处理得到合适的视觉反馈信息，再由控制器得到驱动系统（如机器人等）的控制输入。图像的获取是利用相机模型将三维空间投影到二维图像空间的过程，而视觉处理则是利用获取的图像信息得到视觉反馈的过程。其系统架构如图 5.4 所示。

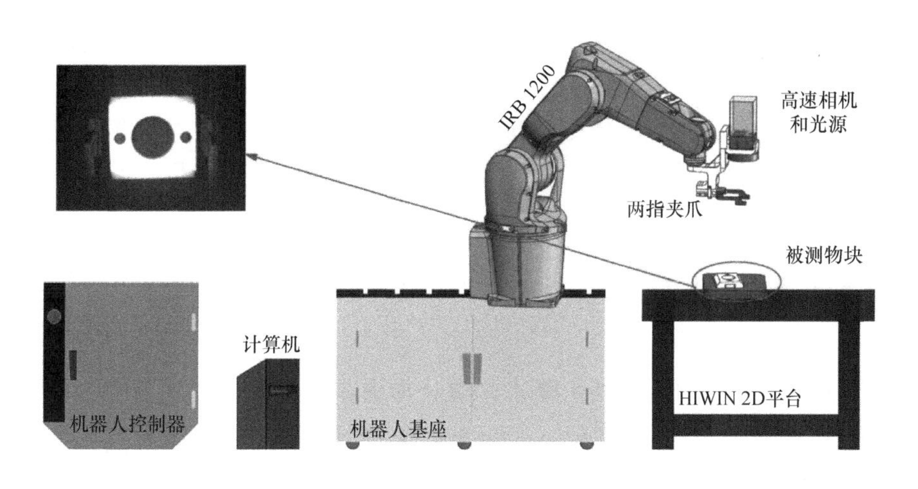

图 5.4　典型视觉伺服控制系统架构

美国伊利诺伊大学厄巴纳香槟分校 Hutchinson 等的三篇经典论文[26-28]对视觉伺服控制的研究起到了重要的引导作用。根据反馈信息类型的差别，机器视觉伺服一般分为基于位置的视觉伺服（3D 视觉伺服）和基于图像的视觉伺服（2D 视觉伺服）两种[29]。由于这两种伺服方法各自存在不同的缺陷，后来有学者又提出了将两者相结合的 2.5D 视觉伺服方法。

基于位置的 3D 视觉伺服利用摄像机的参数来建立图像信号与机器人的位置/姿态信息之间的映射，然后在伺服过程中借助于图像信号来提取机器人的位置/姿态信息，并将它们与给定位姿进行比较，形成闭环反馈控制[30]。显然，这种方法成功与否在很大程度上取决于能否从图像信号中准确提取机器人的位置/姿态信息，而这又取决于摄像机参数的准确性以及图像信号中噪声的大小。

与基于位置的 3D 视觉伺服不同，基于图像的视觉伺服将实时测量得到的图像信号与给定图像信号直接进行在线比较。然后利用所获得的图像误差进行反馈来形成闭环控制[31]。基于图像的视觉伺服对于摄像机模型的偏差具有较强的鲁棒性，通常也能较好地保证机器人或者参考物体位于摄像机的视场之内，但是在设计视觉伺服控制器时，这种方法又不可避免地遇到了图像雅可比矩阵的奇异性以及局部极小等问题。

考虑到以上两种视觉伺服方法的局限性，Malis 等[32]提出了 2.5D 视觉伺服，能成功地将图像信号与根据图像所提取的位置/姿态信号进行有机结合，并利用它们产生一种综合的误差信号进行反馈，这是一种将 2D 信息与 3D 信息有机结合的混合伺服方法，通常将其称为 2.5D 视觉伺服，在一定程度上对解决鲁棒性、奇异性、局部极小等问题非常有前景。遗憾的是，这种方法仍然无法确保在视觉伺服过程中参考物体始终位于摄像机的视场之内。另外，在分解单应矩阵时，有时存在解不唯一的问题。

综述国内外的研究情况可以看出，视觉伺服是一项多学科交叉的新兴研究领域。为了将视觉伺服技术真正应用于三自由度 PPR 并联机构的精密对位，必须提高视觉伺服系统的速度和精确度、鲁棒性、可靠性以及智能化程度，使其在具有各种不确定因素的复杂环境下能够可靠地工作。

为此，本项目采用一种区别于传统机构的三自由度 PPR 并联机构作为高精密对位系统的研究对象，引入机器视觉伺服技术，设计高精密平面并联机构的精密对位系统，以期实现对位物体的高速、高精度自动对位功能，为国内高精密对位领域提供技术支持，为自主开发相应的产品、缩短与国外设备技术的差距奠定基础。

5.2 项目研究目标

本项目根据行业内的具体技术需求，综合考虑不同精密对位平台的结构特征和优缺点，拟开发出能够实现在平面内 X、Y、θ 三个自由度方向运动的 3-PPR 高精密对位平台，并基于机器视觉伺服技术，实现对位平台的高速、高精度自动对位功能。其主要技术指标如下：

① 平台尺寸：500mm×500mm×110mm。

② 最大行程：（±20mm）×（±20mm）×（±2.8mm）。

③ 重复定位精度：±2μm。

④ 平行度：80μm。

⑤ 最大对位速度：0.25m/s。

⑥ 总体对位性能：3μm/10s。

⑦ 额定静负载：54kg。

5.3 主要研究内容

本项目以三自由度并联平台为研究对象，围绕精密对位的技术需求，主要开展以下研究：

① 通过对并联机构和串联机构性能的研究，尤其是对平面并联机构的研究，选择三自由度平面并联机构作为本项目的对位平台。根据平面并联机构的构型分析及研究进展，提出一种新型运动链布局的 3-PPR 并联平台作为精密对位的研究对象。

② 将机器伺服视觉引导技术应用在 3-PPR 并联平台对位中，根据视觉伺服引导系统的工作原理，进行视觉引导的标定及坐标系建立、物体位姿的摄取和传递，探索不同坐标系之间的变换关系，实现对位姿误差的反馈以及补偿。

在 3-PPR 并联平台的对位过程中，如何实现对目标物体的高速、高精度及高效率自动化对位是本项目研究的重点，项目拟解决关键问题如下：

① 并联平台的对位精度要求很高，达到微米级，因此需要研究相机的标定过程并设计高精度控制系统以及控制方法。

② 基于视觉伺服的对位平台能够对物体的位姿误差进行视觉引导，对误差进行反馈并收敛，但系统存在的各误差源会对收敛范围和收敛时间造成限制，影响对位平台的响应速度和对位效率。因此，如何对误差进行补偿，以减小系统的对位时间及提高系统的对位精度是本项目研究的重点。

5.4 项目研究方法

5.4.1 并联平台的结构与原理

本项目的 3-PPR 并联平台主要由定平台、动平台以及连接上下平台的三条运动支链和两条辅助支链组成。平台结构如图 5.5 所示，包含三条由电机驱动的主动链和两条无电机驱动的从动链，使用中心对称型布局，总体驱动结构呈线性，三条主动链分布在平台的一条对角线上，分别安装在平台的一组对角和几何中心点（对角线的两端和中心点）的位置，对角位置的主动链可以实现平台在 X 方向的驱动，几何中心点位置的主动链实现平台在 Y 方向的驱动，另外两条从动链起导向作用。

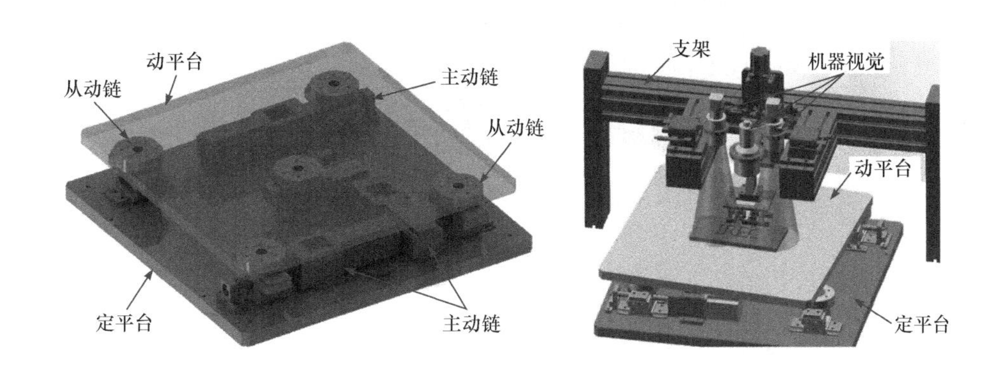

图 5.5 3-PPR 并联平台的三维结构

每条运动链均由采用“移动副（P）—移动副（P）—转动副（R）”的方式进行传递，将其中一个移动副作为平台的输入。3-PPR 并联平台通过伺服电机驱动运动链中的滚柱丝杠转动，丝杠螺母移动带动与之相连的直线导轨滑块移动，三个主动链的驱动可实现沿 X、Y 平面内任意方向的移动、倾斜方向移动以及绕 Z 轴方向转动，即拥有平面运动中的所有自由度，可以实现在平面内任意方向上的精密对位。

5.4.2 机器视觉伺服对位系统

目前，对位系统中，目标位姿检测常用的测量传感器有：拉线尺传感器、激光测距传感器、激光干涉仪、经纬仪、显微镜和工业相机[33]。

其中，拉线尺传感器和激光测距传感器的测量范围比较广，最大有效测量距离分别能达到 10m、100m，虽然价格便宜，但测量精度不高，只有毫米级；激光干涉仪采用激光双纵模热稳频技术，可实现高精密、高抗扰、长期稳定的测量，是迄今公认的高精度、高灵敏度的测量仪器，其测量精度可以达到纳米级，但其价格昂贵，性价比较低。

另外，经纬仪是仅针对测量角度变化的仪器，对于有位置和姿态变化的测量具有一定的局限性；显微镜和工业相机工作原理比较相似，通过光学成像对目标物体进行采样，能够方便地获取物体的当前位姿及目标位姿，且测量精度高，能够达到微米级。

因此，针对项目中的本 3-PPR 并联对位平台，采用工业相机作为测量反馈传感器。工业相机采用大恒水星系列 MER-1520-7GC 型号，其具有高分辨率、高清晰度、低噪声、安装及使用方便等特点，实物如图 5.6 所示。

(a) 相机实物

(b) 相机安装

图 5.6 工业相机

3-PPR 并联平台对位系统的架构如图 5.7 所示。其工作原理为：首先，标定相机图像坐标系和世界坐标系之间的坐标转换关系，以获取对位物体的目标位置；其次，相机实时获取物体的高清图像并传输到上位机，上位机提取目标物体位姿信息，完成物体上 MARK 点图像坐标系和世界坐标系中坐标值的转换；然后，计算 MARK 点的位姿偏差；再次，将位姿偏差传递给运动控制系统，系统驱动电机完成相应的对位；最后，相机再次获取物体的图像信息，进一步调整对位平台直到物体的对位精度达到要求。

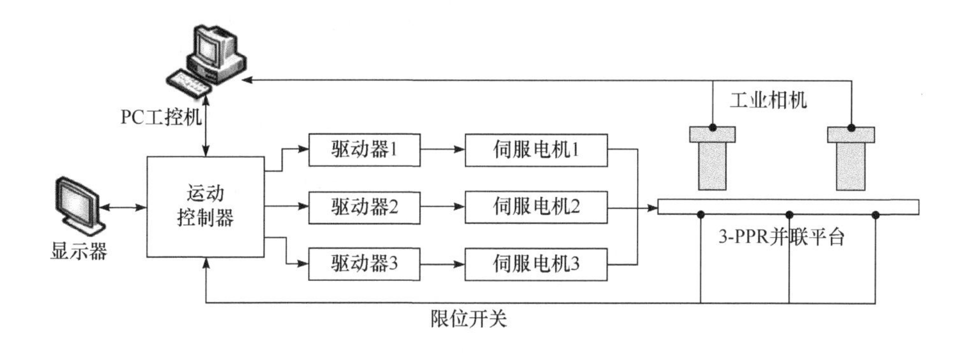

图 5.7 3-PPR 并联平台的对位系统

在 3-PPR 并联平台对位系统中，机器视觉伺服系统通过获取对位物体上 MARK 点的位置坐标，来判断对位物体当前位姿状态和目标位姿状态，利用视觉伺服引导技术控制平台进行相应的对位工作。机器视觉伺服系统不仅能够实时获取并反馈对位物体当前位姿偏差，对物体位姿偏差进行补偿，提高平台的对位精度，还能够在上位机上实时显示对位物体当前信息状态，提高平台的整体对位效率和对位精度。本项目所使用视觉伺服系统主要包括：工业相机、相机光源、光学镜头、图像采集卡、工控机及图像处理软件等。其基本架构如图 5.8 所示。

为了获得对位物体的位姿状态，对位物体上设置有两个 MARK 点。本视觉辅助系统采用双相机测量方案，两相机分别测量两个 MARK 点坐标，在保证系统测量精度的前提下增加了视场范围。若采用单个相机来同时获取对位物体上两个 MARK 点的位置信号，相机必须设置足够大的视场，这样不仅降低了视觉系统的测量精度，而且工作范围有限。

单应性矩阵是对位物体上 MARK 点位置检测及坐标转换的基础，为了获取单应性矩阵的具体数据，需要对相机进行标定，而相机单应性矩阵的标定精度是实现精确测量的关键部分，所以选择高精度的标定板是开始标定实验的首要任务。本项目选择定制标定板，标定板上圆心公差可达到±0.001mm，以保证本项目 3-PPR 并联平台的标定精度，如图 5.9 所示。

从图 5.9 中可以看出，实验平台装有三个相机，中间的相机主要用于演示方案的应用，在物体对位中并没有使用。因此，本项目通过使用 OpenCV 库函数和张氏标定法对两边相机进行标定。相机标定步骤如下[34]：

① 手动调试 3-PPR 并联对位平台，使其运动到初始位置。

② 将对位板放置于并联对位平台上，使得左右两相机的视场内出现相同大小的实心圆阵列图案。

③ 拍摄对位板图像，对特征点位置信息进行提取。

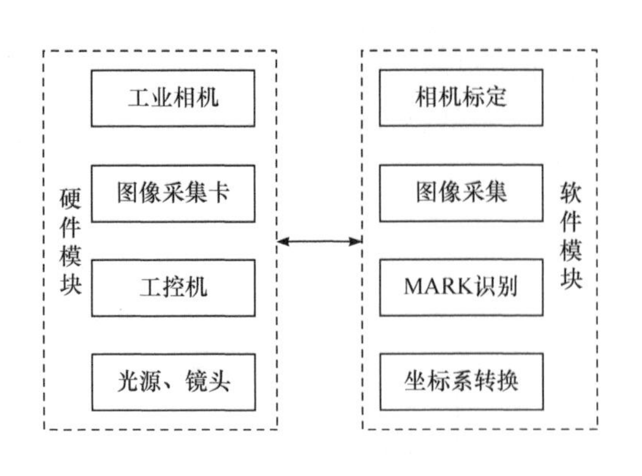

图 5.8 3-PPR 并联平台视觉伺服系统

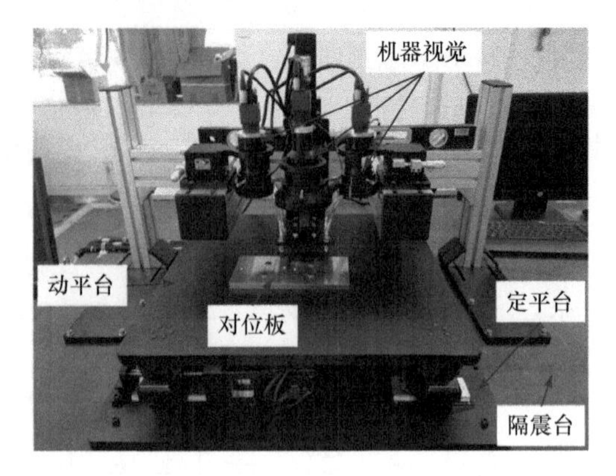

图 5.9 3-PPR 并联对位实验平台

④ 输入平台移动量，以调整标定板位置，并提取对应特征点位置信息。

⑤ 将对位板不同位置的实际坐标值和相对应的图像坐标值代入坐标转换方程中，求出单应性矩阵各参数的具体数据。

在上述标定过程中，设置世界坐标系的原点为相机视场内实心圆阵列图案的初始位置的中心点，坐标系的 X、Y 轴方向和对位平台的 X、Y 自由度方向相同，世界坐标系固定不变，不随标定图案位置变化而变化。由此可见，需要标定的参数为 4 个内参数和 6 个外参数，而每一对图像坐标和实际坐标可以得到 2 个方程，所以至少需要获取 5 张不同视场的图片。为了所求数值的稳定性以及提高信噪比，得到更高质量的结果，本项目共采集了标定板在 9 个不同位置的图像，如图 5.10 所示。

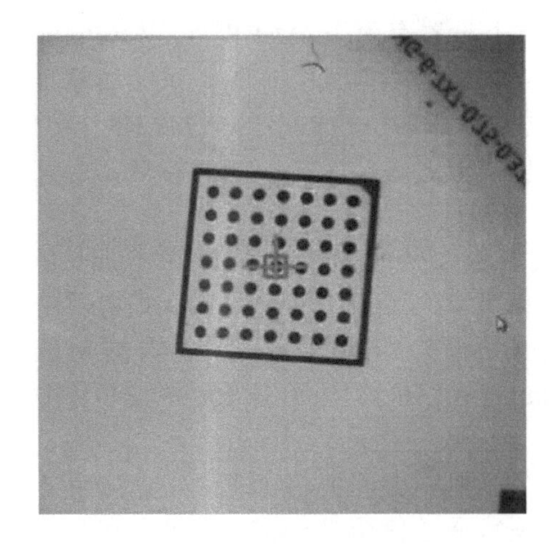

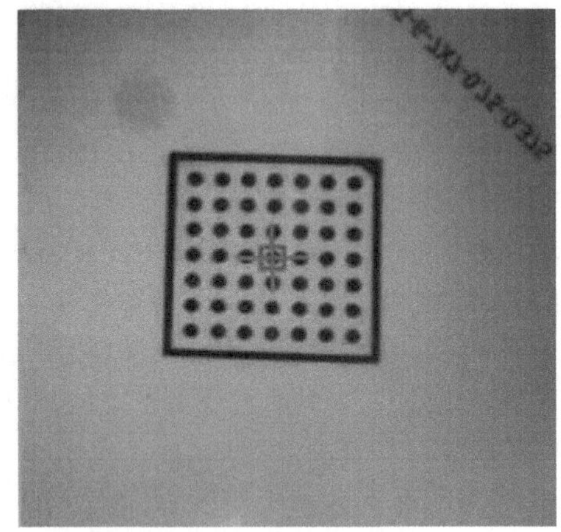

图 5.10 工业相机标定界面

从图 5.10 中可以看出，标定过程中，标定图案的实际位置分别取原点及原点附近等距离的 8 个位置，每当标定图案到达指定位置后，手动点击“获取坐标”来提取标定图案中心点在图像坐标系中的坐标值。

针对不同目标物体的高精密对位，各个物体的外形尺寸各不相同，但其工作原理相同。为了便于研究对位系统的性能，本项目将对位目标物体采用标定板来代替，标定板上的标定点即目标物体的MARK点，用于识别对位目标物体的位姿状态。对位系统工作原理为[34]：对物体的实际坐标系和相机的图像坐标系进行标定，确定世界坐标系和图像坐标系之间的转换关系。此标定只需在对位开始时进行一次，以后重复对位过程不需要此步骤，接下来的对位流程如图5.11所示。

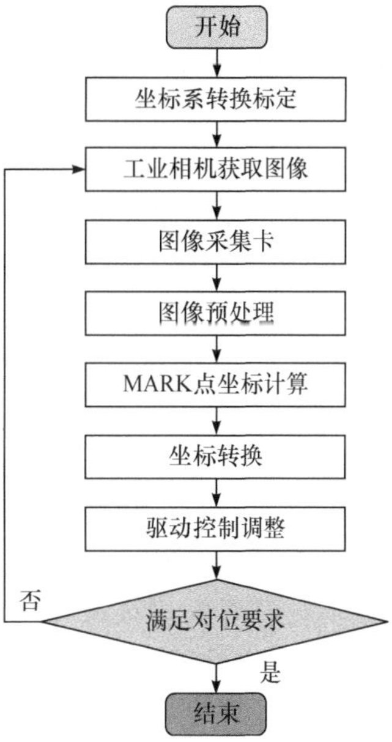

开始
坐标系转换标定
工业相机获取图像
图像采集卡
图像预处理
MARK点坐标计算
坐标转换
驱动控制调整
满足对位要求
否
是
结束

图5.11 3-PPR并联平台对位流程

① 将目标物体放置在对位平台上，确保目标物体上的MARK点处于工业相机视场内。

② 图像采集卡通过工业相机镜头，实时获取目标物体的高清图像，并通过以太网将图像传输到上位机。

③ 视觉系统通过图像预处理，以提取图像中的目标物体信息，从而识别物体上MARK点的位置。

④ 由匹配定位算法计算出物体上两个MARK点的中心位置的像素坐标，经过图像坐标系和物体坐标系的转换矩阵，将MARK点的像素坐标转换成实际坐标。

⑤ 比较得到物体MARK点位置坐标与目标位置坐标，从而计算出物体的位置偏差和角度偏差。由于物体是通过工作平台实现的精密对位，所以将物体MARK点之间的位姿偏差转换成对位工作平台的位移量和转动量。

⑥ 将对位工作平台的位姿偏差（位移量和转动量）传递给控制系统，以获取对位平台当前状态下各轴相对于初始状态的运动量，并结合传递来的平台位姿偏差，通过运动学正反解求出各电机轴的进给量，从而驱动电机进行相应的运动，完成定位。

⑦ 视觉系统再次获取目标物体上MARK点的位置坐标，并判断物体是否达到误差允许范围内的目标位置。若没有达到，则返回步骤①循环，直至达到对位目标位姿。

3-PPR并联平台对位过程中，需要在目标物体上设置两个MARK点，因为不仅要获取目标物体的位置变化，还要获取物体的转动变化，单MARK点无法对目标物体的转动量进行有效的获取。既然有两个MARK点，为了扩大工业相机获取的视场范围，且增加对位的精度，选用两个相机分别获取两个MARK点的坐标值，两相机的工作互不干扰，只需要保证MARK点同时都处于视场范围内即可。另外，平台上的物体对位到位后，该平台无需回原点，即可开始下一次的对位工作。

5.5 实验结果分析

在上述控制系统测量实验正常的情况下，对3-PPR平面并联对位平台的运动控制精度进行实验。实验目的是测量在没有视觉反馈的情况下，并联对位平台在控制系统

驱动控制下 X、Y 方向的运动精度。由于对位平台在 θ 方向具有很多小的转动分辨率和转动范围，且 θ 方向的运动精度由平台 X_1 和 X_2 的运动精度决定，所以不对其进行测量。

为了精确测量平台的对位精度，本实验将一金属凸模字样作为对位板，检验放置于一金属凹模框内的效果，金属凸模字样与金属凹模框的间隙仅为 μm 级。搭建的实验对位平台如图 5.9 所示，实验对位步骤如下：

① 初始化对位平台的控制系统，并对工业相机进行标定。

② 将对位板随意放置在对位平台上，且保证其处于相机视场范围内，记录此时对位板上两个 MARK 点的位置坐标，并将其作为对位目标位姿。

③ 开启自动对位模式，随意改变对位板的位姿，等待对位完成标志，记录对位完成时间以及此时 MARK 点的位置偏差。重复改变对位板的位姿，完成多次测量。

④ 改变对位板的目标位姿，重复步骤③进行测量。

⑤ 改变对位完成标志要求，进入步骤②重新开始测量。

对位精度和对位时间是评价对位平台性能的两个重要指标，在实验过程中，选择两个 MARK 点的当前位置和其目标位置的偏差Δl 是否同时满足所设置的对位精度要求，作为判断对位是否达到要求（对位完成标志）的标准。对位时间则表示在此对位精度下平台的对位效率，对位精度Δl 计算如下：

$$\Delta l=\sqrt{\Delta x^2+\Delta y^2} \tag{5.1}$$

式中，Δx、Δy 表示 MARK 点在 X、Y 方向上的位置偏差。

设置上述对位精度要求为$\Delta l \leqslant 5\mu m$，测量对位完成后 MARK 点在 X 方向偏差Δx、Y 方向偏差Δx、位置偏差Δl、偏差范围以及对位完成时间 S。

考虑到控制系统采用的电子齿轮比为 $2^{24}/5000$，最小驱动精度为 1μm，所以本实验采用日本三丰 Mitutoyo2109S-10（0～1mm）型号千分表作为测量工具来测量平台的对位精度，此千分表的最小测量分辨率为 1μm，符合测量所需精度的要求。3-PPR 平面并联平台的对位与拟对位实验过程如图 5.12 所示。

(a) 对位前的标定

(b) 对位前的状态

(c) 平台对位中

(d) 平台下位中

(e) 平台完成对位

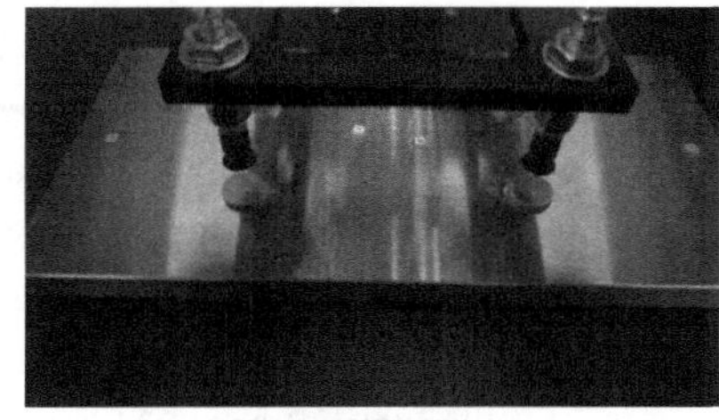
(f) 准备逆对位

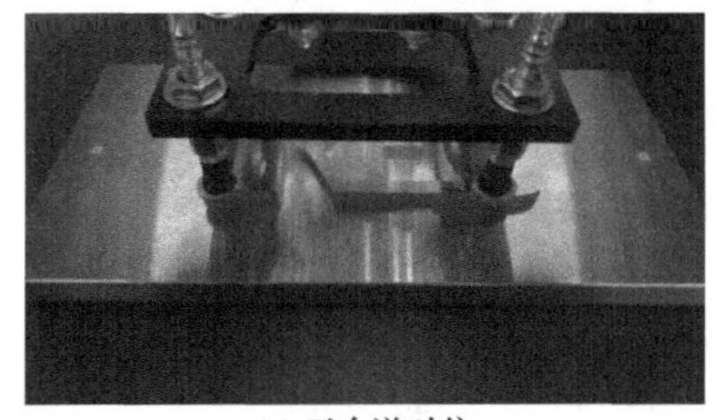
(g) 平台逆对位

(h) 逆对位完成

图 5.12 3-PPR 平面并联平台对位与拟对位实验过程

结合机器视觉伺服功能，实时反馈 3-PPR 平台末端位姿偏差形成闭环控制，最终可以完成平台的自动高精密对位。实验结果表明，3-PPR 平面并联平台的对位精度高，能够实现 5s 内位置误差和偏角误差在±5μm、0.0025°以内的自动对位，10s 内位置误差和偏角误差在±3μm、0.0025°以内的自动对位，具有很好的实际应用价值。

本章小结

本章所研究的 3-PPR 平面并联对位平台，结合机器视觉伺服功能，实时反馈平台末端位姿偏差形成闭环控制，不仅具有微米级的对位精度，还具有较高的对位效率：10s 内可达到位置误差和偏角误差在±3μm、0.0025°以内的自动对位；在 5s 内可达到位置误差和偏角误差±5μm、0.0025°以内的自动对位。该平台可为国内高精密对位技术领域提供重要的理论指导和实际应用借鉴。但由于时间和精力有限，仍有一些不足之处。

① 在工业相机进行初次标定前，需要将平台运动到初始位置，但平台在硬件上没有设置初始位置标志，平台实际到达的初始位置和理论初始位置存在偏差，导致相机标定的单应性矩阵及运动学正反解模型存在一定偏差。因此，保证对位平台初始位置的准确性是后续提高对位精度的有效方法。

② 在后续视觉伺服研究中，可以着重研究图像处理算法以及 MARK 点匹配定位算法，优化算法过程，提高算法运行速度及匹配精度，从而进一步提高系统的对位精度和对位效率。

参考文献

[1] 杨青，裴仁清．精密对位系统中共平面 UVW 工作平台的研究[J]．机械制造，2007, 45(7): 39-41.

[2] Liu X J, Wang J S. Parallel Kinematics: Type, Kinematics, and Optimal Design[M]. New York: Springer, 1999.

[3] 黄真，赵永生，赵铁石．高等空间机构学[M]．北京：高等教育出版社，2005.

[4] Merlet J P. Type Synthesis of Parallel Mechanisms[M]. Beijing: Mechanical Industry Press, 2014.

[5] Hunt K H. Structural kinematics of in-parallel-actuated robot-arms[J]. ASME Journal of Mechanisms Transmissions and Automation in Design, 1983, 105(4): 705-712.

[6] 杨春辉．三自由度平面并联微动机器人运动学模型及工作空间分析[J]．机械传动，2010, 34(1): 16-18.

[7] Moroz G, Rouiller F, Chablat D, et al. On the determination of cusp points of 3-RPR parallel manipulators[J]. Mechanism and Machine Theory, 2010, 45(11): 1555-1567.

[8] Tsai L W. Robot Analysis: The Mechanics of Serial and Parallel Manipulators[M]. New York: John Wiley & Sons, 1999.

[9] Jin Q, Yang T L. Theory for topology synthesis of parallel manipulators and its application to three-dimension-translation parallel manipulators[J]. ASME Journal of Mechanical Design, 2004, 126(4): 625-639.

[10] 高峰．机构学研究现状与发展趋势的思考[J]．机械工程学报，2005, 41(8): 3-17.

[11] 高晓雪．3-PPR 平面并联机构的运动学和动力学性能研究[D]．太原：中北大学，2014.

[12] Kong X W, Gosselin C. Type synthesis of 3-DOF PPR-equivalent parallel manipulators based on screw theory and the concept of virtual chain[J]. ASME Journal of Mechanical Design, 2005, 127(6): 1113-1121.

[13] Zhang D, Lei J H. Kinematic analysis of a novel 3-DOF actuation redundant parallel manipulator using artificial intelligence approach[J]. Robotics and Computer Integrated Manufacturing, 2011, 27(1):157-163.

[14] Ruggiu M, Kong X W. Mobility and kinematic analysis of a parallel mechanism with both PPR and planar operation modes[J]. Mechanism and Machine Theory, 2012, 55(9): 77-90.

[15] Wu G L, Bai S P, Kepler J. Stiffness characterization of a 3-PPR planar parallel manipulator with actuation compliance[J]. Journal of Mechanical Engineering Science, 2015, 229(12): 255-264.

[16] Bai S P, Caro S. Design and analysis of a 3-PPR planar robot with U-shape base[C]//2009 IEEE International Conference on Advanced Robotics (ICAR 2009), Munich, Germany, 2009: 1-6.

[17] Mohammad S, Mehdi T M, Ahmad K, et al. An experimental dynamic identification & control of an overconstrained 3-DOF parallel mechanism in presence of variable friction and feedback delay[J]. Robotics & Autonomous Systems, 2018, 102: 27-43.

[18] 高晓雪，梅瑛，李瑞琴．3-PPR 平面并联机构的工作空间分析[J]．机械传动，

2014(2): 90-92.
[19] 黄朋涛. 平面三自由度柔顺微定位平台结构与设计研究[D]. 淄博: 山东理工大学, 2012.
[20] 李建强. 三自由度磁致伸缩驱动平台建模仿真与控制研究[D]. 上海: 上海交通大学, 2012.
[21] 黄安贻, 张波涛, 张弓, 等. 3-PPR 并联对位平台运动控制分析与实验研究[J]. 组合机床与自动化加工技术, 2019(5): 63-67.
[22] 郑中红, 刘杰林, 张弓, 等. 高精密 3-PPR 并联平台的对位精度分析与试验研究[J]. 机床与液压, 2019, 47(23): 17-21.
[23] 谢志江, 赵萌萌. 机器视觉辅助的 4-PPR 并联机构工作空间分析[J]. 机械设计, 2013, 30(3): 50-53.
[24] 方勇纯. 机器人视觉伺服研究综述[J]. 智能系统学报, 2008, 3(2): 109-114.
[25] 贾丙西, 刘山, 张凯祥, 等. 机器人视觉伺服研究进展: 视觉系统与控制策略[J]. 自动化学报, 2015, 41(5): 861-873.
[26] Hutchinson S, Hager G D, Corke P I. A tutorial on visual servo control[J]. IEEE Transactions on Robotics and Automation, 1996, 12(5): 651-670.
[27] Chaumette F, Hutchinson S. Visual servo control, part Ⅰ: Basic approaches[J]. IEEE Robotics & Automation Magazine, 2006, 13(4): 82-90.
[28] Chaumette F, Hutchinson S. Visual servo control, part Ⅱ: Advanced approaches[J]. IEEE Robotics & Automation Magazine, 2007, 14(1): 109-118.
[29] 薛定宇, 项龙江, 司秉玉, 等. 视觉伺服分类及其动态过程[J]. 东北大学学报(自然科学版), 2003, 24(6): 543-547.
[30] Taylor G, Kleeman L. Hybrid position based visual servoing with online calibration for a humanoid robot[C]//2004 IEEE/RSJ International Conference on Intelligent Robots and Systems, Sandai, Japan, 2004: 686-691.
[31] Conticelli F, Allotta B. Nonlinear control ability and stability analysis of adaptive image-based systems[J]. IEEE Transactions on Robotics and Automation, 2001, 17(2): 208-214.
[32] Malis E, Chaumette F, Boudet S. 2 1/2 D visual servoing[J]. IEEE Transactions on Robotics and Automation, 1999, 15(2): 238-250.
[33] 须晓锋. 平面并联定位平台运动学分析及控制系统设计[D]. 徐州: 中国矿业大学, 2016.
[34] 张波涛. 高精密平面并联对位平台及对位控制精度研究[D]. 武汉: 武汉理工大学, 2019.

第6章 关节臂式机器人3D视觉智能抓取

6.1 研究背景意义

“3C 产品”，就是计算机（Computer）、通信产品（Communication）和消费类电子产品（Consumer Electronics）三者结合，亦称“信息家电”。由于 3C 产品的体积一般不大，所以往往在中间加一个“小”字，故往往统称为“3C 小家电”，被视为后 PC 时代的主流，正呈现大量生产、整合性高及多样化的发展趋势。目前国内尤其是珠三角和长三角区域，3C 行业的主要特点是：大部分是以人工生产为主的劳动密集型生产线，如图 6.1（a）所示；少部分以单工位自动化为主的低成本自动化生产线，如图 6.1（b）所示；较少数量的以国外工业机器人系统集成为主的低柔性自动化生产线，如图 6.1（c）所示。

3C 行业机器人制造出现在 2011 年，当时富士康提出了“百万机器人”概念，来解决劳工成本上涨的难题。由于人工成本的快速上升，以及用工荒的多重压力，让 3C 产业链厂家还是希望从自动化生产获得更低的成本、更高的效率、最佳的良品率。而 3C 行业产品种类多、更新周期短、劳动密集型的特点，要求机器人具有极高的智能化生产能力。

2D（Dimension）视觉在过去几十年里已被成功应用于条码和字符识别、颜色识别、表面缺陷检测和标定平面测距等方面，如图 6.2（a）所示。但如需测量物体的深度、厚度、平面度、体积、磨损等情况时，2D 视觉往往无能为力。随着电子技术和光学技术的不断发展，机器人视觉传感器从传统的 2D 平面测量向 3D 立体环境感知技术转变。3D 视觉系统由于增加了深度距离信息，且具有测量精度高、稳定性好、

(a) 劳动密集型生产线

(b) 低成本自动化生产线

(c) 低柔性自动化生产线

图 6.1 3C 行业产业现状

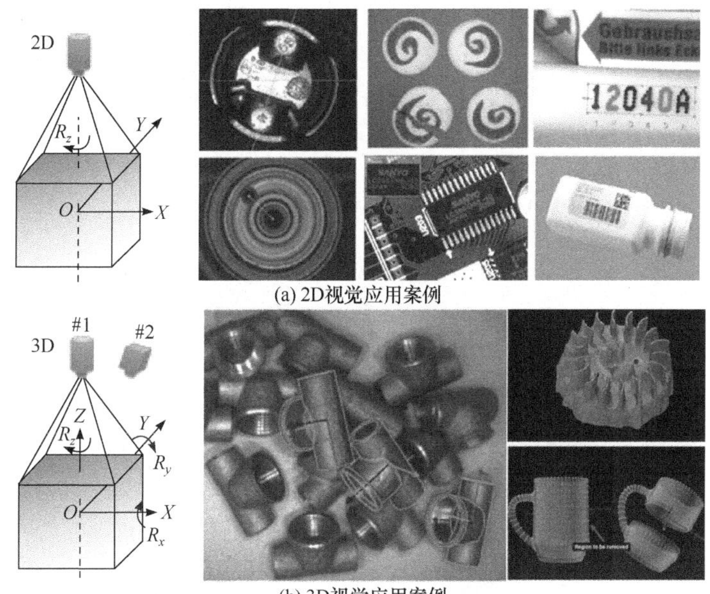

(a) 2D视觉应用案例

(b) 3D视觉应用案例

图 6.2 机器视觉应用场景

受光照条件变化影响小等优点，在 3D 测量、3D 物体识别、姿态估计等领域得到越来越多的应用，如图 6.2（b）所示。

典型机器人抓取系统流程可分为三部分：感知、规划与执行，如图 6.3 所示。感知是机器人借助视觉、激光等传感器对目标物体和周边环境进行感知[1]。规划是机器人对目标物体进行抓取规划，得出目标物体最优抓取姿态[2]。执行是机器人根据自身的结构对抓取姿态进行筛选，并执行抓取[3]。

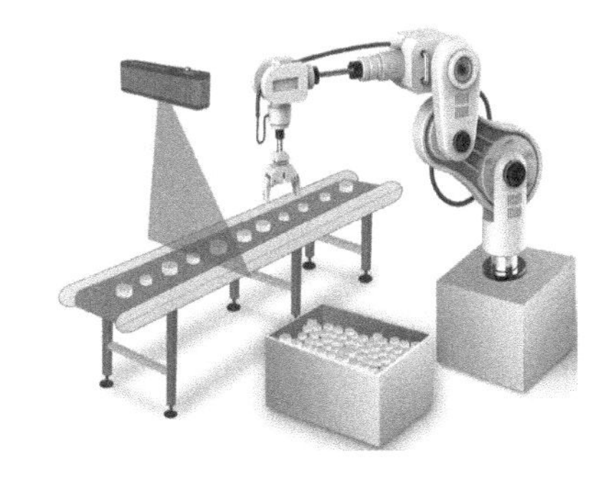

图 6.3 典型机器人抓取系统

基于 3D 视觉的机器人智能自主抓取系统如

图 6.4 所示。3D 视觉在面向 3C 行业的工业机器人的拾取、分拣、码垛、装配等工作场景下，都有非常广泛和重要的应用价值，能显著提高机器人在 3C 行业种类繁多、产线快速更新特点下的适应能力。其典型应用场景如图 6.5 所示。

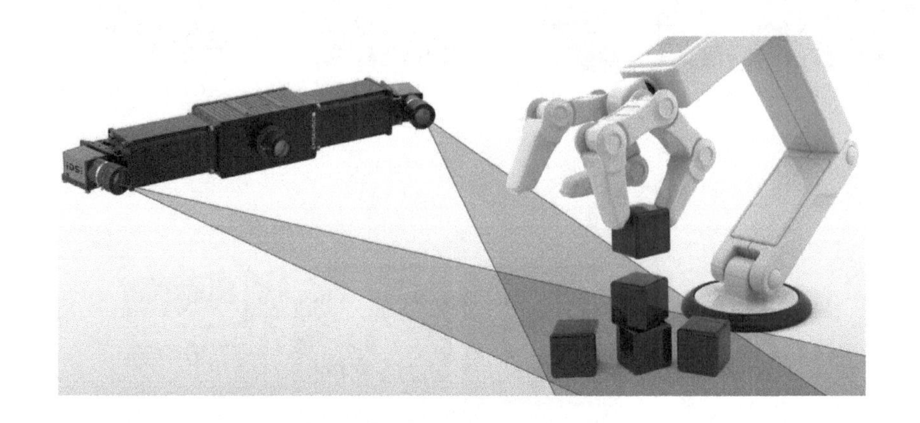

图 6.4　基于 3D 视觉的机器人智能自主抓取系统

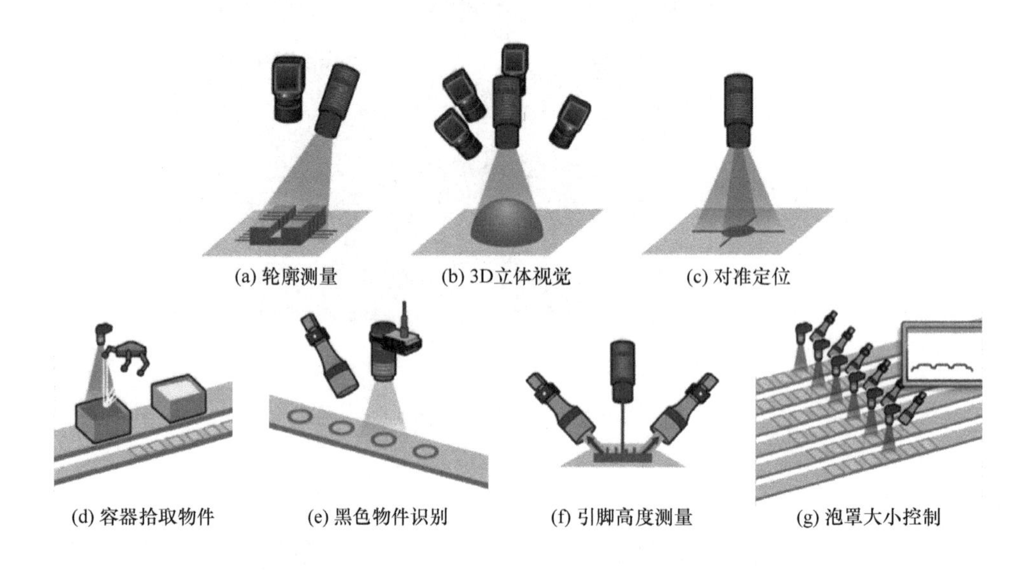

图 6.5　基于 3D 视觉的工业机器人的典型应用场景

然而，当前 3C 产线上已应用的 3D 视觉抓取系统，其图像处理算法大部分基于形封闭或力封闭准则规划抓取姿态，这种规划方法要求提前获得目标物体的三维模型，受制于大量假设，很难在复杂环境中实现。此外，基于模板匹配的方法规划抓取姿态，由于实际产线中物体品类繁多，建立模板搜索库通常费时费力。因此，研究一种基于 3D 视觉、能够在非结构环境下实现的机器人智能抓取技术至关重要。

需要指出的是，传统的机器人抓取系统在复杂多变 3C 行业的生产线上面临着诸多挑战，如动态化环境、光照变化、几十乃至上百种目标物体、复杂背景、物体间的相互遮挡等。而本项目拟开发的基于 3D 视觉的智能机器人自主抓取系统，能在非结构环境下完成 3D 物体识别定位、自主无碰撞路径规划等工作，在工业机器人的拾取、分拣、码垛、装配等工作场景下都有非常重要的应用价值，能显著提高工业机器人在 3C 行业种类繁多、产线更新快速特点下的自适应能力。

国内外许多学者已在物体识别、抓取检测、机器人自主抓取等方面开展了很多研究。物体识别，即让机器人在任意环境下自动地把图像中的物体分类并定位，是一个极具挑战性的问题。随着自动化程度的提高，机器人导航、工业零件检测及抓取等众多领域对计算机视觉系统的要求越来越高，因此基于 2D 图像的物体识别已经无法满足人们的需求。而目前 3D 点云数据的获取已经非常快捷，因此基于点云数据的三维物体识别也引起了人们的重视。但基于 3D 点云图像的物体姿态识别，在机器视觉领域还是一大难点，而这也是机器人智能抓取技术的最紧要瓶颈所在。

随着机器学习技术的普及，目前的自主抓取方法逐渐将抓取规划算法转为抓取检测算法进行研究，因此自主抓取的研究重点是建立抓取分类器并基于分类器检测最优抓取。另外，在当今 3D 视觉传感设备越发成熟的情况下，基于 RGB-D（Read Green Bule-Depth Map）数据建立 3D 物体识别模型，更能体现抓取检测算法的优势。在狭窄空间内对机械臂进行避障前提下的路径规划是相当困难的，基于强化学习的在线实时避障方法成为当今机械臂避障路径规划研究中的热点。

首先，在将机器学习用于 3D 物体的识别领域，浙江大学程健等[4]将三维点云数据与二维栅格相结合，提取反射强度概率分布、纵向高度轮廓分布和位置姿态 3 个特征，利用支持向量机分类器完成车辆的实时探测。Yao 等[5]提取激光雷达数据的光谱、几何和空间上下文属性，然后利用 AdaBoost 分类器来提取城市环境中的树木。Niemeyer 等[6]将随机森林分类器集成到条件随机场框架中，利用反射强度、反射强度的变化、主曲率等特征完成 Lidar 点云场景中建筑物的识别。Kim 等[7]根据场景中包含物体的重复性，将每类物体看作基本形状的组合，利用随机抽样一致性算法提取场景中的基本形状，并计算每类物体在不同姿态下的特征，通过马尔可夫随机场进行特征学习，完成场景中物体的识别。

Nan 等[8]提出了名为“Search-Classify”的室内点云场景识别方法，首先将场景进行分割，然后通过“搜索-分类”的思想将点云场景分割为单个对象，利用随机决策森林完成物体的识别，最后利用模板匹配的方法完成场景重建。大连理工大学庄严等[9]将室内三维点云数据转化为二维 Bearing Angle 图，利用区域扩张算法提取场景中的平面，将物体碎片及其相对于物体中心的位置作为特征，利用基于 GentleBoost 算法的有监督学习方法完成对室内场景中各种物体的认知。

其次，在深度学习与 3D 视觉相结合用于机器人抓取方面，Lenz 等[10]使用 2D 抓取姿态映射到 3D，将 Jiang 等[11]所提出的 7 维度姿态简化成 5 维度姿态。将抓取检测 3D 问题转变成类似于物体检测 2D 问题，减少了计算时间。同时将深度学习引入机器人物体抓取检测领域，将检测网络分为两个步骤：第一步用小型深度网络来搜寻潜在抓取边框，第二步用大型深度网络对第一部分生成的候选框精细筛选出最好的抓取边框，此方法在 Cornell Grasp Dataset 的准确率分别为 73.9%和 75.9%。Liu 等[12]将最大法向抓取力表示抓取位形对外在干扰的抵抗能力应用到力封闭抓取规划中，通过优化函数得到目标抓取点。基于数据驱动的抓取点判别利用先验知识和传感器信息，依靠机器学习降低数据计算的复杂度。

Kumra 等[13]对 RGB-D 使用 ResNet-50 作为基础网络进行特征提取，直接回归计算出抓取点。在非多模态网络使用 RGB 图像作为输入，在 CorNell 数据集上取得了 88.4%的准确率和 16fps 的速度，同时也尝试使用 RGB-D 作为多模态网络输入，并在 Cornell 数据集上取得了 89.21%的准确率和 9.7fps 的速度，同时也证明了更深的网络会带来更高的准确率。清华大学 Guo 等[14]使用类似 AlexNet 作为基础网络提取特征，网络输出为三部分：第一部分为判断物体预测边框能不能抓取成功，第二部分为抓取边框，第三部分为每个抓取边框方向角度。使用多种不同比例和纵横比的默认参考矩形提高了准确率，实验表明，在不同的数据上需配合使用相应的 Anchor Box 才能提高准确率。

然后，针对机器人抓取路径规划问题，国内外科研人员也做了大量工作。南京理工大学倪文彬等[15]研究了给定任务的机器人双臂协调运动规划问题，运用遗传算法得到双臂机器人离线运动规划方法，使得机器人运行平稳，能够满足机器人的运动规划要求。苏州大学刘一鸣等[16]在 ROS（Robot Operatig System）中建立自主研发机械臂的仿真模型，并完成虚拟样机的虚拟控制系统搭建。利用开源物理仿真引擎 Gazebo 模拟机械臂在真实工作环境下的静力学、动力学约束，通过仿真对改进的快速扩展随机树算法在高维规划空间中的规划性能进行仿真分析。上海交通大学吴长征等[17]提出基于空间向量几何距离的机械臂自碰撞检测方法，并利用线性斥力场描述的结构得到了双臂机器人无自碰撞运动规划算法。北京信息科技大学赵金刚等[18]针对轮式移动机器人运动规划的非完整性问题，采用自适应动态规划方法求解其最优控制，实现了对轮式机器人非完整运动规划的最优控制。

另外，陈延峰[19]在 3D 相机、工业机器人和 PLC 组成的智能检测装配系统中，通过对视觉系统软件编程和调试，完成 3D 相机的调试、手眼标定，以及基于深度学习的工件识别、位姿估计信息、工业机器人与 3D 相机结合，实现对目标工件的抓取装配工作，解决了机器人在复杂视觉识别环境下难以高速工作的难题。崔旭东等[20]利用机器视觉 2D、3D 测量及信息融合方法，采用双目立体视觉的技术，对散乱堆放状态下的工件进行 2D 和 3D 测量，获取堆放状态下工件的三维点云数据。再通过对整个 3D 点云数据分割，获得属于注意力集中条件下单个工件可见部分的三维数据。最后通过与已建立的工件 CAD 模型离散得到的单个工件的三维数据，进行 3D 点云的匹配，确定目标工件在散乱堆放中的 3D 位姿，并自动生成控制六关节机器人执行抓取的运动轨迹与动作程序。

国外相关研究中，Faigl 等[21]提出适用于旅行商问题的改进神经网络算法，将旅行商问题看成多目标路径规划问题，通过神经网络算法动态规划局部自组织地图的最优路径，提高旅行商问题解的收敛速度。Zhang 等[22]提出将遗传算法和模拟退火算法应用于移动机器人路径规划的研究中，利用遗传算法中的交叉和变异操作以及 Metropolis 准则来评价路径的适应函数，提高了路径规划效率。Fu 等[23]提出混合了量子行为粒子群优化的差分进化算法并将其应用于无人机在海平面上的路径规划。Zhang 等[24]提出基于粒子群优化的多机器人协同路径规划方法，将每一个机器人看作一个粒子，通过粒子间的信息传递来实现多机器人的气味搜索任务。

Secara 等[25]使用迭代策略进行避障，确定目标点后，寻找下一步要移动的相邻关节角。在碰撞检测后关节角的选择要求是不碰撞，同时与目标点的误差与机械臂各关节的位移数值总和最小。此方法有算法简单的特点，可以动态避障。但是安全的避障应该与障碍物保持一定的距离，此方法会使机械臂靠着障碍物的边界移动，若有误差则很可能发生碰撞，对机械臂的控制和场景的建模造成一定难度。Jasour 等[26]使用预测控制非线性模型，对冗余机械臂进行控制以沿着预定路径进行运动，不会发生碰撞和奇异点。在线避障过程中，通过模糊策略自动调整权重，使其适应环境从而得到比较好的避障效果。但是由于非线性模型的计算量都很大，耗时较长，因此该方法不利于动态的避障规划。

综上所述，基于深度学习的抓取检测，目前的研究大都基于二指夹钳这类末端执行器，而且基于单一物体生成一个抓取候选这一假设，对于应用的局限性较大；对于抓取路径规划及避障的相关研究，目前的算法大都基于预先采集的静态场景这一前提，在实际的机械臂抓取过程中，对障碍物进行实时识别和动态路径规划的研究和应用还不成熟。因此，本项目拟开展的基于 3D 视觉的智能机器人抓取系统关键技术研究有较强的创新性和实用性。

6.2 项目研究目标

项目拟采用 6 自由度关节臂式机器人，实现基于 3D 视觉的智能机器人抓取系统关键技术研究，拟达到的关键技术指标如下：

① 3D 视觉定位系统响应时间达到 0.1s。该时间指系统从 3D 视觉传感器得到一帧图像和图像处理算法输出结果的时间。

② 目标物体空间定位精度：±0.5mm。该定位精度是指拟采用的 3D 视觉传感器，在其工作范围内的最大测量误差小于 1mm。

③ 最小可识别零件面积：$0.25cm^2$。该最小可识别零件面积是 3D 视觉识别系统对传感器视场内大于等于 $0.25cm^2$ 的零件表面能有效识别。

④ 抓取路线规划响应时间：0.02s。该时间是指 3D 视觉系统根据识别物体及周围障碍物情况，结合机器人当前位姿，进行路径规划的时间小于 0.02s。

⑤ 平均抓取周期：1s。该周期是指 3D 视觉的机器人抓取系统在机械臂平均运动范围内，执行单次抓取操作的总时间。

6.3 主要研究内容

深度学习中的卷积神经网络，能在大数据的驱动下学习到事物或行为中的深层特征。将深度学习引入机器人自主抓取领域，如基于卷积神经网络建立抓取分类器，无需人为设计特征，其本身可以学习到目标物体区域的可抓取特征，对于机器人在实际场景中的稳定抓取将带来质的提高。强化学习，是一种无监督的机器学习方法，机器人通过与环境的交互，观测自主抓取结果并获得相应的回报，评估当前状态下采取的抓取路径规划是否有效，从而像人类一样学习抓取经验。强化学习所设计的智能体不需要通过专家进行监督学习，能根据识别到的物体姿态信息，让机器人不依赖于人工构造的规划策略，自主地对目标物体的抓取进行路径规划。

为此，本项目拟结合深度学习与强化学习技术，以 3D 视觉数据作为输入，构建基于深度强化学习的图像分割、物体识别、抓取区域检测和自主路径规划神经网络，使其一方面能够在复杂环境中识别待抓取物体及其位姿；另一方面，结合手眼标定参数及周围环境信息，自主规划物体抓取路径，由末端夹持器对目标物体进行抓取。本项目主要开展杂乱堆放物体的 3D 视觉分割及物体识别算法、基于深度学习的抓取区域检测算法，以及机器人无碰撞路径规划系统研究与开发。

本项目拟解决的关键技术问题如下：

① 杂乱堆放物体的 3D 视觉分割及物体识别算法开发：重点在于建立并标注多种类物体杂乱堆放下场景的 RGB-D 数据集，基于迁移学习算法及卷积神经网络，研究多模态输入下的点云图像分割及 3D 物体识别算法。

② 基于深度学习的抓取区域检测算法开发：描述一个可抓取物体，多任务神经网络的输出包括物体 3D 姿态、可抓取区域包围框及不同种类物体对应的末端执行器，重点在于研究数据集的有效表征，建立端到端的全卷积神经网络结构，训练并验证其准确率和计算效率。

③ 机器人无碰撞路径规划系统开发：重点在于研究 C 空间（Configuration Space）内如何构建基于深度强化学习的路径规划算法，实现输入机器人各关节坐标及 3D 视觉语义图像，输出 C 空间内机器人的抓取运动指令。

6.4 项目研究方法

6.4.1 基于迁移学习的卷积神经网络

深度学习训练过程中，需要大量带有标签的图像数据集（如 ImageNet），但面向 3C 行业的 3D 图像数据集相较于 ImageNet，数据规模和图像种类的丰富性较小。考虑到卷积神经网络在图像特征的低层提取任务是存在相关性的，因此，使用迁移学习方法，其原理如图 6.6 所示。顾名思义，就是把已经训练好的模型参数迁移到新的模型来帮助新模型训练。基于迁移学习的卷积神经网络能将从图像分类数据集、物体识别数据集中已经学到的模型参数（也可理解为模型学到的知识），以某种方式分享给新模型，加快并优化拟构建的卷积神经网络模型的学习效率，不用像大多数网络那样从零学习。

迁移学习主要包含域和任务的概念。每个域 D 由特征空间 χ 以及边际概率分布 $P(X)$组成，且 $X=x_1,x_2,\cdots,x_n\in\chi$。例如，任务是文档分类，那么每一个单词则可以表示为二进制特征，X 是所有单词的特征空间，x_i 是第 i 个单词的二进制特征。给定一个域 $D=\{\chi,P(X)\}$，一个任务 T 则可以由一个标签空间 Y 以及一个目标函数 $f(\cdot)$组成。此目标函数可以通过训练集中的带标签数据训练得到，然后用来预测新数据的标签。从概率的角度来看，此目标函数可以被表示为条件概率分布的形式 $P(y|x)$，对于二分类来说

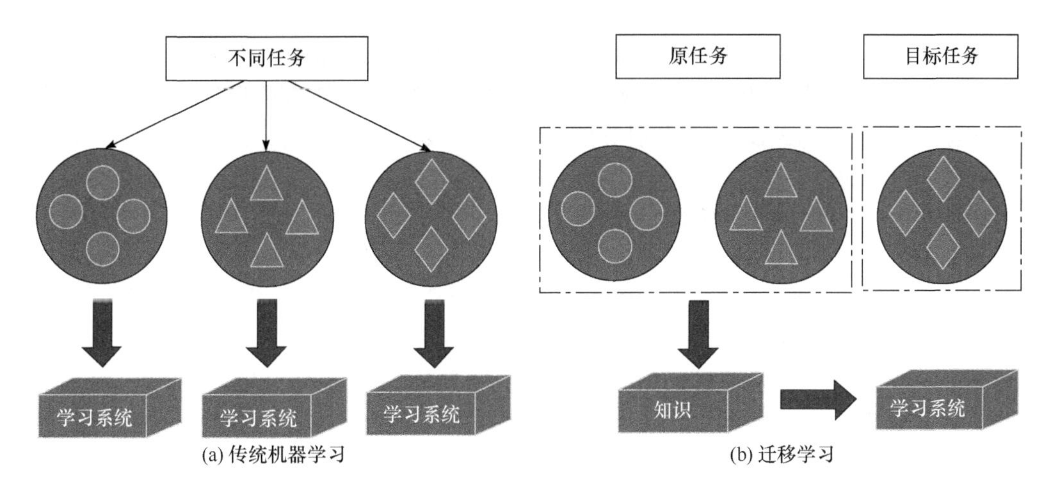

图 6.6　迁移学习原理

即真或假。给定一个源域 D_s，一个原任务 T_s，一个目标域 D_t，一个目标任务 T_t。迁移学习的目的是借助源域和原任务提高目标函数 $f(\cdot)$在目标域的分类结果。

具体到本项目的场景中，目标函数是多模态多任务的深度神经网络，而目标域则为 3C 行业制造工厂场景下的待抓取物体。大规模的带标签图像能有效提高深度神经网络的性能，但目前较大规模的数据集，如 ImageNet、COCO、VOC 等，其图像及标签来源并不针对 3D 视觉抓取场景。故本项目基于迁移学习的思想，采用在 ImageNet 上面进行图像分类预训练的深度残差网络（Deep Residual Network，ResNet）模型，作为多模态多任务深度神经网络的前端。ResNet 模块如图 6.7 所示。

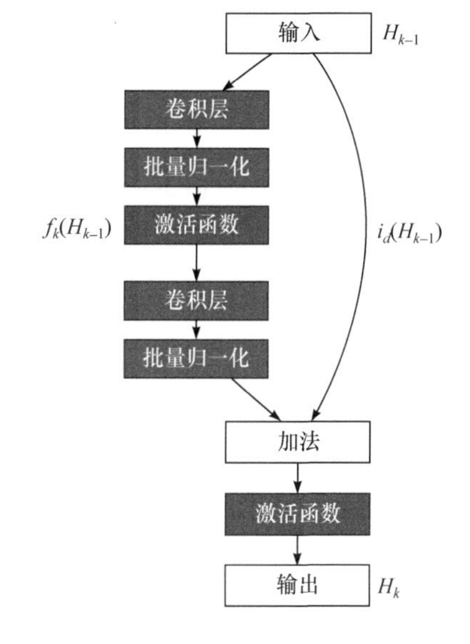

图 6.7　深度残差网络模块示意图

残差结构的原理如式（6.1）所示，将 ResNet 作为基础模型，构建后面的多模态、多任务卷积神经网络，能有效提高深度神经网络的识别正确率和收敛速度。

当前残差模块的输出为

$$H_k = f(H_{k-1};W_k) + H_{k-1} \tag{6.1}$$

式中，f 为多层卷积神经网络；W_k 为网络参数；H_{k-1} 为前一层网络输出。

6.4.2　基于深度学习的 3D 物体识别及抓取区域检测

将深度学习引入机器人自主抓取领域，如基于卷积神经网络建立物体识别器及抓取分类器，无需人为设计特征，其本身可以识别目标物体及其可抓取特征，如果再将基于 3D 视觉传感器的多模态 RGB-D 数据分别输入卷积神经网络，使其学习不同传感数据的抓取特征，将会产生更高的抓取分类精度，对于机器人在实际场景中的稳定抓取将带来质的提高。因此，如何对多模态数据进行有效的表征，如何基于 End-To-End 的理念设计多任务卷积神经网络的结构，定义有效的损失函数和训练策略，使神经网络能够准确输出 3D 物体姿态信息及机器人抓取候选区域信息，是本项目的技术核心内容。

目前，主流的 RGB-D 目标识别算法研究中，主要的研究注意力都集中于为 RGB-D 得到具有较强表达能力的特征描述。而到目前为止，大部分的研究工作都简单地将深度图像作为灰度图像或者 RGB 彩色图像的一个额外通道来处理，并没有去考虑深度图像独特的三维空间几何特性。本项目采用一种基于 HHA（horizontal disparity，height above ground，and the angle the pixel's local surface normal makes with the inferred gravity direction）的编码深度图像的方法，即将深度图像转换为三种不同的通道（水平差异、对地高度以及表面法向量的角度），结合原来的 RGB 彩色三通道，一共是 6 个通道数据输入的深度神经网络。多模态 HHA 编码模块的结构如图 6.8 所示。

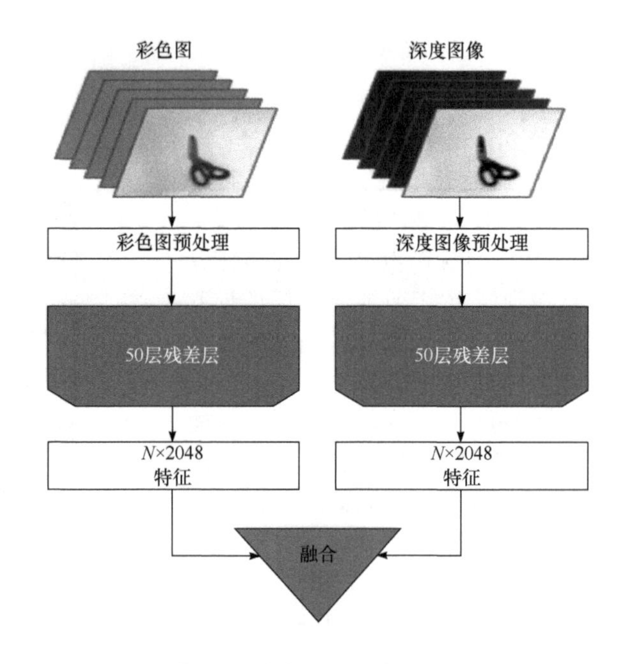

图 6.8　多模态 HHA 编码模块

多模态卷积神经网络先将 3D 视觉传感器输出的 Depth 深度图像进行 HHA 编码，然后与 RGB 彩色图像进行对齐操作，接着各自输入到 ResNet50 模块，最后对输入的 RGB 信息和 Depth 信息做特征融合，可用式（6.2）来表示特征融合的过程。

$$F_{\text{rgbd}} = \begin{bmatrix} W_{\text{rgb}} & W_{\text{depth}} \end{bmatrix} \begin{bmatrix} F_{\text{rgb}} \\ F_{\text{depth}} \end{bmatrix} = W \begin{bmatrix} F_{\text{rgb}} \\ F_{\text{depth}} \end{bmatrix} \tag{6.2}$$

项目组前期工作改进了基于深度神经网络的 Single Shot MultiBox 模型，在 VOC2012 数据集上进行训练，得到二维物体识别的模型，其识别正确率达 78%。基于 PSPNet 图像语义分析结构，改进其输入网络，对点云数据进行 HHA 编码输入网络，在纽约大学深度数据集（NYU Depth Dataset）上进行迁移学习，实现了对家庭场景下物体的三维物体点云语义分割，如图 6.9 所示。

图 6.9　二维物体识别和三维物体语义分割

本项目中，多任务网络中的“多任务”，具体包括三维物体种类的识别及可抓取区域的检测，以 RGB-D 信息中的彩色图像为例，如图 6.10 所示。

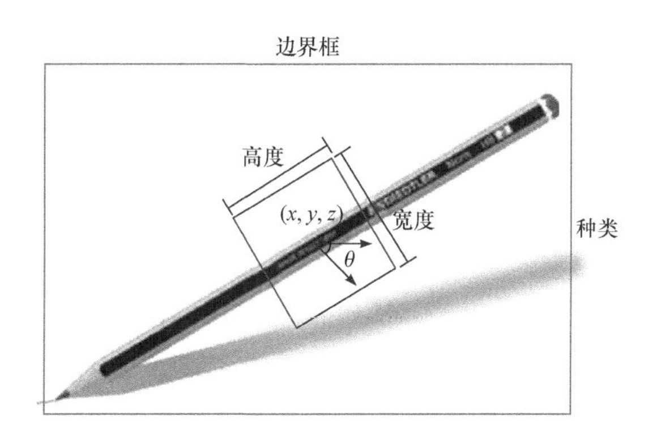

图 6.10　物体抓取特征的描述

描述一个可抓取物体，多任务网络的输出包括物体种类（Class）、包围框（Bounding Box）、可抓取区域（Grasping Region）。本项目物件抓取网络由两个 PointNet++网络组成，如图 6.11 所示。PointNet++网络是一种强大的神经网络体系结构，利用多尺度的邻域来实现鲁棒性和细节捕获，能够高效、鲁棒地处理在度量空间中采样的点云集。从图 6.11 中可以看出，这两个网络都以被抓取物件的点云为基础。网络训练过程中，即使无随机输入，也能自适应地加权在不同尺度上检测到的图案点集，并根据输入数据组合多尺度特征。

首先，用卷积神经网络对 Depth 数据进行采样聚类（Sample & Grouping）得到一些图心（Centroid）；接着，以每一个图心为基础做全局池化（Global Pooling）；然后，进入多任务（MultiStage）阶段，将下采样（Down Sampling）得到的特征图分别输入分割和分类的子网络。其中，分类子网络在多尺度下实现对物体的分类和包围框检测，分割的网络实现物体的可抓取区域检测。

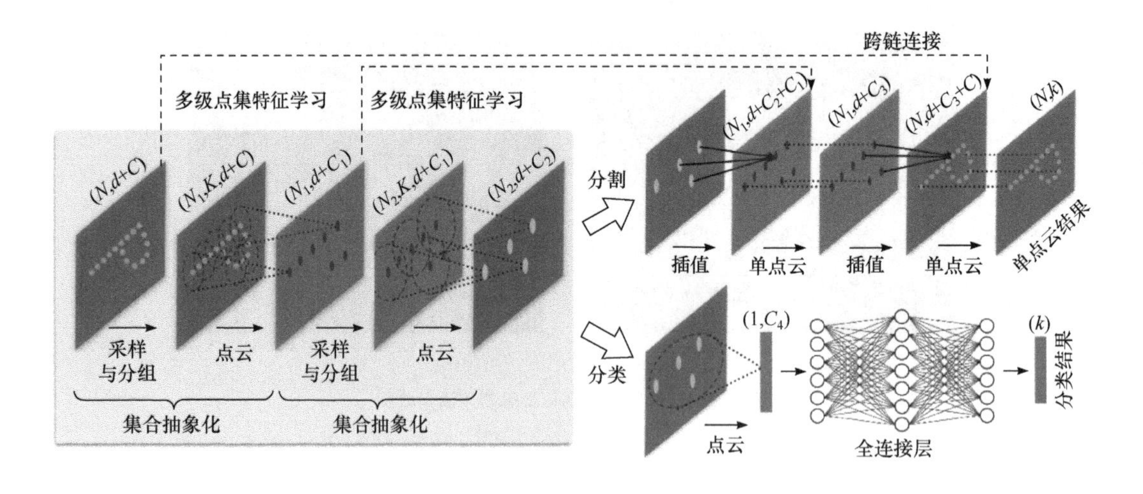

图 6.11　物件抓取网络

多模态和多任务深度卷积神经网络的损失函数定义如下：

$$L(\text{Pos},\text{Neg})=\sum_{b\in\text{Neg}}L_{\text{class}}+\sum_{b\in\text{Neg}}\left(L_{\text{class}}+\alpha L_{\text{BoudingBox}}+\beta L_{\text{GraspRegion}}\right) \tag{6.3}$$

式中，Pos 表示正样本；Neg 表示负样本；L_{class} 是指识别所得种类的误差；$L_{\text{BoudingBox}}$ 指物体的包围框误差；$L_{\text{GraspRegion}}$ 指抓取检测区域的误差。

6.4.3　基于深度强化学习的 C 空间路径规划与避障

传统机器人抓取路径规划严重依赖于结构化的信息，而强化学习所设计的智能体不需要通过专家进行监督学习，对于解决机器人运动路径规划这种复杂的、没有明显或不容易通过流程来解决的问题，有非常好的效果。而深度强化学习（Deep Reinforcement Learning，DRL）是将深度学习与强化学习结合起来，从而实现从 Perception 感知到 Action 动作的端对端学习的一种全新算法。简单地说，就是和人类一样，输入感知信息，如视觉，然后通过深度神经网络，直接输出动作，中间没有人为推动环节。深度强化学习具备使机器人实现完全自主地学习一种甚至多种技能的潜力。

由于某些环境中状态过多，通过传统 Q-Learning 的方法，维护一张规模巨大的 Q 表显然是不现实的。深度 Q-Learning（DQN）利用神经网络代替了 Q 表，只需要对实际训练的采样数据进行训练，就可以近似模拟 Q 表的数值。

大多数路径规划算法都是面向点状机器人（Point Agent）的，如人工势场法（Artificial Potential Field Method，APF）、A*算法（A-Star）、快速扩展随机树算法（Rapidly-exploring Random Tree，RRT）等。如果要调用通用的运动规划库，就应该先把机器人描述成一个点。机器人每个臂的转角形成的空间称为 C 空间（Configuration Space），机器人执行末端在空间坐标系中的位置称为 W 空间（Work-Space）。在 C 空间中，机器人就是一个点。例如，对于平面机器人，点为（x,y,θ）；对于关节臂式机器人，点为（$\theta_1,\theta_2,\theta_3,\theta_4,\theta_5,\theta_6$）。将机器人的动作在 C 空间中描述成一个点后，可参考平面中点的路径规划方法，进行路径规划研究。

机器人路径规划需要求解一条机器人可执行的运动轨迹，但执行动作是在 C 空间上进行的，如控制机器人运动的方法是直接控制关节电机的角度，而不是直接控制关节的位置。在 C 空间上规划出的线路非常方便直接执行，而不需要进行任何转换。从 C 空间到 W 空间的映射是运动学正解，是满射；从 W 空间到 C 空间的映射是运动学逆解，有多解且存在奇异点等。这就意味着，在 C 空间中规划的结果肯定可以正确执行；而在 W 空间中规划的结果可能无法执行。

在 C 空间中设计规划算法，需保证在有解下一定能找到解。此外，很多机构的运动限制是在 C 空间上描述的，如关节电机的最大角度、最大角速度等，在 C 空间上进行规划也方便考虑这些限制。因此，本项目采用基于深度强化学习的 C 空间动态路径规划方法，其原理如图 6.12 所示。

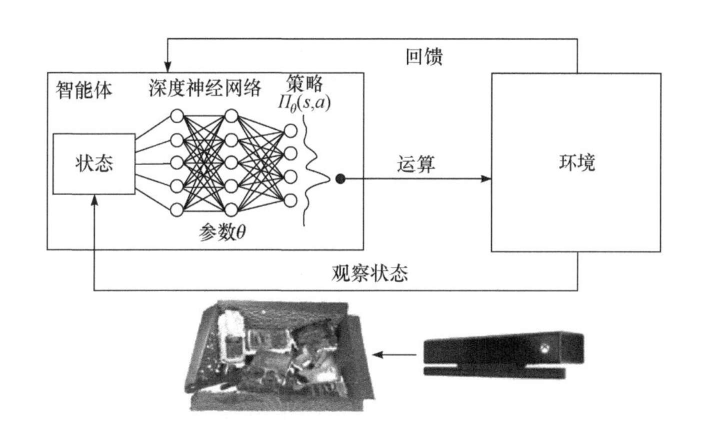

图 6.12　基于深度强化学习的 C 空间路径动态规划方法原理

在深度强化学习的训练阶段，通过 3D 视觉传感器（如 Kinect）观测环境（Environment），给机器人（Agent）输入状态（State），机器人随机初始化的深度神经网络（Deep Neural Network，DNN）根据输入状态，输出 C 空间里面的机器人动作参数（$\theta_1, \theta_2, \theta_3, \theta_4, \theta_5, \theta_6$），机器人执行该动作（Take Action）后，环境观测机器人的动作有无触碰障碍物、是否有助于抓取目标物体，给出一个反馈（Reward），机器人的 DNN 获得反馈（Reward），计算网络损失（Loss），训练 DNN 的参数。训练阶段的反馈（Reward）函数定义如下：

$$\text{Reward} = aL_1 + bL_2 \tag{6.4}$$

式中，L_1 为障碍物度量二范数；L_2 为目标物度量二范数；a 和 b 为系数。

在深度强化学习的使用阶段，模型根据 3D 视觉传感器的连续 RGB-D 输入，根据内部已训练好的深度神经网络输出策略（Policy），即 C 空间动作参数，引导机器人躲避障碍物，同时向目标物体移动，进行实时路径规划，抓取目标物体。拟采用的 DNN 结构如图 6.13 所示。

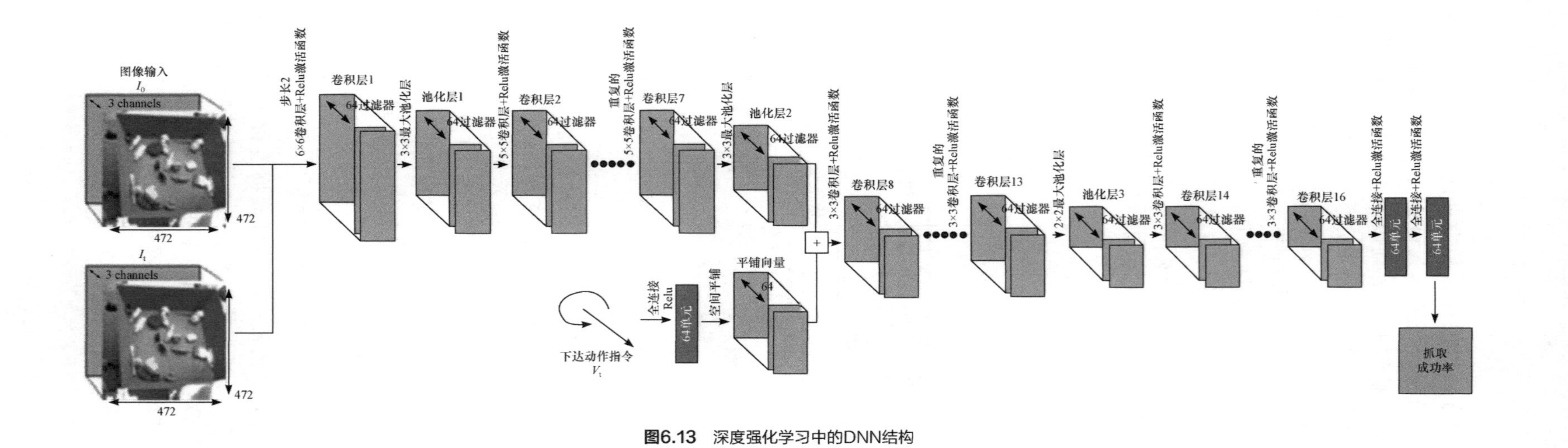

图6.13 深度强化学习中的DNN结构

6.5 实验结果分析

本项目的机器人智能抓取系统，由微软公司的 Kinect-2.0、ABB 公司的 IRB 14000 YuMi 机器人及计算机等构成，如图 6.14 所示。其中，YuMi 机器人作为执行器负责抓取，Kinect-2.0 作为视觉传感器负责数据采集。计算机与 Kinect-2.0、YuMi 机器人分别通过 USB-3.0 和网线连接，控制系统的运行环境是 Ubuntu 16.04、Ros-Kinect 和 TensorFlow。YuMi 机器人是全球首款名副其实的人机协作双臂机器人，每个机器臂上均有 7 个自由度，既能与人类并肩执行相同的作业任务，又可确保其周边区域安全无虞。但是，因 YuMi 机器人的单目相机安装在手臂端，无法获得广泛的视野和抓取视场范围内深度信息，因此需要另附单独的深度相机，以进行数据采集。

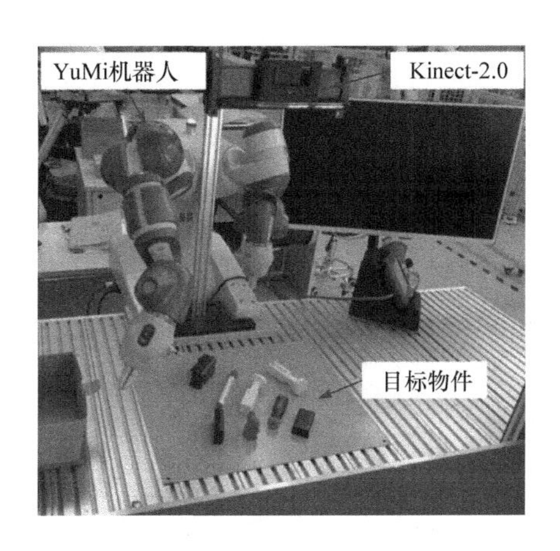

图 6.14　机器人智能抓取系统

综合文献[27]，考虑到 Kinect-2.0 相机水平视角（57°）、垂直视角（43°）及可测深度范围（0.4～3.2m），经过多次实验测试，将相机固定在离工作平面 0.7m 处时，深度信息误差最小，效果最好。但是，如图 6.15 所示，Kinect-2.0 相机坐标系是左手坐标系，原点位于红外接收器位置；YuMi 机器人是右手坐标系，原点位于机器人基座中心。为实现抓取，需求解三维坐标旋转偏移矩阵，将物体抓取点坐标从 Kinect-2.0 坐标系转变为 YuMi 机器人坐标系。

三维坐标旋转偏移矩阵求解通常分为基于迭代最近点[28]和基于正态分布算法[29]。基于正态分布算法求解旋转偏移矩阵，算法匹配精度高且运算时间少，但是所需坐标系公共点过多。基于迭代最近点算法求解三维坐标系转换模型，具有速度快、精确度高、无需大量坐标系公共点的优点。因人工采集大量公共点会产生大量人为观测误差，因此，本项目采用迭代最近点算法求解三维坐标旋转偏移矩阵。

基于 YuMi 机器人，进行 3D 视觉传感器与机器人末端执行器的坐标系之间的手眼标定，完成了 3D 视觉物体抓取检测系统与机器人直接的高速通信测试及机器人抓取路径规划测试，如图 6.16 所示。

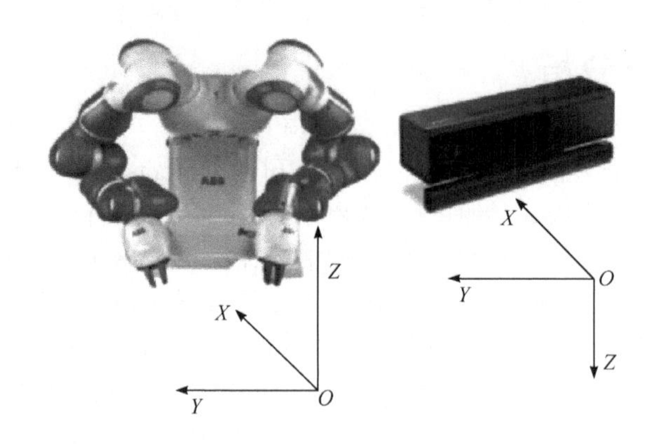

图 6.15 YuMi 机器人坐标系和 Kinect-2.0 坐标系

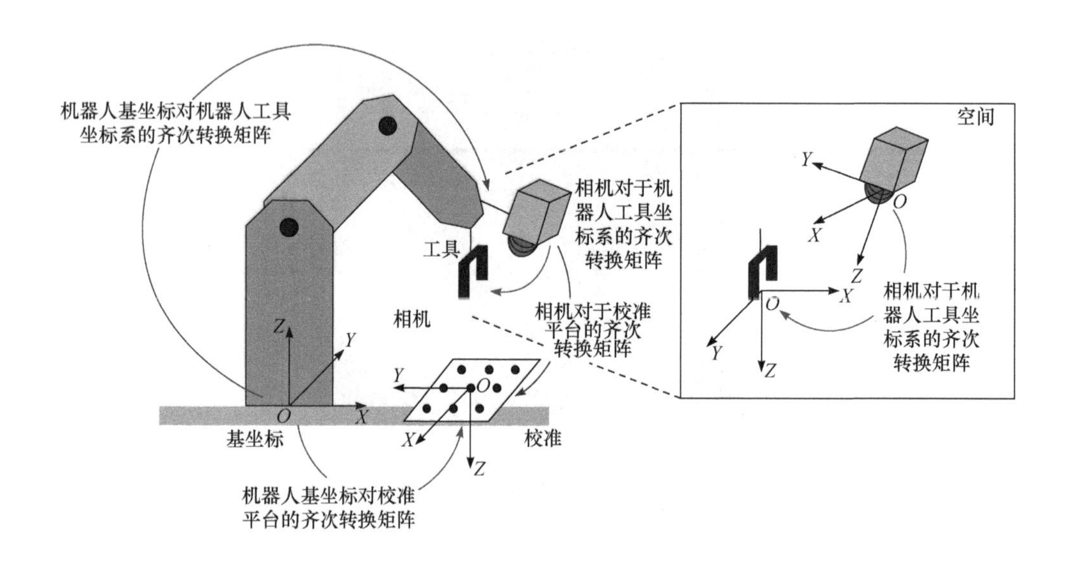

图 6.16 YuMi 机器人与 3D 视觉系统标定

手眼标定实质上是求解深度图像坐标系转换到机器人坐标系之间的齐次转换矩阵。标定过程分为两步[30]：第一步是将深度图像坐标系转换到相机坐标系，第二步是将相机坐标系转换到机器人坐标系。具体流程如下：首先，标定 RGB-D 相机的深度图像坐标系与相机坐标系求解齐次转换矩阵；其次，将标定板放在固定位置，读取标定板角点在深度图像中的坐标，并将其转换为相机坐标系下的坐标记录数据；然后，控制机器人末端执行器移动至该位置，记录该点在机器人坐标系之下的 X、Y、Z；最后，反复上述流程采集多组公共点数据，并使用迭代最近点算法求解出三维坐标系旋转偏移矩阵。

基于深度摄像头的物体抓取点检测，传统方法是先根据点云数据进行图像分割、物体识别以及物体的位姿估计，再根据物体几何结构选择合适的抓取位置。这种方法要求物体模型已知，通过深度神经网络已可以成功地对多种不同物体进行抓取规划[31]，但是效率较低且准确率不高。本项目采用抓取质量判断卷积神经网络（Grasp Quality

Convolutional Neural Network，GQ-CNN）架构[32,33]，其物体抓取规划流程如图 6.17 所示。

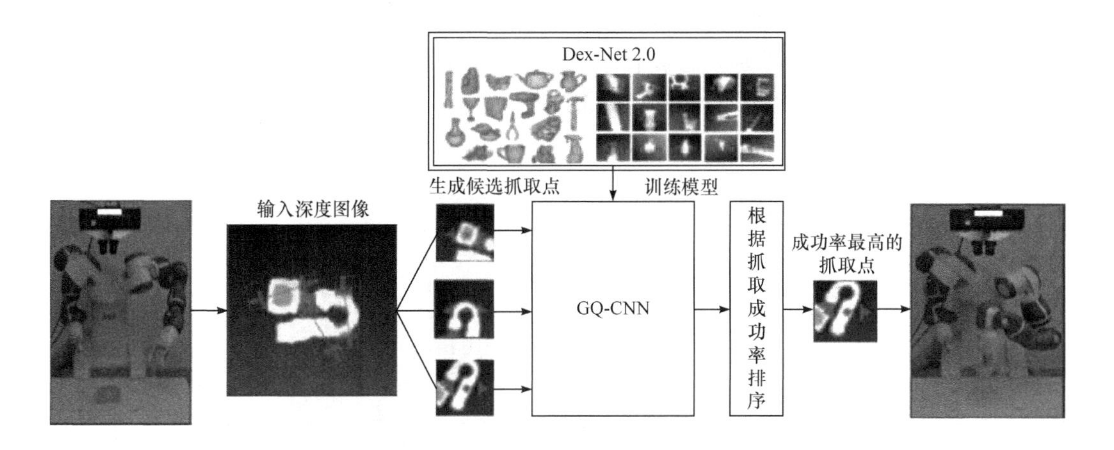

图 6.17 基于 GQ-CNN 的物体抓取规划流程

该机器人抓取流程可以从带有边缘检测的输入点云得到候选抓取方案，通过对这些候选抓取方案进行采样，可以估计得到鲁棒性最强的抓取点对，而且不需要对被抓取的物体做清晰的建模。具体流程如下：首先，从深度相机中获取图像；然后，采用拒绝采样生成抓取候选点；其次，将以抓取点为中心邻域的图像深度图，送入离线学习过的卷积神经网络，评估抓取点的鲁棒性并排序；最后，输出鲁棒性最强的抓取点，以用于 YuMi 机器人的抓取。

GQ-CNN 的网络结构如图 6.18 所示。上分支输入候选抓取点（i,j），提取相机相对于桌面水平线夹角 φ 的 32×32 图像深度图，下分支输入候选点与相机的距离 z，输出采用 Softmax 函数进行分类，得到候选抓取点的抓取鲁棒性值（0，1）。GQ-CNN 上分支以 64 通道的 7×7 卷积核与 5×5 卷积核、3×3 卷积核和 3×3 卷积核级联作为输入图像特征

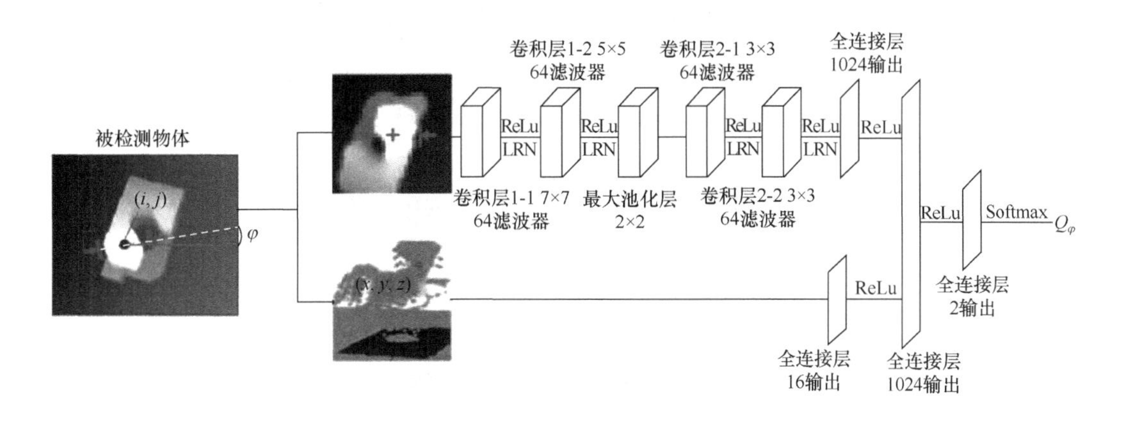

图 6.18 GQ-CNN 网络结构

ReLu—激活函数；LRN—局部响应归一化

提取层。因对于一张深度图片而言，任意高度是否可以抓取判断是独立的，故通过将抓取点深度信息与深度图像分开的方式，对抓取点的深度进行单独判断。所以，GQ-CNN通过将上分支与下分支输出拼接，实现对同一个抓取点在不同深度情况下的鲁棒性分析。

本项目所用的抓取测试物体集如图 6.19 所示，6 组物体包括充电器、电池、手钳、螺丝刀、3D 打印件等，其中 5 组物体为日常常见物体，1 组为 3D 打印件。增加一组3D 打印件的原因是突出对比网络的泛化能力。

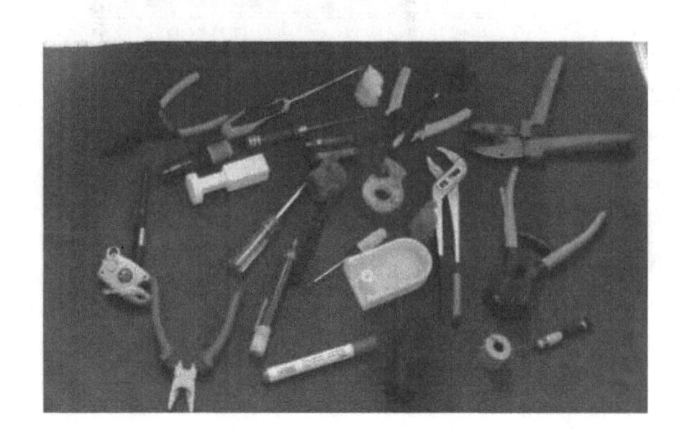

图 6.19 抓取测试物体集

通过建立基于深度学习的物体抓取检测网络，对 Kinect-2.0 输入的 RGB-D 图像进行图像对齐预处理后，经过多层神经网络实现候选抓取区域的生成和最佳抓取区域的优化算法迭代。该深度神经网络不基于人为构造的抓取特征，实现了对未知物体的可抓取区域检测，如图 6.20 所示。

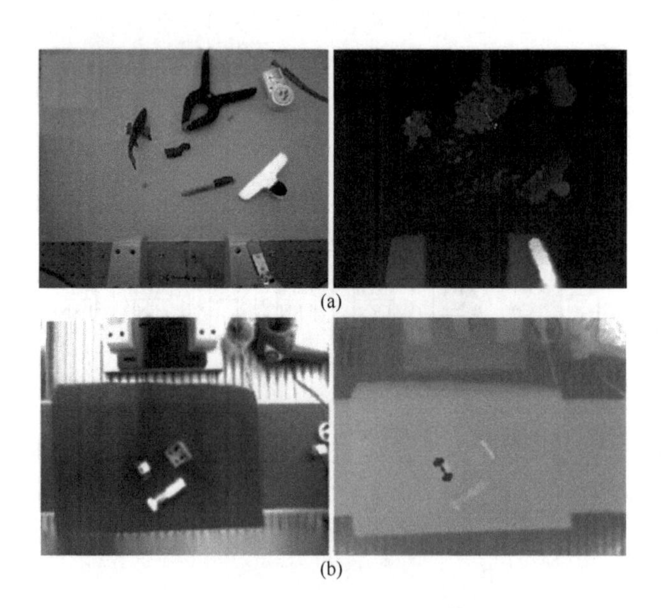

(a)

(b)

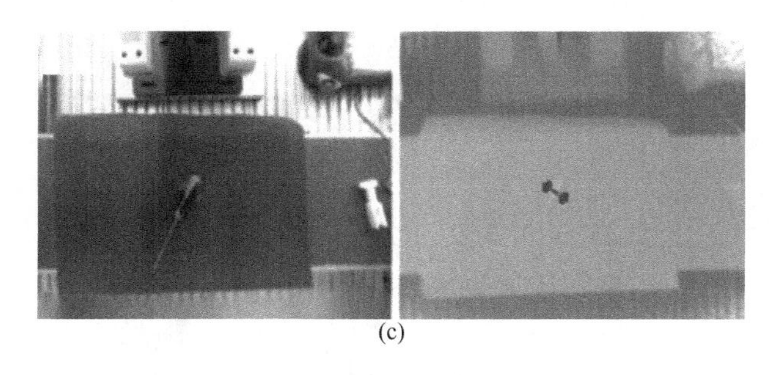

(c)

图 6.20　各种物件的深度图像与抓取点采样结果

结合坐标系转换参数和 GQ-CNN 抓取点质量判断算法，利用 YuMi 机器人对物体进行抓取实验。选取充电器、电池、电器柱、螺丝刀柄、3D 打印件（包括方形杆、圆柱棒、塑料猫、塑料兔）等 8 种物件进行抓取操作，其抓取实验过程如图 6.21 所示。

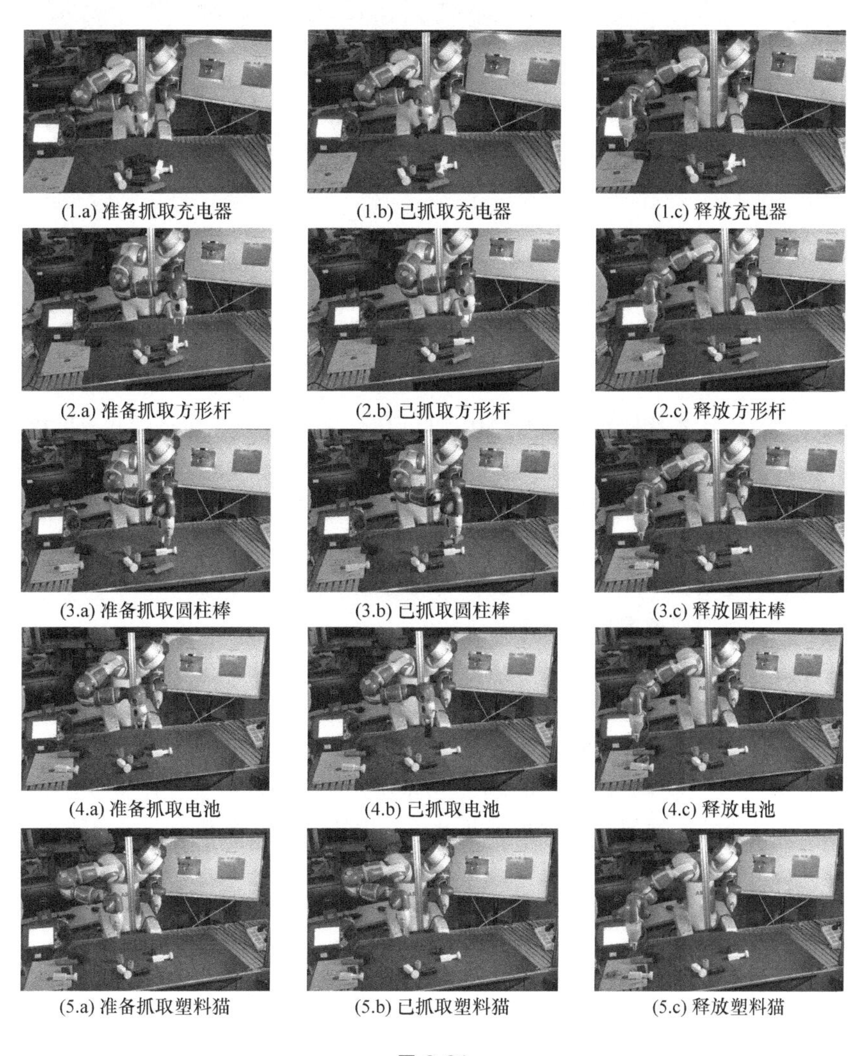

(1.a) 准备抓取充电器　(1.b) 已抓取充电器　(1.c) 释放充电器
(2.a) 准备抓取方形杆　(2.b) 已抓取方形杆　(2.c) 释放方形杆
(3.a) 准备抓取圆柱棒　(3.b) 已抓取圆柱棒　(3.c) 释放圆柱棒
(4.a) 准备抓取电池　(4.b) 已抓取电池　(4.c) 释放电池
(5.a) 准备抓取塑料猫　(5.b) 已抓取塑料猫　(5.c) 释放塑料猫

图 6.21

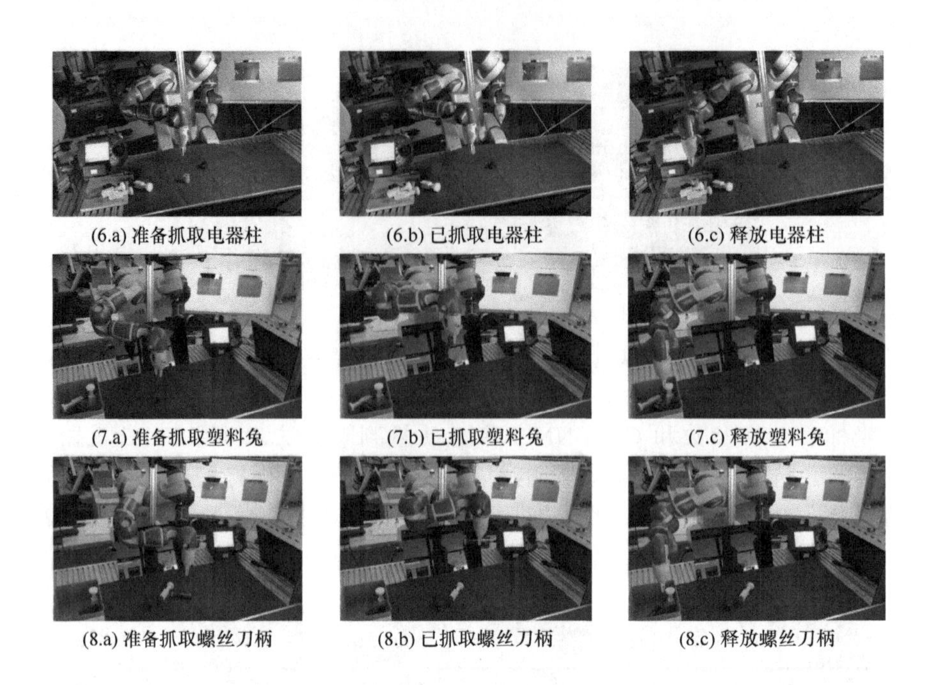

(6.a) 准备抓取电器柱　(6.b) 已抓取电器柱　(6.c) 释放电器柱

(7.a) 准备抓取塑料兔　(7.b) 已抓取塑料兔　(7.c) 释放塑料兔

(8.a) 准备抓取螺丝刀柄　(8.b) 已抓取螺丝刀柄　(8.c) 释放螺丝刀柄

图 6.21 YuMi 机器人对 8 种物件的智能抓取实验过程

实验结果表明，通过本项目提出的抓取点检测算法，YuMi 机器人成功地实现了对不同物体的可靠抓取。

本章小结

本章针对机器人物体抓取问题，提出基于 Kinect-2.0 深度相机的 YuMi 双臂机器人智能抓取系统，利用 ICP（Iterative Closest Point）算法将物体从深度相机坐标系转换成机器人坐标系，提出 GQ-CNN 网络判断物体抓取点质量度。实验结果表明，针对 8 种不同物体，机器人抓取系统可以理想地完成抓取任务，具有良好的可行性。但由于水平和时间有限，还存在一些抓取问题需要进一步解决：

① 基于卷积神经网络的机器人智能抓取规划需要大量标注数据集，然而大量数据集标注需要更好的算力、算法。因此，未来标注数据集可对标注方法进行改进，如采用自监督学习标注方法。

② 现阶段机器人抓取均采用无序抓取，对于目标物体只是进行抓取而不需要对物体进行理解和分类。因此，可以在神经网络增加多个任务，如首先听到命令，然后理解语音，最后识别物体并对目标物体进行抓取。

③ 对于物体智能抓取而言，现阶段的物体抓取均停留在目标物体处于静止状态下进行的抓取。对于移动物体的抓取研究还处于初步阶段，因此可在移动物体的智能抓取方面进行相关研究。

参考文献

[1] 李传浩. 基于卷积神经网络的机器人自动抓取规划研究[D]. 哈尔滨: 哈尔滨工业大学, 2018.

[2] 王斌. 基于深度图像和深度学习的机器人抓取检测算法研究[D]. 杭州: 浙江大学, 2019.

[3] 郭迪. 面向机器人操作的目标检测与抓取规划研究[D]. 北京: 清华大学, 2016.

[4] 程健, 项志宇, 于海滨, 等. 城市复杂环境下基于三维激光雷达实时车辆检测[J]. 浙江大学学报(工学报), 2014, 48(12): 2101-2106.

[5] Yao W, Wei Y. Detection of three-D individual trees in urban areas by detecting airborne LiDAR data and imagery[J]. IEEE Geoscience and Remote Sensing Letters, 2013, 10(6): 1355-1359.

[6] Niemeyer J, Rottensteiner F, Soergel U. Contextual classification of lidar data and building object detection in urban areas[J]. ISPRS Journal of Photogrammetry and Remote Sensing, 2014, 87: 152-165.

[7] Kim Y M, Mitra N, Yan D, et al. Acquisition of 3D Indoor environments with variability and repetition[J]. ACM Transactions on Graphics, 2012, 31(6): 138-148.

[8] Nan L, Xie K, Sharf A. A search-classify approach for cluttered indoor scene understanding[J]. ACM Transactions on Graphics, 2012, 31(6): 137-148.

[9] 庄严, 卢希彬, 李云辉, 等. 移动机器人基于三维激光测距的室内场景认知[J]. 自动化学报, 2011, 37(10): 1232-1240.

[10] Lenz I, Lee H, Saxena A. Deep learning for detecting robotic grasps[J]. The International Journal of Robotics Research, 2015, 34(4): 705-724.

[11] Jiang Y, Moseson S, Saxena A. Efficient grasping from RGBD images: Learning using a new rectangle representation[C]//2011 IEEE International Conference on Robotics and Automation, Shanghai, China, 2011: 3304-3311.

[12] Liu G，Xu J，Wang X，et al. On quality functions for grasp synthesis，fixture planning, and coordinated[J]. IEEE Transactions on Automation Science and Engineering, 2004, 1(2): 146-162.

[13] Kumra S, Kanan C. Robotic grasp detection using deep convolutional neural networks[C]//2017 IEEE/RSJ International Conference on Intelligent Robots and Systems, Vancouver, Canada, 2017: 512-517.

[14] Guo D, Sun F, Liu H, et al. A hybrid deep architecture for robotic grasp detection[C]//2017 IEEE International Conference on Robotics and Automation, Singapore, 2017, 1609-1614.

[15] 倪文彬, 杨伟超. 一种双臂机器人离线运动规划方法研究[J]. 制造技术与机床, 2017(4): 25-28.

[16] 刘一鸣, 许辉, 耿长兴, 等. ROS/Gazebo 环境下的机械臂运动规划研究[J]. 煤矿机械, 2018, 39(3): 42-44.

[17] 吴长征, 岳义, 韦宝琛, 等. 双臂机器人自碰撞检测及其运动规划[J]. 上海交通大学学报, 2018, 52(1): 45-53.

[18] 赵金刚, 戈新生. 基于动态规划的机器人运动规划最优控制[J]. 控制工程, 2017, 24(11): 2374-2379.

[19] 陈延峰. 3D 视觉传感器在工业机器人抓取作业中的应用[J]. 技术与市场, 2021, 28(6): 45-49.

[20] 崔旭东, 谭欢, 王平江, 等. 基于 3D 视觉的散乱堆放工件机器人抓取技术研究[J]. 制造技术与机床, 2021(2): 36-41.

[21] Faigl J, Kulich M, Vonásek V, et al. An application of the self-organizing map in the non-Euclidean Traveling Salesman Problem[J]. Neurocomputing, 2011, 74(5): 671-679.

[22] Zhang Q, Ma J C, Liu Q. Path planning based quadtree representation for mobile robot using hybrid-simulated annealing and ant colony optimization algorithm[C]//2012 World Congress on Intelligent Control and Automation, Beijing, China, 2012: 2537-2542.

[23] Fu Y G, Ding M Y, Zhou C P. Route planning for unmanned aerial vehicle (UAV) on the sea using hybrid differential evolution and quantum-behaved particle swarm optimization[J]. IEEE Transactions on Systems, Man, and Cybernetics: Systems, 2013, 43(6): 1451-1465.

[24] Zhang J H, Gong D W, Zhang Y. A niching PSO-based multi-robot cooperation method for localizing odor sources[J]. Neurocompting, 2014(123): 308-317.

[25] Secara C, Luigi V. Iterative strategies for obstacle avoidance of a redundant manipulator[J]. WSEAS Transactions on Mathematic, 2010, 9(3): 211-221.

[26] Jasour A M, Farrokhi M. Path tracking and obstacle avoidance for redundant robotic arms using fuzzy NMPC[C]//2009 American Control Conference, Missouri, USA, 2009: 1353-1358.

[27] Yang L, Zhang L, Dong H, et al. Evaluating and improving the depth accuracy of Kinect for Windows v2[J]. IEEE Sensors Journal, 2015, 15(8): 4275-4285.

[28] Besl P J, McKay N D. A method for registration of 3-D shapes[J]. IEEE Transactions on Pattern Analysis and Machine Intelligence, 1992, 14(2): 239-256.

[29] Biber P, Strasser W. The normal distributions transform: A new approach to laser scan matching[C]//2003 IEEE/RSJ International Conference on Intelligent Robots and Systems, Nevada, USA, 2003: 2743-2748.

[30] 成超鹏. 基于改进型抓取质量判断网络的机器人抓取系统研究[D]. 湘潭: 湘潭大学, 2019.

[31] Edward J, Stefan L, Davison A J. Deep learning a grasp function for grasping under gripper pose uncertainty[C]//2016 IEEE/RSJ International Conference on Intelligent Robots and Systems, Daejeon, Korea, 2016: 4461-4468.

[32] Mahler J, Liang J, Niyaz S, et al. Dex-Net 2.0: Deep learning to plan robust grasps with synthetic point clouds and analytic grasp metrics[J]. Robotics, 2017, 1703: 1-12.

[33] 成超鹏, 张莹, 牟清萍, 等. 基于改进型抓取质量判断网络的机器人抓取研究[J]. 电子测量与仪器学报, 2019, 33(5): 80-87.

第7章 工件表面缺陷视觉检测

7.1 研究背景意义

“中国制造2025”战略指出，要更快地提高产品的质量，制定提升产品质量的实施计划。产品质量是一个企业健康发展和提升竞争力的重要着力点，提高产品的质量对于企业来说是其在市场屹立不倒的关键。因此，在众多工业领域，产品表面缺陷检测已经成为企业关注的重点，同时大量的研究人员对表面检测技术进行了深入的研究。随着当前国内劳动力成本的上升、产能需求的扩大、相关政策的支持以及众多的产业布局，基于机器视觉的产品缺陷检测等新型智能方法迅速崛起，基于机器学习的产品缺陷检测也将被越来越多地应用到现代化的制造业中，以基于机器视觉的方法代替人工也将成为工业发展的必然趋势。

对于企业来说，产品质量是企业发展和竞争的基石。产品的各类缺陷，如划痕、黑点、白点、麻点、边缘损伤等，若未能在生产环节中检测出来，由其构成的产品流入市场后将会对消费者和品牌厂商造成极大的损失[1]。

目前，工件表面缺陷检测任务依然大量依靠人眼目视完成。人工目视检测方法存在效率低下、主观性强、无法长时间连续工作等问题。机器视觉利用光学成像系统获取物体的图像信息，并结合图像处理、深度学习等技术分析物体的表面质量，可实现对产品表面缺陷的自动检测。机器视觉缺陷检测技术具有准确、稳定、高效、可连续工作等优点，是最为理想的工件表面检测方法[2]。

典型的机器视觉检测系统的组成如图 7.1 所示，包括计算终端、工业相机、工业镜头、光源、支架和检测目标。支架用于固定工业相机、工业镜头、光源等设备；光源用于给检测目标打光，以便获得光照均匀、对比度高的图像；工业镜头用于实现光束变换，将检测目标的影像投影到工业相机的感光芯片上；工业相机用于将透镜产生的光学图像转换成相应的数字信号，并通过接口将信息传递到计算终端进行处理；计算终端进行图像处理运算，并显示最终的计算结果。

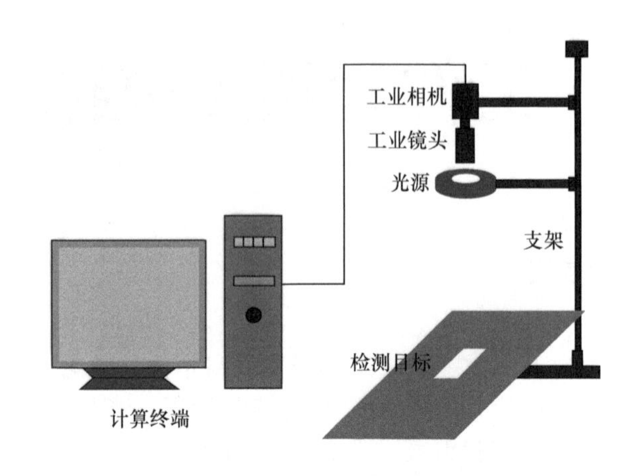

图 7.1　机器视觉检测系统组成

（1）基于图像处理的缺陷检测

近年来，表面缺陷检测的应用非常广泛，其需要用到的图像处理算法也成为国内外的研究重点。基于图像处理的表面缺陷检测是一个复杂的综合性问题，涉及图像预处理、特征提取、图像分类、图像识别等多个方面的研究。概括来说，基于图像处理的表面缺陷检测算法整体流程[3]如图 7.2 所示。

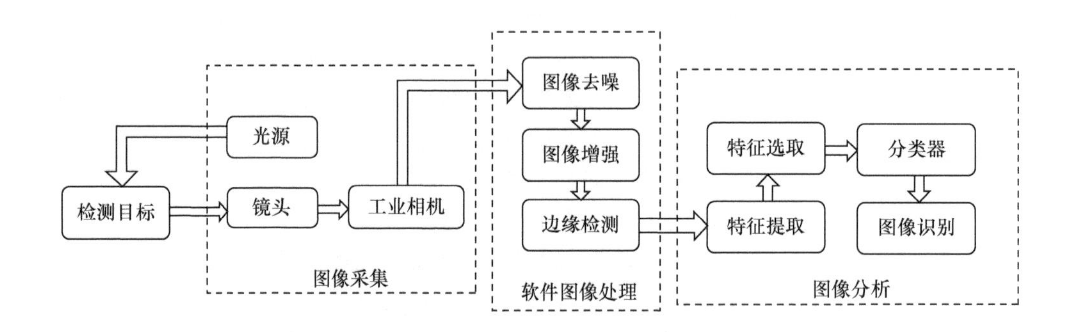

图 7.2　基于图像处理的表面缺陷检测流程

基于图像处理的缺陷检测主要分为图像预处理和缺陷检测两个部分。图像预处理包括图像去噪和图像增强等算法，是缺陷检测的前期工作；缺陷检测部分主要利用图像特征提取或模板匹配算法完成对缺陷的检测[4]。

图像特征提取的目的是在图像的众多特征中提取有用特征，其基本思想是使特征目标在图像的子空间中，在同一类内具有较小的类内聚散度，在不同类之间具有较大的类间聚散度，它可以理解为图像从高维空间信息到低维特征空间的映射。特征提取是表面缺陷检测的关键环节，特征提取的精度对后续特征点匹配精度、模板匹配精度、计算的复杂度等方面均有影响。目前，常用的特征提取方法主要有基于纹理的特征提取、基于颜色的特征提取和基于形状的特征提取等。

模板匹配（Template Matching）的任务就是研究某一特定对象物体的图案或轮廓位于图像的什么地方，进而识别对象物体，匹配的精度是决定缺陷检测精度的重要因素之一。基于元素的匹配方法、基于灰度信息的匹配方法和基于形状的匹配方法是图像模板匹配中常用的三种方法。一般在表面缺陷检测中常用基于形状的匹配方法对表面缺陷进行检测，具体过程为：首先，确定所检测的目标区域，将目标区域与背景区域分离；然后，定义目标区域一个标准图像，创建参考模板；最后，将需要测试的图像放入模型与标准模板进行匹配，通过参考模板与测试模板的匹配结果对缺陷进行识别分类。

基于图像处理缺陷检测的方法已经在工业检测环节得到应用实践。例如，赵翔宇等[5]中利用多模板匹配的方法对印刷品表面检测，检测精度可达 0.1mm，检测速度小于 1s；李永敬等[6]使用形状模板匹配对冲压件进行检测，单张图像的匹配时间为 36.57ms，单个工件的平均缺陷检测时间为 165.26ms，具有较好的鲁棒性；陈麒麟等[7]利用机器视觉技术实现在冲压磨削平板上进行表面缺陷的检测与识别，结合灰度异常区域信息与边缘线的位置和方向完成平板表面缺陷的识别，识别的正确率为 97%；Qi 等[8]提出了一种基于机器视觉技术对缺陷提取几何特征的方法进行焊接缺陷识别，对焊接缺陷图像进行预处理，然后通过图像分割方法去除背景，获取有效的焊接缺陷图像，并结合 8 连通区域标记法进行标记，提取到周长、面积和圆度等几何特征，实验结果表明，该方法具有良好的适用性与实用性。

Yu 等[9]研究了一种将近红外光谱技术与机器视觉技术相结合的方法检测落叶松的活结、死结、针孔和裂纹等缺陷，利用工业相机采集样本图像，结合形态学算法对缺陷进行定位，再利用神经网络分类识别，识别正确率达到 92%。胡秀珍等[10]针对铁芯表面上存在的裂纹与扭曲等缺陷，设计了一种以机器视觉为核心的缺陷检测方案，首先用 CCD 采集图像信息，再结合边缘检测与 Douglas-Peucker 算法实现对感兴趣目标的特征进行选取与分类，该方案对缺陷检测的正确率高达 98.25%。Ding 等[11]设计了一种基于机器视觉技术的眼镜分散缺陷自动识别方案，根据镜片的法线和瑕疵区域的折射率不同，收集正常透射照片与反射照片作为数据集，然后开发了一种图像处理算法来揭示上述差异并检测树脂眼镜中的分散缺陷，检测精度为 97.50%，平均检测时间为 0.636s。Zhou 等[12]对于啤酒瓶质量检验过程中瓶口瑕疵处存在识别难度大与识别精度低的弊端，提出了一种基于综合残差分析、分割阈值和机器视觉的缺陷识别技术，克服了图像灰度变化和瓶口破碎的影响，该算法可以达到较高的速度和精度。Wang 等[13]为克服齿轮缺陷识别精度低的弊端，提出了将机器视觉技术与传感器耦合技术相结合的方案，然后利用 CCD 相机获取齿轮产品的照片信息，利用 VS2010 与 Halcon 库合作对图像进行分析和处理，将结果反馈给控制端，并将被拒绝的器件移至收集箱，测试结果表明，该系统能快速有效地识别齿轮缺陷。

（2）基于机器学习的缺陷检测

在基于机器学习的缺陷检测中，通常使用支持向量机（Support Vector Machine,

SVM）、决策树（Decision Tree）、人工神经网络（ANN）以及 Adaboost 等方法对样本缺陷进行分类。

SVM 是 1995 年 Cortes 等[14]根据统计学习理论提出的一种二分类模型，其模型定义为在特征空间上间隔最大的线性分类器，基本思想是在正确划分训练数据集的同时分离出间隔最大的超平面。SVM 采用的是结构风险最小化原理，通过将数据样本上特征点所在的低维输入空间映射到高维特征空间，达到线性或线性近似分类的目的。SVM 是机器学习中广泛应用的一种算法，在解决小样本、模式识别等问题中表现出独特的优势，具有良好的有效性和鲁棒性，目前已在表面缺陷检测上有成功的应用。朱勇建等[15]利用 SVM 对太阳能网版缺陷进行检测分类，经实验验证，该方法缺陷检测的准确率可达 95%，单幅图像的检测时间为 4.14s。刘磊等[16]针对太阳能电池片常见的几种缺陷，设计了 SVM 分类器对缺陷进行检测，缺陷识别率达 90%以上。Wang 等[13]展示了一种基于支持向量机和新的无监督分类算法进行缺陷检测的方法。该方法分为以下步骤：使用支持向量机和点云模型提取表面缺陷的位置和形状，然后使用新的无监督分类算法（即扩展算法）对缺陷进行分类，并对缺陷数量进行识别，最后使用协方差矩阵三维测量方法计算缺陷尺寸。Ding 等[11]通过融合 HOG（Histogram of Oriented Gridients）和 SVM 的方法检测表面缺陷。该方法步骤为：首先，利用对光照和噪声不敏感的方向梯度直方图（HOG）对图像的每个基于块的特征进行编码；然后，采用一种强大的特征选择算法 AdaBoost，自动选择一小部分有区别的 HOG 特征，以获得高鲁棒性的检测结果；最后，利用支持向量机对织物表面缺陷进行分类。

决策树是机器学习中一种常用的分类算法，它可以从有特征和标签的数据中总结出决策规则，并以树形结构的形式呈现这些规则。一棵决策树由分支节点和叶节点两部分组成，分支节点为树的结构，叶节点为树的输出，在训练时，决策树会根据某个指标将训练集分割成若干个子集，并在不断产生的子集中进行递归分割，当训练子集里所有指标相同时递归结束。目前，决策树由于其速度优势，已经成为工业领域解决实际问题的重要工具之一。例如，郭朝伟等[17]利用决策树分类器对柱状二极管表面缺陷进行检测，取得了较好的缺陷识别和分类效果；徐凤云[18]使用决策树算法对钢材表面常见缺陷进行了检测，缺陷平均检测率可达 96.6%。

（3）基于深度学习的缺陷检测

近年来，深度学习在机器视觉主流领域迅速发展，已在目标检测、无人驾驶等方面取得了较大的进展。深度学习的概念来源于人工神经网络，是一种深度神经网络结构，深度学习方法利用标注数据自动提取特征，避免了手工设计特征的困难。同时，该类方法抽象能力强，对同类目标的识别能力强。深度学习方法被提出后，首先在经典图像分类任务中获得成功应用[19]。AlexNet 是首个用于大规模图像分类任务的卷积神经网络，由 5 个卷积层和 3 个全连接层组成。AlexNet 在大规模分类数据集 ImageNet 上 top-5 分类错误率大幅降低至 16.4%，掀起了深层神经网络在计算机视觉领域应用的浪潮。近年来，随着深度学习技术的进步，深层卷积神经网络（Deep Convolutional Neural Network，DCNN）在各种不同的图像任务中获得了越来越广泛的应用。借鉴自然场景任务中 DCNN 的设计思路与流程，研究人员尝试将 DCNN 应用于表面缺陷检测。根据应用场景的不同，为了获得不同类型的输出，所采用的网络在结构上会有较大差异。下面从分类、检测和分割三方面介绍相关研究成果。

① 整图分类网络。

该类方法获得图像的类别标签，可识别图像是否是有缺陷的，并且在一些多分类任务中还需识别缺陷的类型。该类方法可进一步细分为面向工业场景的轻量分类网络和面向自然场景的通用分类网络。

与自然图像的超大规模数据集相比，工业数据集图像样本数量十分有限。例如，ImageNet 数据集[20]图像总量超过 1400 万，COCO（Common Objects in Context）数据集[21]也超过 15 万，工业数据集图像数量仅上千或数百。而且，不同的工业场景差异非常大，不同数据集训练的权重无法迁移。因此，应用于工业场景的分类网络一般层数少，结构简单，避免出现过拟合的现象。2013 年，Masci 等[22]首先将 DCNN 应用于钢铁表面图像的分类。该网络由一个卷积层、一个最大池化层和一个全连接层组成。通过对池化前后不同尺度的特征图进行金字塔池化操作，获得固定大小的多尺度特征向量。该网络能够适应尺寸、纵横比差异大的图像，提升分类准确率。随着各种分类网络不断被提出，并被应用于不同的缺陷分类任务，分类网络在工业中的应用越来越广泛。对于一些较小尺寸的图像可直接输入网络，然而对于一些较大尺寸的图像，需要划分为统一大小的子图，才可利用网络进行处理。通常的方法是：利用移动滑窗法将高分辨率原图划分为有重叠的统一大小的图像块，将这些图像块依次处理完成后，综合判断获得原图的分类结果。但是，这种方法牺牲了实时性，有时无法满足工业现场要求。

继 AlexNet 之后，VGG[23]、GoogLeNet[24]、ResNet[25]等更深的分类网络相继被提出，在自然图像分类中取得了更高的准确率。这些经典分类网络也被应用于工业图像，进行直接分类。通常，利用网络在自然图像上的预训练权重进行知识迁移，以提高训练效率。Shang 等[26]提出了一种铁轨缺陷的识别方法。该方法首先利用 canny 算子提取图像边缘，定位铁轨区域，然后将处理后的图像利用预训练的 Inception V3 网络进行分类。Ma 等[27]提出了一种改进的 DenseNet 网络识别聚合锂离子电池的表面缺陷，分类准确率超过 99%。类似地，Sassi 等[28]基于预训练的 DenseNet 网络识别多类焊接缺陷，在仅有 378 幅图像的小数据集中达到 97.22%的分类准确率。Akram 等[29]在检测太阳能电池表面缺陷时，基于 VGG-11 网络结构，设计了 VGG-8、VGG-7、VGG-6 结构。最终采用的分类网络仅包括 4 个卷积层[每个卷积层后是最大池化层和 BN（Batch Normalization）层]和一个全连接层，达到了 93.02%的分类准确率，且处理单幅图像的时间仅为 8.07ms。

综上所述，分类网络在实际中应用非常广泛，涉及各种不同的工业场景。但需要注意的是，缺陷在输入图像中需要占一定的比例，否则网络中的池化与卷积操作会造成缺陷特征消失，导致分类失败。同时，对于高分辨图像需要进行分块，分别进行处理，降低了实时性。另外，类别标签信息量过少，无法对产品质量做进一步判断，有时无法满足工业现场的应用需求。

② 目标检测网络。

该类方法与上面介绍的分类方法的区别在于，不但需要判断当前待检图像是否是有缺陷的及缺陷类别，还需要确定缺陷的位置和大小（外接矩形）。明显地，与分类任务相比，目标检测任务可以获得更充分的缺陷信息，便于后续的可视化显示或质量判断。该类方法按照使用的网络结构不同可大体分为面向自然场景的通用目标检测网络和级联网络两类。

R-CNN（Region Convolutional Neural Network）[30]首先将深度卷积网络应用于自然场景中的目标检测任务，然而其流程复杂、计算效率低，消耗存储资源多，导致实用性差。研究人员对 R-CNN 进一步改进[31]，通过共享特征计算减少计算量，提升算法实时性。Faster R-CNN[32]是首个端到端的检测网络，与以前的方法相比，在实时性和准确率上有了大幅提升，在工业现场也获得了广泛应用。早期的文献一般是直接将 Faster R-CNN 应用于工业图像，获得了远超传统方法的准确率。Cheng 和 Wang[33]将 Faster R-CNN 应用于排水系统管道的损伤检测，达到 83%的平均精度（mean Average Precision，mAP）。Faster R-CNN 可分为候选区域提取和分类两个步骤，因此也被称为两阶段检测网络。除 Faster R-CNN，R-FCN（Region-based Fully Convolutional Network）[34]也是常用的两阶段检测网络。Xue 和 Li[35]对分类网络 GoogLeNet 进行改进,并作为 R-FCN 的骨干网络检测铁轨隧道表面裂纹和渗漏两类主要缺陷,达到 85.6%的 mAP,且处理单幅图像时间为 0.266s,优于 Faster R-CNN。Ferguson 等[36]对比了 Faster R-CNN、R-FCN 和滑窗分类定位等方法在检测金属铸件表面缺陷时的性能，最后采用 Faster R-CNN，以 ResNet 为骨干网络，获得 92.1%的 mAP。

研究人员还提出了 YOLO（You Only Look Once）[37]、SSD（Single Shot Multibox Detector）[38]、CornerNet[39]等单阶段检测网络，无需提取候选区域，直接在输出层计算物体的位置和类别，达到了更高的实时性。Suong 和 Jangwoo[40]利用 YOLO v2 网络检测道路表面的凹坑缺陷时，根据缺陷的形状分布与图像的分辨率，重新计算锚框（Anchor）的设置参数和栅格大小等参数。并且，文献[40]对 YOLO v2 的网络结构也进行了改进，删除三层卷积层，大幅减少了参数量。Zhang 等[41]利用 YOLO v3 网络检测桥梁表面破损，使用批再正则化（batch re-normalization）和 Focal Loss 损失进一步提升了网络性能。Yin 等[42]利用 YOLO v3 检测污水管道损伤缺陷，获得了 85.37%的 mAP。另外，Maeda 等[43]使用 SSD 网络检测了道路表面缺陷，对比了 Inception V2 和 MobileNet 两种骨干网络发现，MobileNet 的检测准确率优于 Inception V2，对于有些类型缺陷的识别准确率达到 99%。而且，使用手机处理单幅图像时间不超过 1.5s，实现了实时检测。

根据以上分析，现有的工作还集中于将在自然图像中得到验证的检测网络直接应用于工业图像。主要方法可分为单阶段网络、两阶段网络和级联网络三类。与两阶段网络相比，单阶段网络实时性高，尤其是小目标的检测精度较低。级联网络可针对目标低占比图像，提升检测精度，但是也会造成实时性的降低。目前，更多先进的单阶段网络不断被提出，检测精度已经赶上甚至反超两阶段网络。在后续缺陷检测的研究中，单阶段网络的应用将会越来越广泛。

③ 像素分割网络。

作为计算机视觉中的另一典型任务，需要逐像素判断是否属于缺陷目标，如果属于，还需进一步识别缺陷类型。分割任务可获得缺陷的精确形状与位置信息，可准确测量缺陷尺寸，从而实现表面质量的可靠判断。

在常规分类网络中，连续的卷积与池化操作在增大感受野的同时，极大降低了分辨率，不可直接应用于分割任务。Long 等[44]首先提出了一种可用于图像分割的全卷积网络（Fully Convolutional Network，FCN）。FCN 有三个输出分支：FCN-32s 是将特征图直接缩放至原图大小；FCN-16s 首先将 FCN-32s 特征图放大 2 倍，与上一层特征相加后，再缩放至原图大小；FCN-8s 将 FCN-16s 特征图再放大 2 倍，与再上一层特征相加后，再缩放至原图大小。FCN 利用底层特征提升分辨率，可应用于像素级分割任务。典型的分割网络还包括编码-解码器（Encoder-Decoder）。最初提出的 Encoder-Decoder 网络中，编码器与解码器间无信息交互[45]。为了降低编码过程中图像信息的损失，研究人员提出了有交互的 Encoder-Decoder 结构，特征相加和特征连接（Concatenate）[46]是编码器与解码器最常见的信息交互或融合方式。其他方式还包括向解码器传递编码器池化的序号[47]等。

Dung 等[45]利用编码-解码网络分割混凝土表面的裂纹缺陷时，试验了 ResNet、VGG16 和 Inception V3 作为编码器的算法性能。从 4032×3024 分辨率原图中提取 227×227 统一大小的图像块训练网络，通过验证发现，VGG16 和 Inception V3 优于 ResNet，最大 $F1$ 值（精确率和召回率的调和平均数）可达 89.3%。Feng 等[48]建立了一种改进的编码-解码网络检测无人机拍摄的水电站大坝外观图像。该网络通过特征图逐像素相加融合编码器与解码器特征，提升缺陷分割效果。

Huang 等[49]采用 VGG 16 作为骨干网络建立了一种 FCN 网络，检测铁轨隧道表面裂纹和渗漏两类主要缺陷。文献[49]将采集的高分辨率原图以滑动窗口的方式提取 500×500 统一大小的、包含缺陷的图像块训练网络。考虑两类缺陷在形态和尺寸上的巨大差异，该文献作者针对每种缺陷分别建立数据集进行训练和测试，达到了 98%以上的准确率。Aslam 等[50]采用 U-Net 结构分割金属表面的裂纹缺陷。由于采集的原始图像分辨率高（约 9000 像素×9000 像素），作者对原图的尺度归一化后，划分为 128×128 的图像块，作为网络的输入。在推理过程中，将所有图像块的分割结果拼接在一起，可得到原图的分割结果。Han 等[51]首先利用 Faster R-CNN 中的候选区域提取操作获得大量可能包含缺陷的图像块，然后利用分割网络 U-Net 对这些图像块进行分割，实现对多晶硅片上缺陷的分割。

像素分割方法可获得缺陷详尽的形态、尺寸及位置信息，便于对产品质量进行分析与判断。实例分割任务可以看作分割和目标检测的多任务，获得每个类别像素分割结果的同时，获得每个类别的实例个数。分割方法在工业检测中用途广泛，尤其适用于划痕、蹭伤等低占比、低语义缺陷的识别。然而，分割方法需要像素级标注的图像作为训练数据，标注成本远超分类和目标检测方法，在工业现场也往往是不可行的。繁重的图像标注工作量是该类方法在工业检测中推广应用的主要阻碍。

7.2 项目研究目标

本研究项目对象是一种电子产品屏幕膜片，对象工件如图 7.3 所示。这类产品的缺陷类型主要包括黑点、白点、边缘、麻点、坏线，缺陷展示如图 7.4 所示。黑点和白点分别是在纯白灰阶和纯黑灰阶下出现的缺陷类型；边缘则是在膜片边缘会出现灰阶表现与其他位置不一致的缺陷；麻点与坏线是由许多细小的异常点聚集在一起形成的，麻点是以点云形式，坏线则是细小的点连成一条线，这两类缺陷的界定较为模糊，在缺陷不是十分明显的情况下，主要依照观感来判断，这也是检测中的一大困难点。

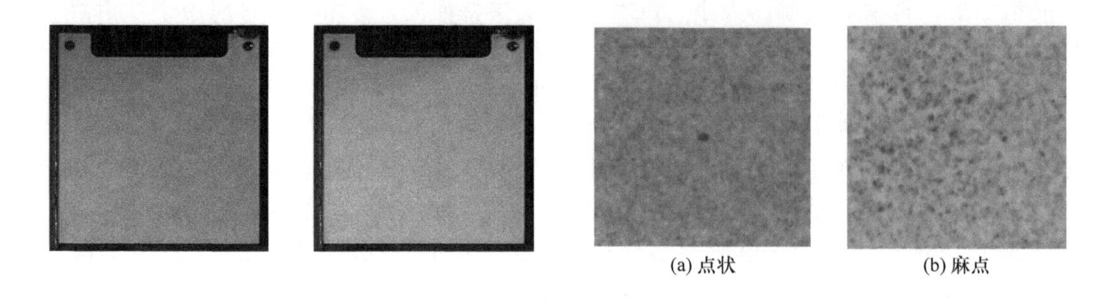

图 7.3 工件实物

图 7.4 工件缺陷类型

本项目研究目标是对上述产品的多类、多尺度缺陷进行检测。检测要求是：得到膜片上出现的异常点大小和位置，并且区分出缺陷的类型；对可能的异常点通过最小外接矩形进行显示，尺寸大于给定阈值时进行报错提示。

7.3 主要研究内容

本项目对某电子产品屏幕膜片的缺陷检测系统进行研究，搭建特定图像采集系统，根据产品膜片的特点设定光源，利用工业相机和工业镜头采集产品膜片的图像数据，对实时采集的图像进行检测并在短暂时延后在显示器上显示缺陷信息。项目主要的研究内容如下：研究基于图像灰阶的图像检测算法，开发基于图像候选区域的检测算法，研究基于 YOLO v5 架构的深度学习检测算法等。通过机器视觉在工业检测的研究与应用，进一步推进机器视觉研究的发展和工业智能化的发展。

7.4 项目研究方法

7.4.1 基于 Hough 变换的工件区域提取算法

在工业场合中，被检测工件所处的环境不一定是统一的，故背景因素对于工件的表面缺陷检测来说是一种噪声干扰。工业场景中工件的外形大多由直线构成，通过检测出这些直线，可将待检测工件从背景区域中分割出来，以消除背景因素的干扰。直线检测通常采用 Hough 变换来实现。

极坐标中用式（7.1）所示参数方程表示一条直线（图 7.5）。

$$\rho = x\cos\theta + y\sin\theta \tag{7.1}$$

式中，θ 代表 x 轴到直线垂线的角度；ρ 代表直线到原点的垂直距离。

这样便将图像坐标空间中的点变换到了参数空间中。在极坐标表示下，图像坐标空间中共线的点变换到参数空间中后，在参数空间都相交于同一点，此时所得到的（θ, ρ）即所求直线的极坐标参数。与直角坐标不同的是，用极坐标表示时，图像坐标空间共线的两点（x_i, y_i）和（x_j, y_j）映射到参数空间是两条正弦曲线，相交于点（θ_0, ρ_0），如图 7.6 所示。

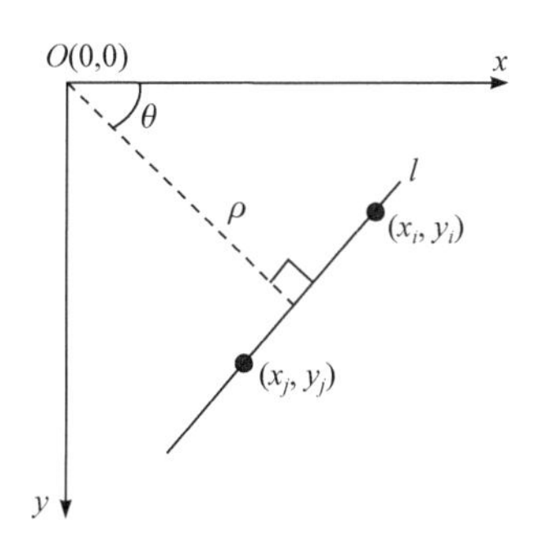

图 7.5　直线的参数表示

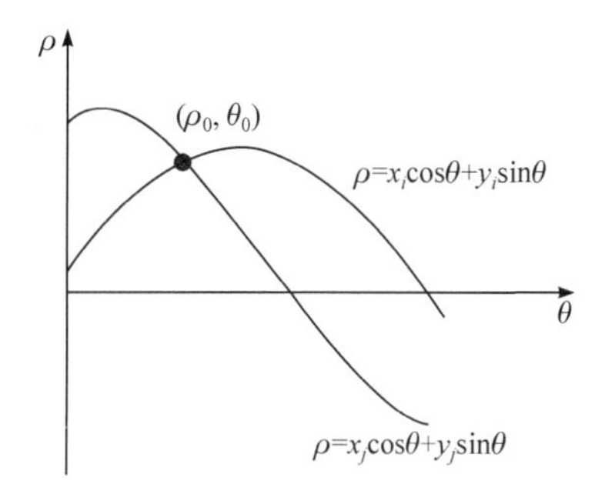

图 7.6　笛卡儿空间映射到参数空间

具体计算时，在参数空间中建立一个二维数组累加器 $A(\theta, \rho)$。对一幅大小为 $D\times D$ 的图像，通常 θ 的取值范围为[−90°, 90°]，ρ 的取值范围为[$-\sqrt{2}D/2$，$\sqrt{2}D/2$]。开始时，$A(\theta, \rho)$初始化为 0，然后对图像坐标空间的每一个前景点（x_i, y_i），将参数空间中每个 θ 的离散值代入式（7.1），计算出对应的 ρ 值。每计算出一对（θ, ρ），都将对应的数组元素 $A(\theta, \rho)$加 1。所有的计算都结束后，在参数空间表决结果中找到 $A(\theta, \rho)$的最大峰值，所对应的（θ_0, ρ_0）就是原图像中共线点数目最多[共 $A(\theta_0, \rho_0)$个共线点]的直线方程的参数。接下来可以继续寻找次峰值和第 3 峰值、第 4 峰值等，它们对应于原图中共线点数目略少一些的直线。

如图 7.7 中所示，针对图 7.7（a）所示的产品膜片原图，采用 Hough 变换可得到产品膜片的四条边，如图 7.7（b）所示。根据四条边的交点可得出产品膜片显示区的

(a) 原图

(b) 直线检测

(c) 获得角点

(d) 透视变换

图 7.7　检测图像预处理（见书后彩插）

四个角点，如图 7.7（c）所示，将产品膜片区域精确提取出来。然后，根据这四个点的位置关系，采用透视变换算法，将产品膜片校准为摆正状态，如图 7.7（d）所示。经过该过程，可以精确地提取出工件的被检区域，为后续的表面缺陷检测算法做好了预处理工作。

7.4.2 基于图像处理的表面缺陷检测算法

基于图像处理的表面缺陷检测算法对样本的依赖性小，检测结果可以精确量化，适合于有严格数据控制的缺陷类型。并且，针对不同的检测缺陷尺寸定义，可针对性地调整缺陷标准，具有良好的兼容性。图 7.8 所示为一张产品膜片的图像，该张膜片上有一个白点。

首先，采用自适应二值化方法将图片转成二值图像；然后，进行区域分析，计算每个前景区域的最小外接矩形或最小外接圆，来获得该区域的公称尺寸；最后，通过判断各区域的公称尺寸是否超过了给定值 L_0 来判断该区域是否是缺陷区域。检测结果如图 7.9 所示。

图 7.8 自适应二值化结果

图 7.9 检测结果

7.4.3 基于深度学习的表面缺陷检测算法

显著性缺陷（如黑点、白点、边缘）在图像上的表征明显，有严格的尺寸要求；非显著性缺陷（如麻点、坏线）与背景的差异小，无明确的尺寸定义，主要以人眼能否明显观测出来为依据。对于显著性缺陷，可采用图像处理的方法先得到存在潜在缺陷点的区域子图，然后通过深度网络提取特征实现对潜在缺陷区域的尺寸测量。若该尺寸超过了给定阈值，则将该潜在区域标记为缺陷区域；否则将该潜在区域标记为无缺陷区域。对于非显著性缺陷，由于没有明确的尺寸定义，只需根据其表征进行判断即可。即如图 7.10 所示，直接将原图压缩至指定大小，当原始图像长宽与压缩图像尺寸不匹配时，图像会自动填充灰度值为零的像素，然后将该压缩图输入深度网络中进行目标检测。

对于图像处理方法无法检测的麻点缺陷，本项目采用深度学习方法进行检测。使用的框架是 YOLO v5，网络结构如图 7.11 所示。YOLO v5 是一种单阶段目标检测算法，是 YOLO 系列网络的最新成果。该算法在 YOLO v4 的基础上添加了一些新的改进思路，使其速度与精度都得到极大的性能提升。主要的改进思路如下：

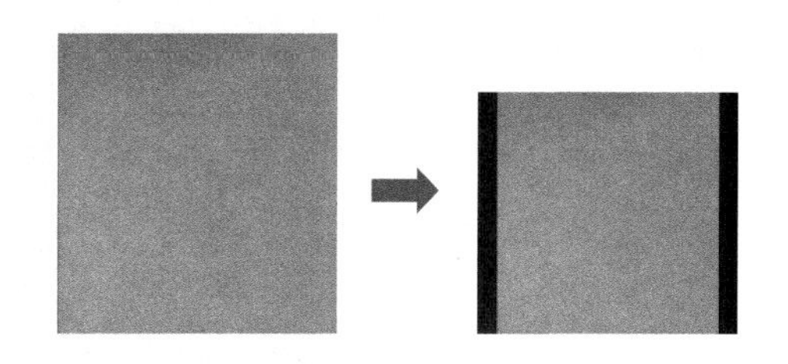

图 7.10　深度学习图像压缩

输入端：在模型训练阶段，提出了一些改进思路，主要包括 Mosaic 数据增强、自适应锚框计算、自适应图片缩放。

主干网络：融合其他检测算法中的一些新思路，主要包括 Focus 结构与 CSP 结构。

分层网络：目标检测网络在 BackBone（主干网络）与最后的 Head 输出层之间往往会插入一些层，YOLO v5 中添加了 FPN+PAN 结构。

Head 输出层：输出层的锚框机制与 YOLO v4 相同，主要改进的是训练时的损失函数 GIOU_Loss，以及预测框筛选的 DIOU_nms。

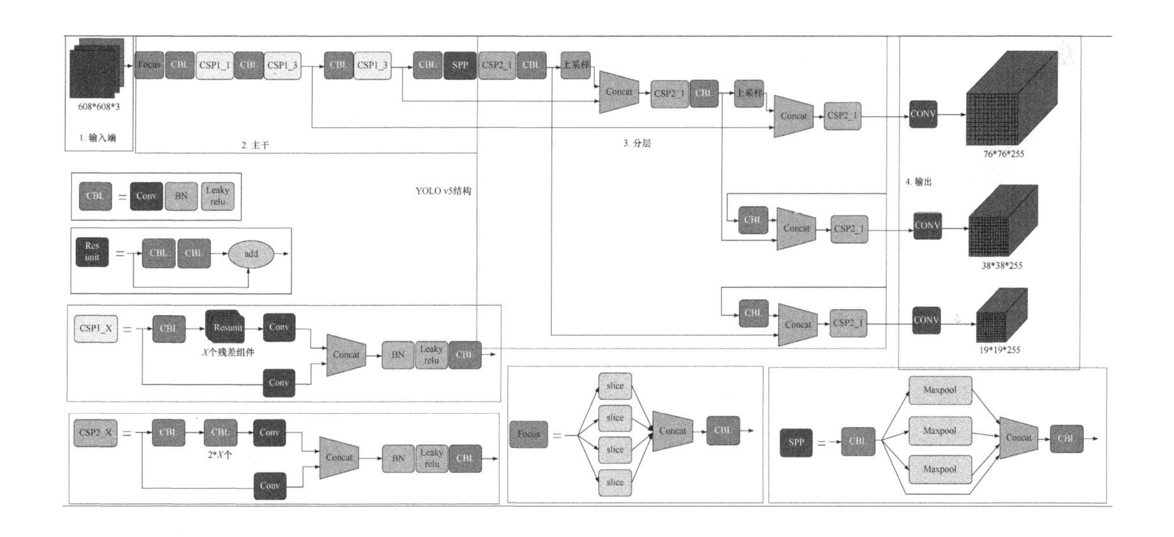

图 7.11　YOLO v5 网络结构

深度学习方法是由数据驱动的，所以在训练网络之前需要制作产品膜片的数据集。用到的标签制作工具是 Labelimg（图 7.12），Labelimg 可以制作 xml、txt 等多种主流的标签数据格式。YOLO v5 网络使用的是 txt 标签格式，在制作前设定好即可。本项目制作了数据量为 2440 的麻点数据集，包括使用了翻转、旋转和裁剪等数据增强方法增加的数据。

数据集制作好后即可进行网络训练，由于本项目网络的实现是参数化的，即网络的结构、网络针对的数据、网络参数等都可以通过参数文件进行设置，故网络的训练和针对本产品膜片的调整都较为方便。网络训练完成后，模型参数将以 pt 的文件格式保存，后续进行检测时只需将训练好的 pt 文件加载到检测网络即可。

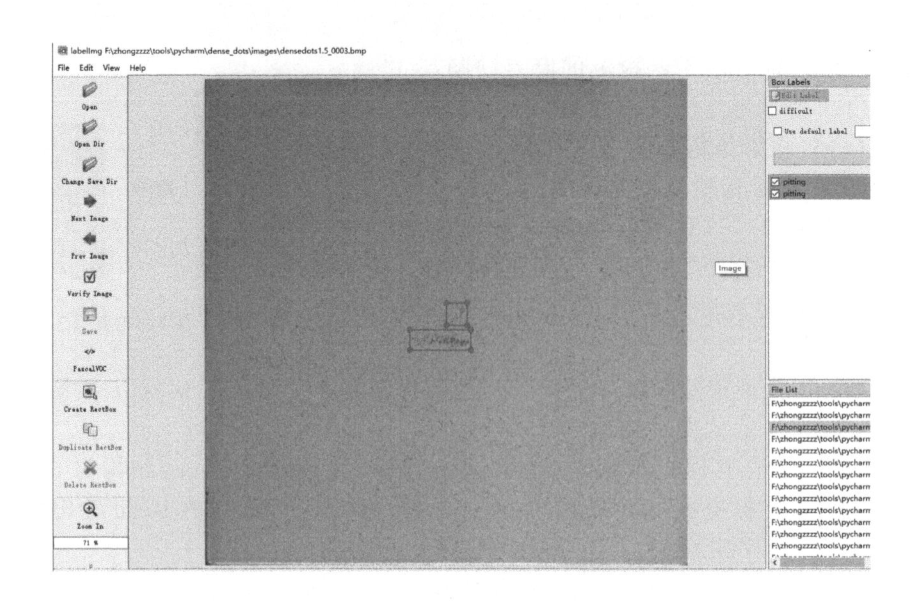

图 7.12 使用 Labelimg 制作数据集

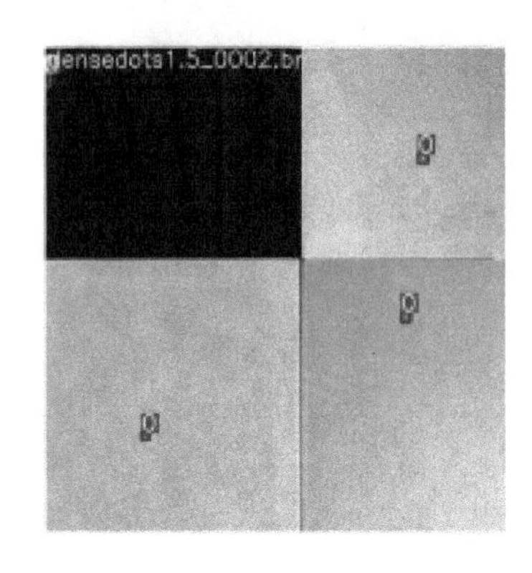

图 7.13 Mosaic 结果

在数据输入网络之前，YOLO v5 网络默认会对数据采用 Mosaic 进行数据增强，具体是将 4 张原图像随机进行缩放、裁剪、排布，然后将 4 张图拼接在一起，具体拼接结果如图 7.13 所示。通过 Mosaic 数据增强之后，可以大大提高数据背景的复杂度，从而提高网络对检测目标的识别能力。

YOLO v5 的损失函数包括三部分，分别是分类损失（classification loss）、定位损失（localization loss）和置信度损失（confidence loss），总的损失为三者之和。分类损失反映的是网络对类别识别的准确度；定位损失反映的是目标物体预测边界框和真实边界框的偏差；置信度损失反映的是预测框中是否存在检测目标。

分类损失计算如下：

$$L_{\text{class}}=-\sum_{i=0}^{S^2}I_{ij}^{\text{obj}}\sum_{C\in\text{classes}}\left[\hat{P}_i^j\log(P_i^j)+\left(1-\hat{P}_i^j\right)\log\left(1-P_i^j\right)\right] \tag{7.2}$$

式中，S^2 为图像的划分的网格数；I_{ij}^{obj} 为预测框是否有目标，有目标时，$I_{ij}^{\text{obj}}=1$，否则 $I_{ij}^{\text{obj}}=0$；$\hat{P}_i^j$ 为预测类别概率；P_i^j 为真实类别概率。

定位损失计算如下：

$$L_{\text{local}}=1-(\text{IoU}-\frac{\text{Dis\_2}^2}{\text{Dis\_C}^2}-\frac{v^2}{(1-\text{IoU})+v}) \tag{7.3}$$

$$v = \frac{4}{\pi^2}\left(\arctan\frac{w^{gt}}{h^{gt}} - \arctan\frac{w^p}{h^p}\right)^2 \tag{7.4}$$

式中，IoU 为预测边界框和真实框的交并比；Dis_2 为框中心距离；Dis_C 为预测框和真实框外接矩形的对角距离；w^{gt} 、h^{gt} 为真实框的宽高；w^p 、h^p 为预测框的宽高。

置信度损失计算如下：

$$L_{conf} = (1-\lambda_{noobj})\sum_{i=0}^{S^2}\sum_{j=0}^{B} I_{ij}^{obj}\left[\hat{C}_i^j \log\left(C_i^j\right) + \left(1-\hat{C}_i^j\right)\log\left(1-C_i^j\right)\right] \tag{7.5}$$

式中，B 为网络模型设置的每个网格的边界框数量；$\hat{C}_i^j$ 为预测置信度；C_i^j 为真实置信度（0 或 1）；λ_{noobj} 为背景的权重系数。

7.5 实验结果分析

7.5.1 基于图像处理的检测算法的实验结果分析

基于图像处理的表面缺陷检测算法，具有对样本的需求小，无需做数据集标注，且能得出缺陷区域的具体尺寸的优点。在本例中，如图 7.14 所示，该方法对于缺陷与背景对比明显的区域的检测效果较好。但由于该方法涉及的图像处理流程较多，涉及较多的需要设定的参数，故需要反复根据检测结果调试，以确保检测结果准确。另外，如图 7.14 所示，对于麻点等与背景较难区分的点，该方法很难顺利检测出来。

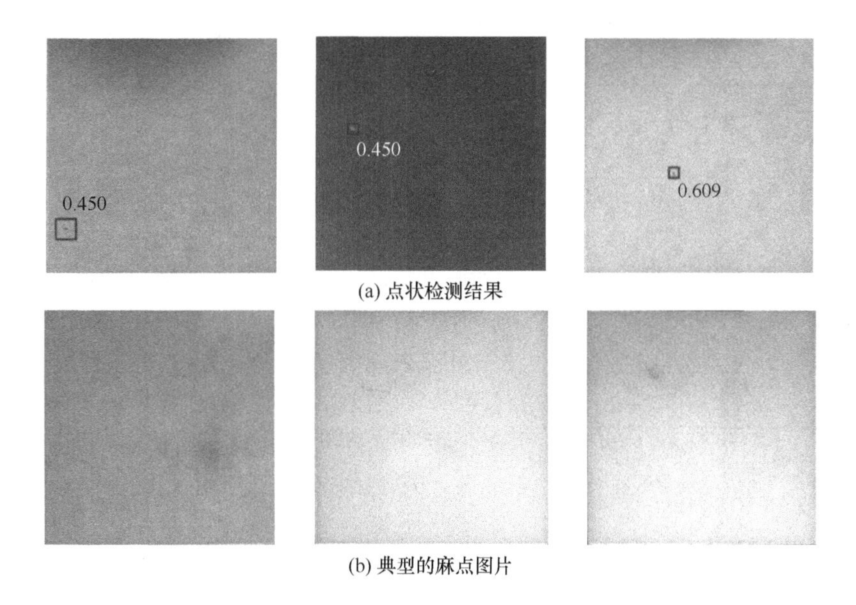

图 7.14　基于图像处理的检测算法的实验结果

7.5.2 基于深度学习的检测算法的实验结果分析

在实现 YOLO v5 网络之后，使用制作好的数据集进行训练，训练结果可以通过 Tensorboard 进行可视化，可视化结果如图 7.15 和图 7.16 所示。图中，val 为在验证集上的测试结果，mAP 为检测平均精度，是在多个类别时，以召回率为横轴，准确率为纵轴所得到的曲线（P-R 曲线）下方的面积均值，用以综合衡量模型的检测准确率。

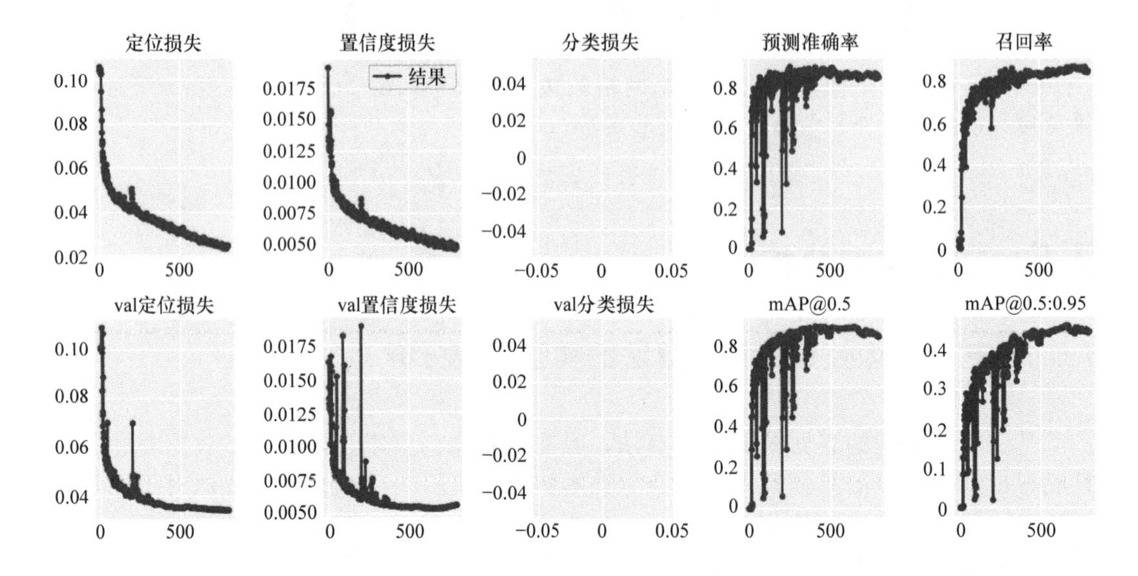

图 7.15 网络训练结果

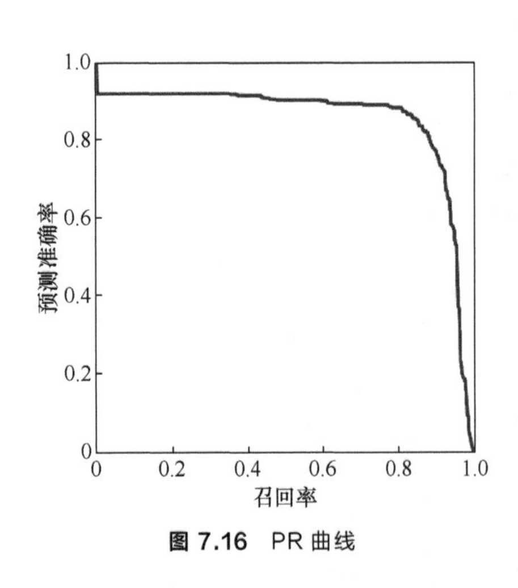

图 7.16 PR 曲线

由图 7.15 可以看到，网络在训练集定位损失收敛到 0.02，置信度损失收敛到 0.005。在验证集上也达到了同样的收敛效果。而训练集上的预测精度和召回率也将近达到 0.9。这说明网络的性能相当不错。在验证集上的 mAP@0.5 也达到 0.9。需要说明的是，本项目对产品膜片的检测缺陷只有一类，故不存在分类损失，图中显示为无数据。

图 7.16 所示为网络的 PR 曲线。PR 曲线是以召回率为横轴，以预测准确率为纵轴，可以看到在平衡点（$x = y$）处，召回率和预测准确率都非常高，均达到 0.9 左右，可以说明此网络模型性能非常不错。

使用训练好的模型进行实际检测，检测效果如图 7.17 所示，对于存在的麻点缺陷，不管尺度大小，都能检测出来，仅存在个别误检（图中箭头），此框的预测置信度也比较低。总体来说，深度学习方法在本项目的应用是非常成功的。

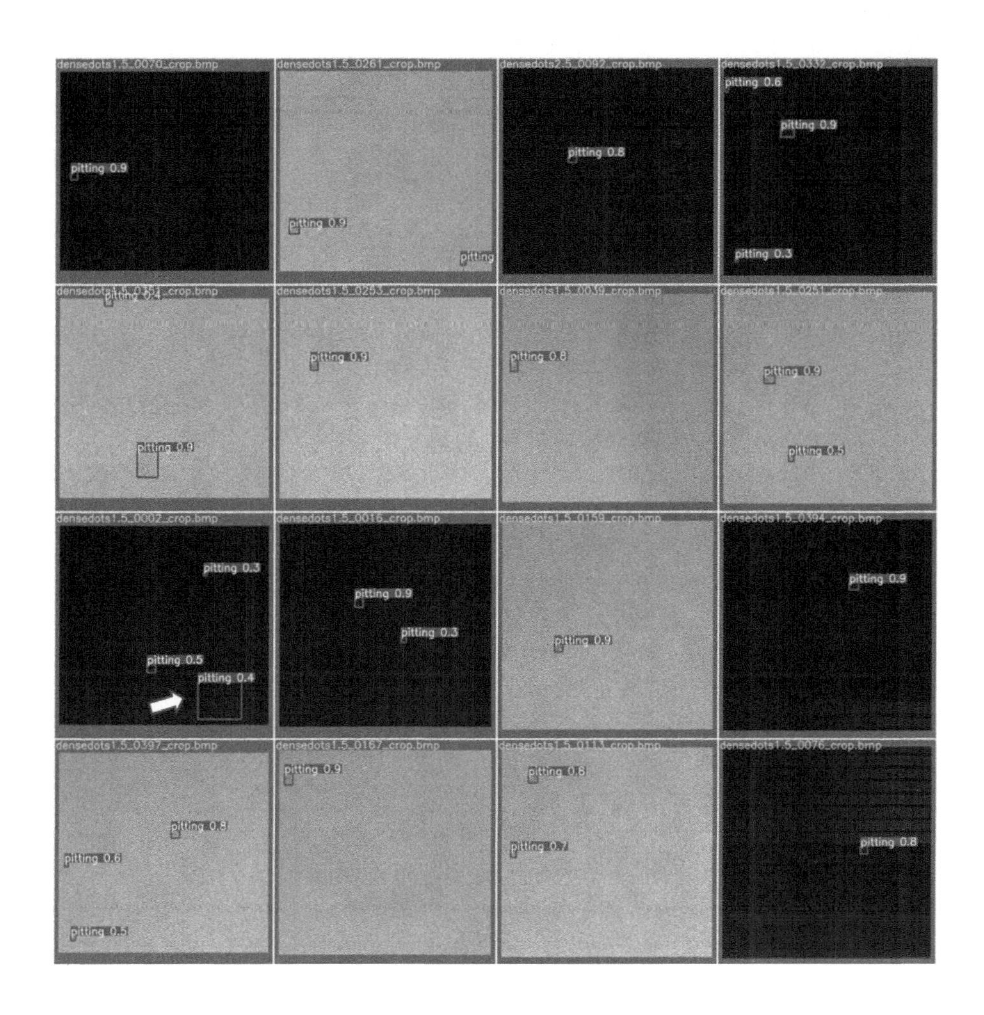

图 7.17 YOLO v5 网络麻点检测效果

本章小结

本章首先对当前机器视觉的表面缺陷检测技术进行了综述，分别展示了图像处理方法、机器学习方法和深度学习方法在缺陷检测上的研究成果，然后对机器视觉缺陷检测技术进行了实际项目的工程应用。本项目基于前人对机器视觉的研究成果，通过数字图像处理技术以及深度学习方法对某电子产品的屏幕膜片进行了缺陷检测，以实现对产品表面质量把控的同时提高生产效率。具体开展的工作有：

① 搭建图像采集系统，系统硬件包括工业相机、镜头、光源、图像采集卡、计算机等，并通过图像采集系统对工件进行图像采集。

② 在数字图像处理方法检测产品表面缺陷方面，应用基于 Hough 变换的直线检测算法对采集的原始图像进行裁剪和调整角度；使用自适应二值化和最小外接矩形方法进行缺陷检测和显示；由于直接对原图像进行二值化和缺陷检测耗时严重，本项目提出了一种潜在缺陷区域分割的方法，进一步提高算法的检测效率。

③ 在深度学习方法检测产品表面缺陷检测方面，由于存在一些非显性的缺陷（麻点），通过图像处理方法无法检测出来，故使用 YOLO v5 深度学习方法进行检测，主要工作包括采集数据、数据集制作和训练网络。实验结果表明，得到的深度学习模型可以很好地检测出非显著性缺陷。

参考文献

[1] 王帅. 基于机器视觉的产品表面缺陷检测关键算法研究[D]. 沈阳: 中国科学院大学(中国科学院沈阳计算技术研究所), 2021.

[2] 江佳斌. 基于机器视觉的定位及缺陷识别智能检测技术研究与应用[D]. 杭州: 浙江大学, 2020.

[3] 杨传礼, 张修庆. 基于机器视觉和深度学习的材料缺陷检测应用综述[J]. 材料导报, 2022(16): 1-19.

[4] 张涛, 刘玉婷, 杨亚宁, 等. 基于机器视觉的表面缺陷检测研究综述[J]. 科学技术与工程, 2020, 20(35): 14366-14376.

[5] 赵翔宇, 周亚同, 何峰, 等. 工业干扰环境下基于模板匹配的印刷品缺陷检测[J]. 包装工程, 2017, 38(11): 187-192.

[6] 李永敬, 朱萍玉, 孙孝鹏, 等. 基于形状模板匹配的冲压件外形缺陷检测算法研究[J]. 广州大学学报(自然科学版), 2017, 16(5): 62-66.

[7] 陈麒麟, 王东兴, 林建钢, 等. 冲压磨削平板类零件的表面缺陷检测[J]. 锻压技术, 2020(6), 168-174.

[8] Qi J Y, Li J Y. Feature extraction of welding defect based on machine vision[J]. China Welding, 2019, 28(1): 56-62.

[9] Yu H L, Hao L H, Liang H, et al. Recognition of wood surface defects with near infrared spectroscopy and machine vision[J]. Journal of Forestry Research, 2019, 30(6): 2379-2386.

[10] 胡秀珍, 隋青美. 基于机器视觉的铁芯表面缺陷检测系统研究[J]. 仪器仪表用户, 2017, 34(1): 21-23.

[11] Ding W, Wang Q G, Zhu J F. Automatic detection of dispersed defects in resin eyeglass based on machine vision technology[J]. IEEE Access, 2020, 8: 44661-44670.

[12] Zhou X, Wang Y N, Zhu Q, et al. Research on defect detection method for bottle mouth based on machine vision[J]. Journal of Electronic Measurement and Instrument, 2016, 30(5): 702-713.

[13] Wang Y, Wu Z H , Duan X Y, et al. Design of gear defect detection system based on machine vision[J]. IOP Conference Series-Earth and Environmental Science, 2018, 108: 022025.

[14] Cortes C, Vapnik V N. Support-vector networks[J]. Machine Learning, 1995, 20(3): 273-297.

[15] 朱勇建, 彭柯, 漆广文, 等. 基于机器视觉的太阳能网版缺陷检测[J]. 广西师范大学学报(自然科学版) , 2019, 37(2): 105-112.

[16] 刘磊, 王冲, 赵树旺, 等. 基于机器视觉的太阳能电池片缺陷检测技术的研究[J]. 电子测量与仪器学报, 2018, 32(10): 47-52.

[17] 郭朝伟, 张中炜. 基于决策树学习的柱状二极管表面缺陷检测系统设计[J]. 微

型机与应用, 2015, 34(6): 39-41.
[18] 徐凤云. 神经网络决策树算法在钢材表面缺陷检测中的应用研究[J]. 西昌学院学报(自然科学版), 2011, 25(2): 44-45.
[19] Krizhevsky A, Sutskever I, Hinton G E. ImageNet classification with deep convolutional neural networks[C]//In Proceedings of the International Conference on Neural Information Processing Systems, Lake Tahoe, Nevada, USA, 2012: 1097-1105.
[20] Deng J, Dong W, Socher R, et al. ImageNet: A large-scale hierarchical image database[C]//In Proceedings of the IEEE Conference on Computer Vision and Pattern Recognition, Miami, USA, 2009: 248-255.
[21] Lin T Y, Maire M, Belongie S, et al. Microsoft COCO: Common objects in context[C]//In Proceedings of the European Conference on Computer Vision, Zurich, Switzerland, USA, 2014: 740-755.
[22] Masci J, Meier U, Fricout G, et al. Multi-scale pyramidal pooling network for generic steel defect classification[C]//In Proceedings of the International Joint Conference on Neural Networks, Dallas, USA, 2013: 1-8.
[23] Simonyan K, Zisserman A. Very deep convolutional networks for large-scale image recognition[J/OL]. arXiv:1409.1556, 2014.
[24] Szegedy C, Liu W, Jia Y, et. al. Going deeper with convolutions[C]//In Proceedings of the IEEE Conference on Computer Vision and Pattern Recognition, Boston, USA, 2015: 1-9.
[25] He K, Zhang X, Ren S, et al. Deep residual learning for image recognition[C]//In Proceedings of the IEEE Conference on Computer Vision and Pattern Recognition, Las Vegas, USA, 2016: 770-778.
[26] Shang L, Yang Q, Wang J, et al. Detection of rail surface defects based on CNN image recognition and classification[C]//In Proceedings of the International Conference on Advanced Communication Technology, Korea, 2018: 45-51.
[27] Ma L, Xie W, Zhang Y. Blister defect detection based on convolutional neural network for polymer lithium-Ion battery[J]. Applied Science, 2019, 9(6): 1085.
[28] Sassi P, Tripicchio P, Avizzano C A. A smart monitoring system for automatic welding defect detection[J]. IEEE Transactions on Industrial Electronics, 2019, 66(12): 9461-9450.
[29] Akram M W, Li G, Jin Y, et al. CNN based automatic detection of photovoltaic cell defects in electroluminescence images[J]. Energy, 2019, 189: 116319.
[30] Girshick R, Donahue J, Darrell T, et al. Rich feature hierarchies for accurate object detection and semantic segmentation[C]//In Proceedings of IEEE Conference on Computer Vision and Pattern Recognition, Columbus, USA, 2014: 580-587.
[31] Girshick R. Fast R-CNN[C]//In Proceddings of IEEE International Conference on Computer Vision, Santiago, Chile, 2015: 1440-1448.
[32] Ren S, He K, Girshick R, et al. Faster R-CNN: Towards real-time object detection with region proposal networks[C]//In Proceedings of the International

Conference on Neural Information Processing Systems, Montreal, Canada, 2015: 91-99.

[33] Cheng J C, Wang M. Automated detection of sewer pipe defects in closed-circuit television images using deep learning technique[J]. Automation in Construction, 2018, 95: 155-171.

[34] Dai J, Li Y, He K, et al. R-FCN: object detection via region-based fully convolutional networks[C]//In Proceedings of the International Conference on Neural Information Processing Systems, Barcelona, Spain, 2016: 379-387.

[35] Xue Y, Li Y. A fast detection method via region-based fully convolutional neural networks for shield tunnel lining defects[J]. Computer-Aided Civil and Infrastructure Engineering, 2018, 33(8): 638-654.

[36] Ferguson M, Ak R, Lee Y T, et al. Automatic localization of casting defects with convolutional neural networks[C]//In Proceedings of the IEEE International Conference on Big Data, Boston, USA, 2017: 1726-1735.

[37] Redmon J, Diwala S, Girshick R, et al. You Only Look Once: Unified, real-time object detection[C]//In Proceedings of the IEEE Conference on Computer Vision and Pattern Recognition, Las Vegas, USA, 2016: 779-788.

[38] Wei L, Anguelov D, Drhan D, et al. SSD: Single shot multibox detector[C]//In Proceedings of the European Conference on Computer Vision. Berlin: Springer-Verlag, 2016: 21-37.

[39] Law H, Deng J. CornerNet: Detecting objects as paired keypoints[C]//In Proceedings of the European Conference on Computer Vision. Berlin: Springer-Verlag, 2018, 765-781.

[40] Suong L K, Jangwoo K. Detection of potholes using a deep convolutional neural network[J]. Journal of Universal Computer Science, 2018, 24(9): 1244-1257.

[41] Zhang C, Chang C C, Jamshidi M. Bridge damage detection using single-stage detector and field inspection images[J/OL]. arXiv: 1812.10590, 2018.

[42] Yin X, Chen Y, Bouferguene A, et al. A deep learning-based framework for an automated defect detection system for sewer pipes[J]. Automation in Construction, 2020, 109: 102967.

[43] Maeda H, Sekimoto Y, Seto T, et al. Road damage detection and classification using deep neural networks with smartphone images[J]. Computer-Aided Civil and Infrastructure Engineering, 2018, 33(12): 1127-1141.

[44] Long J, Shellamer E, Darrell T. Fully convolutional networks for semantic segmentation[J]. IEEE Transactions on Pattern Analysis and Machine Intelligence, 2017, 39(4): 640-651.

[45] Dung C V, Duc A L. Autonomous concrete crack detection using deep fully convolutional neural network[J]. Automation in Construction, 2018, 99: 52-58.

[46] Ronneberger O, Fischer P, Brox T. U-Net: Convolutional networks for biomedical image segmentation[C]//In Proceedings of the International Conference on Medical image computing and computer-assisted intervention. Berlin: Springer-Verlag, 2015: 234-241.

[47] Badrinarayanan V, Kendall A, Cipolla R. SegNet: A deep convolutional encoder-decoder architecture for image segmentation[J/OL]. arXiv: 1511.00561, 2015.

[48] Feng C, Zhang H, Wang H, et al. Automatic pixel-level crack detection on dam surface using deep convolutional network[J]. Sensors, 2020, 20(7): 2069.

[49] Huang H W, Li Q T, Zhang D M. Deep learning based image recognition for crack and leakage defects of metro shield tunnel[J]. Tunnelling and Underground Space Technology, 2018, 77: 166-176.

[50] Aslam Y, Santhi N, Ramasamy N, et al. Localization and segmentation of metal cracks using deep learning[J]. Journal of Ambient Intelligence and Humanized Computing, 2021,12(6): 1-9.

[51] Han H, Gao C, Zhao Y, et al. Polycrystalline silicon wafer defect segmentation based on deep convolutional neural networks[J]. Pattern Recognition Letters, 2020, 130: 234-241.

第8章

工件尺寸视觉测量

8.1 研究背景意义

传统尺寸测量中，典型方法是利用卡尺或千分尺在被测工件上针对某个参数进行多次测量后取平均值。这些检测设备或检测手段测量精度低、测量速度慢，测量数据无法及时处理，无法满足大规模自动化生产的需要。基于机器视觉技术的尺寸测量方法具有成本低、精度高、安装简易等优点，其非接触性、实时性、灵活性和精确性等特点可以有效地解决传统检测方法存在的问题。同时，尺寸测量是机器视觉技术较常见的应用，特别是在自动化制造行业中，用机器视觉测量工件的各种尺寸参数，如长度测量、圆测量、角度测量、弧线测量、区域测量等，需要检测出工件相关区域的基本几何特征。机器视觉技术不但可以获取在线产品的尺寸参数，还可对产品做出在线实时判定和分拣，应用十分普遍[1,2]。

国内外对机器视觉测量技术的研究已有很长时间，也取得了较多进展。例如，2010 年，Böhm 等[3]设计了基于机器视觉的高抛光摩擦表面浅划痕检测系统，能有效检测出宽 1μm 的划痕。2011 年，Mohamed 等[4]设计了基于机器视觉的圆度测量系统，对圆柱形零件的圆度测量误差为 537.1μm。2013 年，Kawasue[5]等设计了一种污水管道内径测量的机器人，该机器人的测量原理使用机器视觉的方式，平均测量误差为 0.5μm。2015 年，徐兴波[6]设计了一种用于测量洗涤轴轴向长度和直径的视觉测量系统，该轴长 110mm，直径为 15mm，通过该系统验证，洗涤轴直径的测量公差达到 0.01mm，轴向长度的公差达到 0.05mm。2016 年，Leo 等[7]设计了检测机械零件长度尺寸的机器视觉测量系统，测量平均误差小于 0.02μm。2017 年，Fernández 等[8]设计了基于机器视觉的铣刀破损刀片检测系统，检测精度达到 0.91%。同年，Kavitha 等[9]提出了一种机床主轴径向误差视觉评估算法，利用圆检测 Hough 变换图像处理技术寻找圆心，采用傅里叶级数曲线拟合法分析圆心的周期和非周期分量。可控制异步径向误差在 56.234～85.521μm 范围内，其方法可重复达到亚微米级精度。2018 年，Masoumeh 等[10]设计了基于机器视觉的双轴跟踪器，能使太阳能电池板跟踪太阳的位置，始终接收最大的太阳能，跟踪精度为±2°。2021 年，曹鹏勇等[11]提出一种基于机器视觉的齿廓偏差测量方法，利用 Zernike 矩亚像素边缘检测算法获取亚像素级齿轮边缘并采集目标点云数据，运用逆向工程法建立齿轮模型，将采集配准后的数据进行拟合得出齿廓偏差，其精度可达到 12.20μm。孔盛杰等[12]采用自适应阈值曲率尺度空间技术对轮齿进行亚像素角点检测，其次采用超最小二乘法将亚像素角点拟合成齿顶椭圆，最后通过补偿准偏心误差优化椭圆参数。其齿顶圆圆心测量精度为 0.056μm，法向量测量精度为 0.068°，实现了齿顶圆高精度测量。刘斌等[13]提出了一种丝网印刷样板视觉测量方法，利用感兴趣区域（Region of Interest，ROI）创建待测样板目标模板并进行粗定位，再采用模板信息统计得出自适应梯度阈值参数进行边缘点定位，建立局部测量坐标系实现高精度测量。该方法将测量相对误差从 4.02%降至 1.47%。

基于机器视觉的尺寸测量核心技术是通过边缘检测算法来确定实际工件的尺寸边界，以图像上边缘的相对位置来映射工件的实际尺寸。对于机器视觉测量技术来说，边缘检测算法至关重要。边缘检测算法的实质就是提取图像背景和前景目标的分界线，其分割边界则为图像边缘。经典的像素级边缘检测算法一般采用微分的方法进行计算，如 Sobel 算子检测方法[14]、Laplace 算子检测方法[15]、Canny 算子检测方法[16]。文献[17]中采用改进的四方向 Sobel 算子检测带钢表面缺陷边缘，该方法能够清晰地检测到瘀伤、孔洞缺陷的大体轮廓，此方法优于传统 Sobel 算法，但对划痕缺陷边缘定位正确率低于 90%。传统 Laplace 算法对噪声信息敏感，在处理图像后产生噪声冗余信息，对边缘检测产生干扰。文献[15]中提出一种 BRGB-Alaplace 算法，对获取的无人机图像进行边缘检测，该算法对图像边缘定位准确，能有效分割出有效信息和噪声信息，其定位精度高于传统 Laplace 算法。传统 Canny 算法需根据图像梯度分布信息提前人工设定高低阈值，对于边缘强度弱的图像，其分割效果不明显，自适应差。文献[16]中提出一种改进的自适应 Canny 检测算法，采用自适应中值滤波对图像进行预处理，用 8 邻域模板计算梯度值，仿真结果表明其具有较好的抗噪性和自适应性，可有效提取图像边缘。

机器视觉测量系统的主要数据来源为系统采集到的图像，通过对图像的计算分析求出测量的参数。在测量工件几何尺寸过程中涉及的关键技术主要有[18]：

① 照明成像技术。图像是机器视觉测量系统的主要数据来源，因此图像的质量直接影响测量系统的整体性能，而照明成像技术是获取图像的技术，可以说是机器视觉的首要条件。

② 运动控制技术。在有些机器视觉场合，相机与被测零件的位置可能均是固定的，而许多机器视觉场合需要有执行机构的运动以实现自动调焦等功能，因此运动控制技术在机器视觉中是十分重要的。

③ 自动调焦技术。调焦的目的是获取清晰的图像，提高图像的质量，这在机器视觉测量中是保证测量精度的重要方式，并且只有当获取的图像清晰度最佳时，才能将镜头和相机等图像采集部件的性能发挥到最大。

④ 边缘跟踪技术。由于相机的分辨率有限，有时相机视场无法容纳被测零件的全貌，而为了测量零件的几何尺寸，必须要获取零件的完整图像，因此通过边缘跟踪技术，每次拍摄局部零件图像，以一定的跟踪方式有序采集所有零件局部图像，是解决这一问题的关键。

⑤ 图像拼接技术。边缘跟踪拍摄得到的均是零件局部图像，图像拼接技术是将这些局部图像整合成完整零件图像的关键，通过图像拼接获得完整零件图像后，才能利用图像处理方式计算出零件的几何尺寸。

综上所述，基于机器视觉的测量方法，测量空间不受零件尺寸大小限制，能避免人为误差，具有测量精度高、测量速度快、测量范围大小可调，易于实现测量自动化等优点。研究基于机器视觉的测量技术具有重要的实际应用价值。

8.2 项目研究目标

图 8.1 为某种电器元器件，该工件通过冲床冲压成形。在冲压成形过程中，该工件会因磨具的松动、磨损、变形等原因造成其尺寸的变化。该工件最终会装配在如图 8.2 所示的腔体中，为了确保能顺利装入腔体，需对该工件的关键尺寸进行测量和控制。

下面以对该工件的顶部长度 L 和宽度 W 尺寸进行测量为例（图 8.3），进行工件尺寸机器视觉测量的说明。

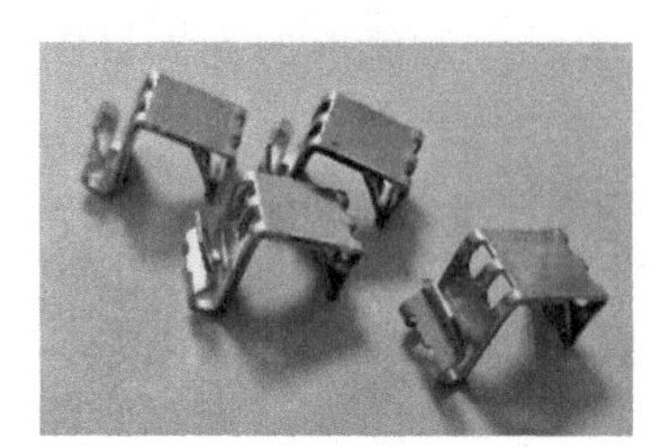

图 8.1 工件实物

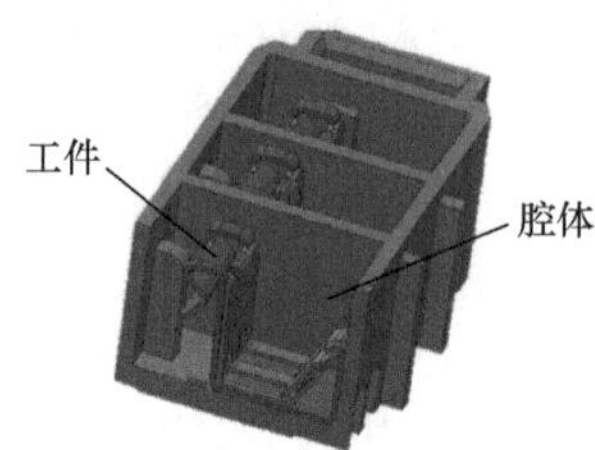

图 8.2 工件装配图

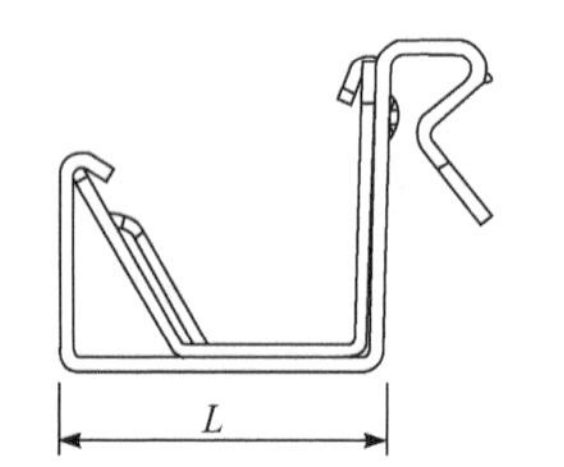

图 8.3 工件测量尺寸示意图

8.3 主要研究内容

本项目针对上述电器元器件进行机器视觉测量算法研究，主要研究内容是：通过图像采集系统采集工件图像，然后通过数字图像处理算法对该工件的顶部长度和宽度尺寸进行测量，根据测量结果剔除不满足尺寸精度要求的工件。

8.4 项目研究方法

8.4.1 照明技术研究

照明的目的是增强对比度。在一幅机器视觉的图像中，对比度代表着图像信号的质量，它反映了两个区域间的差别，如物体和背景的差别。对照明系统进行设计，可使那些感兴趣的并需要机器视觉分析的区域更加突出，以便获得高质量的图像。

① 对比度。对比度对机器视觉来说非常重要。机器视觉应用的照明，最重要的任务就是使需要被观察的特征与需要被忽略的图像特征之间产生最大的对比度，从而易于特征的区分。对比度定义为在特征与其周围的区域之间有足够的灰度量区别。好的照明应该能够保证需要检测的特征突出于其他背景。

② 亮度。当选择两种光源时，最佳选择是更亮的那个光源。当光源不够亮时，可能有三种不好的情况出现：第一，相机的信噪比不够，由于光源的亮度不够，图像的对比度必然不够，在图像上出现噪声的可能性也随即增大；第二，光源的亮度不够，必然要加大光圈，从而减小了景深；第三，当光源的亮度不够时，自然光等随机光对系统的影响会变大。

③ 鲁棒性。另一个测试好光源的方法是看光源是否对部件的位置敏感度最小。当光源放置在摄像头视野的不同区域或不同角度时，结果图像应该不会随之变化。方向性很强的光源，增大了对高亮区域的镜面反射发生的可能性，不利于后面的特征提取。在很多情况下，好的光源需要在实际工作中与其在实验室中有相同的效果。好的光源能够使需要寻找的特征非常明显，除了是摄像头能够拍摄到部件外，好的光源应该能够产生最大的对比度、亮度足够，且对部件的位置变化不敏感。

表 8.1 中列出了常用的机器视觉系统照明光源类型，在具体的应用中，可针对特定的案例进行打光实验以确认最佳打光方式。照明系统的检验标准为：工件中需要可视化的部分、划痕、缺陷等是否被显现出来，工件表面上的印纹是否能够辨认等。

表 8.1 常用机器视觉系统照明光源类型

序号	名称	实物	打光示意	说明
1	条形光源		CCD相机 镜头 物体	主要用于大尺寸面板缺陷检测、金属表面缺陷检测

续表

序号	名称	实物	打光示意	说明
2	背光源		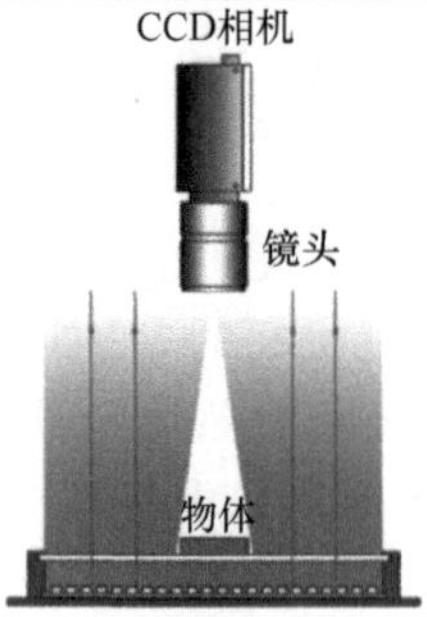	主要用于透视轮廓成像和大幅面均匀照明
3	环形光源	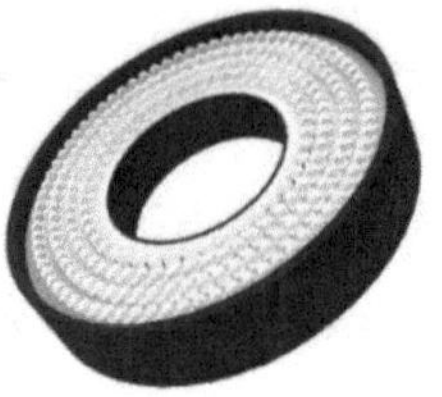	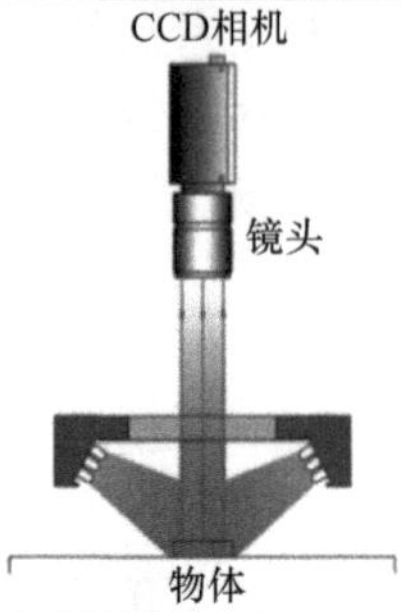	能突出物体的三维信息，有效解决对角照射阴影问题
4	同轴光源		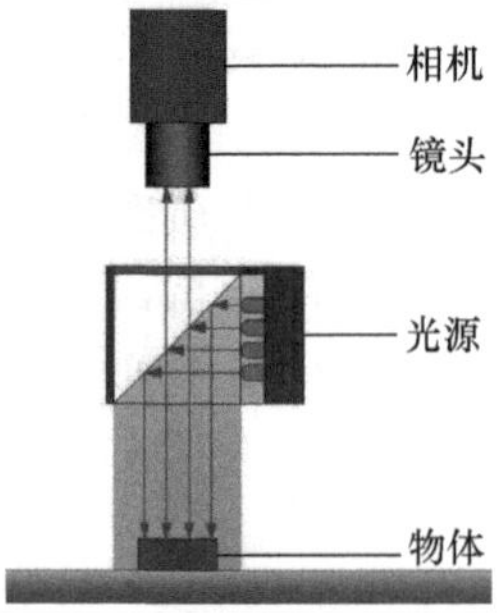	主要用于检测物体平整光滑表面的碰伤、划伤、裂纹和异物等
5	穹顶光源		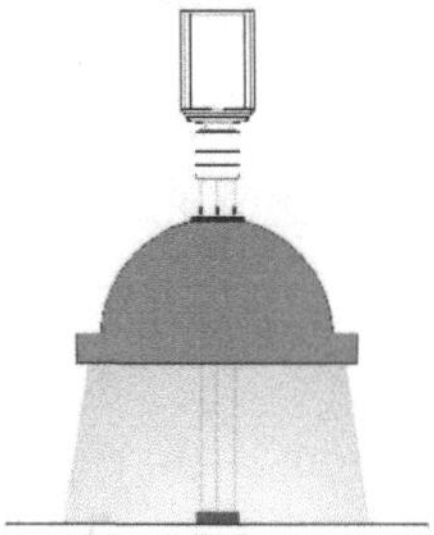	主要用于球形、曲面、金属或镜面等类型物体的表面检测
6	条形 组合光源		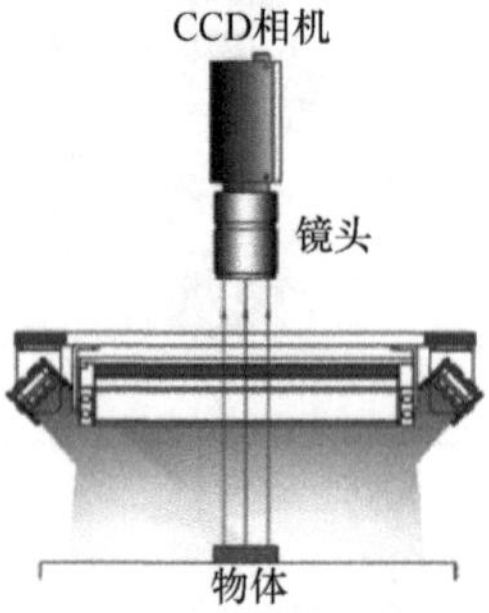	主要用于 PCB 基板检测、电子元件检测、各种大幅面产品缺陷检测

续表

序号	名称	实物	打光示意	说明
7	方形 无影光源			主要用于印刷品表面缺陷检测，针脚、引脚等平整度检测，金属表面划伤检测
8	开孔背光源			主要用于透视轮廓成像和大幅面均匀照明

在本项目中，采用常用的条形光源从侧面打光，将工件的待检测表面照亮，以进行该表面的尺寸测量，如图 8.4 所示。

图 8.4　工件打光效果

8.4.2　工业镜头

在精密光学测量系统中，由于普通镜头会存在一定的制约因素，如影像的变形、视角选择而造成的误差、不适当光源干扰下造成边界的不确定性等问题，进而影响测量的精度。远心镜头主要是为纠正传统工业镜头的视差而特殊设计的镜头，它可以在一定的物距范围内，使得到的图像放大倍率不会随物距的变化而变化。普通镜头和远心镜头的对比如表 8.2 和图 8.5 所示[19]。通常被测量的对象具有下述特征时，可考虑使用远心镜头：

① 当被检测物体厚度较大，需要检测不止一个平面时。

② 当需要检测的缺陷在同一方向平行照明下才能检测到时。

③ 当被测物体的摆放位置不确定，可能跟镜头成一定角度时。

④ 当被测物体在被检测过程中上下跳动导致与镜头间的距离发生变化时。

表 8.2 普通镜头与远心镜头对比

序号	名称	实物图	成像
1	普通镜头		物体 普通镜头 成像
2	远心镜头		物体 远心镜头 成像

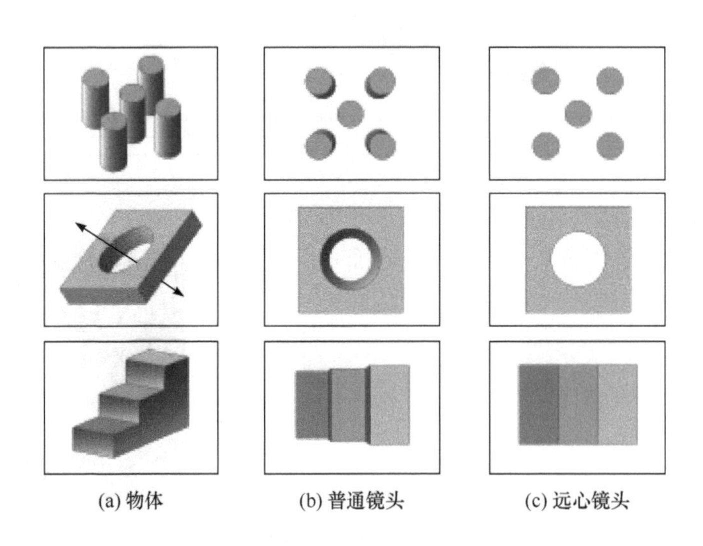

图 8.5 普通镜头和远心镜头成像对比

在本项目中，由于被测工件表面与镜头具有一定角度，故采用远心镜头。

8.4.3 系统硬件组成

本项目的硬件组成如图 8.6 所示，主要有工业相机、远心镜头、条形光源、被测工件、输送机构和剔除装置等。当工件被输送至特定位置时，工业相机获取信号进行图像采集，然后在计算机上运算测量程序，实现对工件尺寸的测量。对于尺寸在公差范围内的工件，将其转入下一道工序；对于尺寸超过公差范围的工件，剔除装置将其剔除至指定容器内。

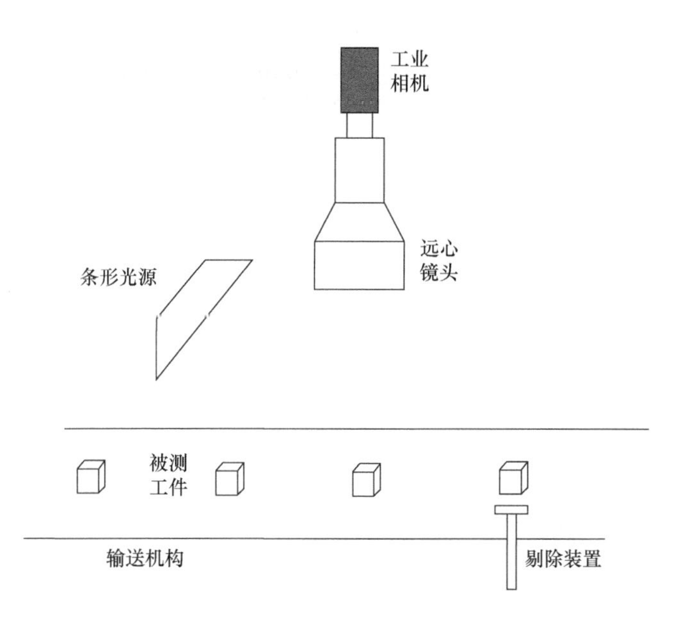

图 8.6 系统硬件组成

8.4.4 检测算法

检测算法的核心思路是对采集的图像进行边缘提取，对提取的边缘图像生成最小外接矩形，从而得出需要的检测尺寸。

（1）二值化

图像的二值化可以将一幅灰度图像转换成黑白的二值图像，以有效地区分出目标物体和背景，同时使工件物体的轮廓更明显，为后面边缘检测做铺垫。在常规的二值化中，用户指定一个起到分界线作用的灰度阈值，如果图像中某像素的灰度值小于该灰度阈值，则将该像素的灰度值设置为 0，否则设置为 255，这个起到分界线作用的灰度值称为阈值[20]。

灰度阈值变换的函数表达式如下：

$$f(x)=\begin{cases}0, & x<T\\ 255, & x\geqslant T\end{cases} \tag{8.1}$$

式中，T 为指定的阈值。图 8.7 给出了二值化的示意图。

在对图像进行二值化时，选定的分割阈值应使前景区域的平均灰度、背景区域的平均灰度与整幅图像的平均灰度之间差别最大，这种差异用区域的方差来表示。由此，Otsu 在 1978 年提出了最大类方差法（Otsu 算法）。该算法在判决分析最小二乘法原理的基础上推导得出，不需要人为设定其他参数，是一种自动选择阈值的方法，而且能得到较好的结果。在本实例中，背景为黑色，目标区域为白色，差异明显，故采用 Otsu 算法进行二值化，图 8.8 所示为工件二值化的结果。

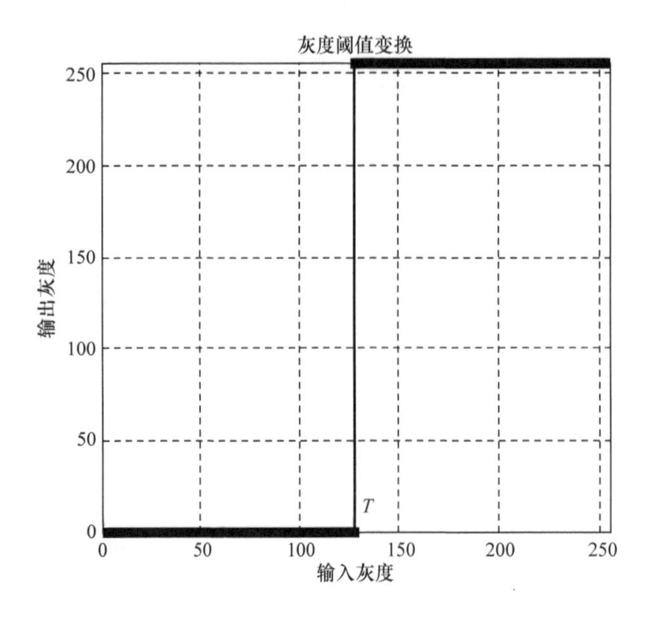

图 8.7 二值化示意图

（2）边缘检测

图 8.8 工件二值化结果

本项目采用的边缘检测方法是 Canny 算子[21]。Canny 边缘检测算子是一种多级检测算法，1986 年由 John F. Canny 提出，同时提出了边缘检测的三大准则：

① 低错误率的边缘检测：检测算法应该精确地找到图像中尽可能多的边缘，尽可能地减少漏检和误检。

② 最优定位：检测的边缘点应该精确地定位于边缘的中心。

③ 图像中的任意边缘应该只被标记一次，同时图像噪声不应产生伪边缘。

Canny 边缘检测算法的处理流程如下：

① 图像灰度化：只有灰度图才能进行边缘检测。

② 使用高斯滤波器，以平滑图像，滤除噪声。

③ 计算图像中每个像素点的梯度强度和方向。

④ 应用非极大值（Non-Maximum Suppression）抑制，以消除边缘检测带来的杂散响应。

⑤ 应用双阈值（Double-Threshold）检测来确定真实的和潜在的边缘。

⑥ 通过抑制孤立的弱边缘最终完成边缘检测。

检测算法的核心是像素点的梯度强度和方向的计算，图像的边缘可以指向不同方向，因此经典 Canny 算法用了 4 个梯度算子来分别计算水平、垂直和对角线方向的梯度。但是通常不用 4 个梯度算子来分别计算 4 个方向，而是用边缘差分算子（Robert 算子、Prewitt 算子、Sobel 算子也是如此）计算水平和垂直方向的差分 G_x 和 G_y。这样梯度模和方向计算如下：

$$G = \sqrt{G_x^2 + G_y^2} \tag{8.2}$$

$$\theta = \arctan(G_y / G_x) \tag{8.3}$$

梯度角度 θ 范围从弧度$-\pi$到π，然后把它近似到4个方向，分别代表水平、垂直和两个对角线方向（0°，45°，90°，135°）。可以以$\pm i\pi/8$（i=1, 3, 5, 7）分割，落在每个区域的梯度角给一个特定值，代表4个方向之一。

还有很重要的一步是双阈值检测边缘，在施加非极大值抑制后，剩余的像素可以更准确地表示图像中的实际边缘。然而，仍然存在由于噪声和颜色变化引起的一些边缘像素。这时我们需要设置两个阈值：minVal 和 maxVal。当图像的灰度梯度高于maxVal时被认为是真的边界；那些低于minVal的边界会被抛弃；如果介于两者之间，就要看这个点是否与某个被确定为真正的边界点相连，如果是就认为它也是边界点，如果不是就抛弃，如图8.9所示。

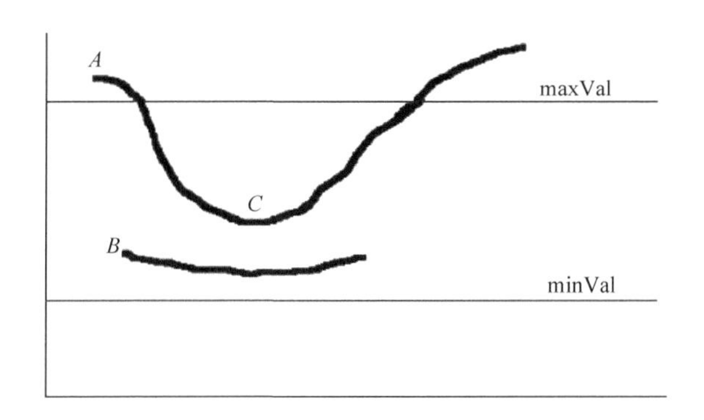

图 8.9 双阈值检测示意图

从图8.9中可以看出，A 高于阈值 maxVal，所以是真正的边界点；C 虽然低于maxVal，但高于minVal，并且与 A 相连，所以也被认为是真正的边界点；而 B 就会被抛弃，因为它不仅低于maxVal，而且不与真正的边界点相连。所以选择合适的maxVal和minVal对于能否得到好的结果非常重要。在这一步，一些小的噪声点也会被除去，因为我们假设边界都是一些长的线段。图8.10所示为工件进行Canny边缘检测后的效果。

由于前景图像中不仅包含了被测目标的轮廓，而且还有其他部分的干扰轮廓，对每个轮廓均求得其面积（通常在图像处理软件库中有对应函数直接获取轮廓的面积），然后筛选出其中最大的图像面积即目标轮廓。本例中所得目标轮廓如图8.11所示。

（3）最小外接矩形

外接矩形是指将目标对象完全包裹的相切矩形，最小外接矩形是所有外接矩形中面积最小的一个[22]。由于本项目的被测对象整体轮廓表现为矩形，故如若对该工件生成其最小外接矩形，那么这个最小外接矩形的边就一定能完全贴合工件的轮廓，即此时最小外接矩形的尺寸就是对应贴合边的轮廓尺寸。

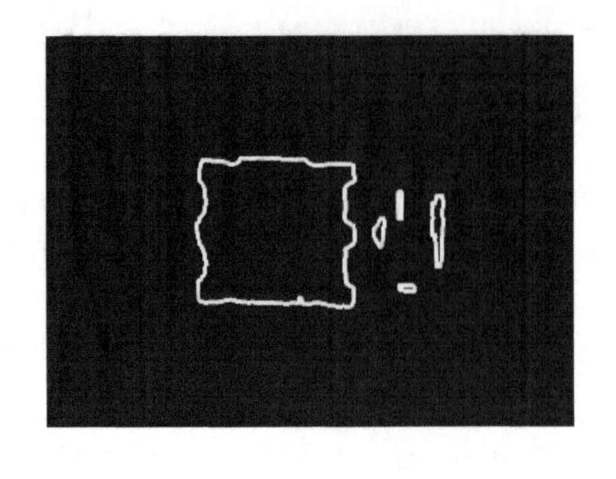

图 8.10 工件进行 Canny 边缘检测后的效果

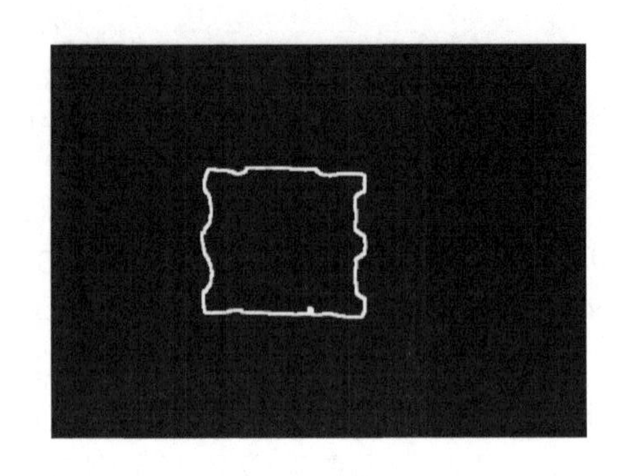

图 8.11 目标轮廓

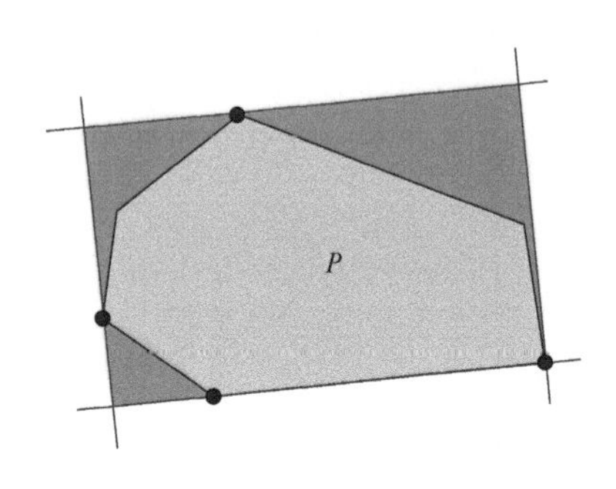

图 8.12 与目标物体边重合的外接矩形

对于一个多边形 P，其最小外接矩形必定存在一条边与原多边形的边共线，故在寻找一个多边形的最小外接矩形时，仅需计算出多边形对应每条边的最小外接矩形，再从中选出最小即可。但是这种构造矩形的方法需要计算多边形每条边端点，是一个花费 $O(n)$ 时间（因为有 n 条边）的计算，整个算法将会达到二次时间复杂度，如图 8.12 所示。

一个更高效的算法是利用旋转卡壳，可以在常数时间内实时更新，而不是重新计算端点。实际上，考虑一个凸多边形，拥有两对与 x 和 y 方向上 4 个端点相切的切线。四条线已经确定了一个多边形的外接矩形。但是除非多边形有一条水平或是垂直的边，这个矩形的面积就不能算入最小面积中。算法的核心是旋转直线，直到满足条件，具体过程如下：

① 计算全部 4 个多边形的端点，记为 x_{minp}，x_{maxp}，y_{minp}，y_{maxp}。

② 通过 4 个点构造 P 的 4 条切线，它们确定了两个“卡壳”集合。

③ 如果一条（或两条）线与一条边重合，那么计算由 4 条线决定的矩形的面积，并且保存为当前最小值，否则将当前最小值定义为无穷大。

④ 顺时针旋转线直到其中一条线和多边形的一条边重合。

⑤ 计算新矩形的面积，并且与当前最小值比较。如果小于当前最小值则更新，并保存确定最小值的矩形信息。

⑥ 重复步骤④和步骤⑤，直到线旋转过的角度大于 90°。

⑦ 输出外接矩形的最小面积。

因为两对平行线的“卡壳”确定了一个外接矩形，这个算法考虑到了所有可能算出最小面积的矩形。进一步，除了初始值外，算法的主循环只需要执行顶点总数多次，因此，该算法的时间复杂度是线性的。

8.5 实验结果分析

在生成了工件的最小外接矩形后，便可得知该矩形的长边长度 l 像素和短边长度 w 像素。若每个像素代表的长度尺寸为 r，则可根据

$$L = l \times r, \quad W = w \times r \tag{8.4}$$

得到工件的实际尺寸。在本实例中，该工件的顶部尺寸如图 8.13 所示，长度 $L = 8.28\text{mm}$，宽度 $W = 7.27\text{mm}$。

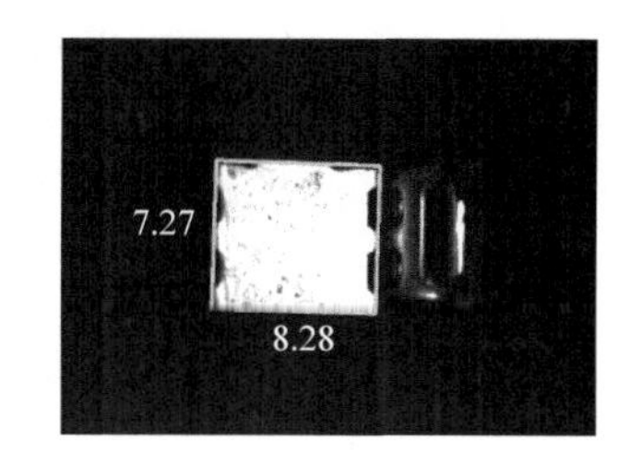

图 8.13　工件尺寸测量结果

本章小结

本章对当前机器视觉的工件测量技术进行了综述，并着重介绍了边缘检测技术的研究现状，最后对机器视觉测量技术进行了实际项目工程应用。本章中的项目基于前人对机器视觉的研究成果，通过数字图像处理技术对某电子元器件进行尺寸测量，以实现对产品的尺寸质量把控，促进生产力发展。具体开展的工作有：

① 搭建图像采集系统，系统硬件包括工业相机、远心镜头、光源、输送机构、剔除装置等，并通过图像采集系统对工件进行图像采集。

② 在数字图像处理技术测量工件尺寸方面，通过 Otsu 二值化、边缘检测、最小外接矩形的技术对工件进行处理，最后实现了对该工件顶部长宽尺寸的机器视觉测量。

参考文献

[1] 吴继方. 浅谈机器视觉技术在自动化制造业中的应用[J]. 山东工业技术, 2016(11): 235-235.

[2] 张广军. 机器视觉[M]. 北京: 科学出版社, 2005.

[3] Böhm J, Jech M, Vellekoop M. Analysis of NM-scale scratches on high-gloss tribological surfaces by using an angle-resolved light scattering method[J]. Tribology Letters, 2010, 37(2): 209-214.

[4] Mohamed A, Esa A H, Ayub M A. Roundness measurement of cylindrical part by machine vision[C]//2011 International Conference on Electrical, Control and Computer Engineering, IEEE, Virtual Conference, 2011: 486-490.

[5] Kawasue K, Komatsu T. Shape measurement of a sewer pipe using a mobile robot with computer vision[J]. International Journal of Advanced Robotic Systems, 2013, 10(1): 52-58.

[6] 徐兴波. 基于机器视觉的轴类零件尺寸测量系统的研制[D]. 武汉: 华中科技大学, 2015.

[7] Leo G D, Liguori C, Pietrosanto A, et al. A vision system for the online quality monitoring of industrial manufacturing[J]. Optics and Lasers in Engineering, 2017, 89: 162-168.

[8] Fernández R L, Azzopardi G, Alegre E, et al. Machine-vision-based identification of broken inserts in edge profile milling heads[J]. Robotics and Computer-Integrated Manufacturing, 2017, 44: 276-283.
[9] Kavitha C, Ashok S D. A new approach to spindle radial error evaluation using a machine vision system[J]. Metrology and Measurement Systems, 2017, 24(1): 201-219.
[10] Masoumeh A, Golzarian M R, Rohani A, et al. Development of a machine vision dual-axis solar tracking system[J]. Solar Energy, 2018, 169: 136-143.
[11] 曹鹏勇, 王建文, 程敏杰. 基于机器视觉的齿廓偏差测量方法[J]. 科学技术与工程, 2021, 21(7): 2677-2681.
[12] 孔盛杰, 黄翔, 周蒯, 等. 基于机器视觉的齿形结构齿顶圆检测方法[J]. 仪器仪表学报, 2021, 42(4): 247-255.
[13] 刘斌, 董正天, 胡春海, 等. 基于机器视觉的丝网印刷样板尺寸测量方法[J]. 计量学报, 2021, 42(2): 150-156.
[14] 刘源, 夏春蕾. 一种基于 Sobel 算子的带钢表面缺陷图像边缘检测算法[J]. 电子测量技术, 2021, 44(3): 138-143.
[15] 陈思吉, 王晓红, 李运川. 改进 Laplace 的无人机图像边缘检测算法研究[J]. 测绘工程, 2021, 30(2): 36-44.
[16] 段锁林, 殷聪聪, 李大伟. 改进的自适应 Canny 边缘检测算法[J]. 计算机工程与设计, 2018, 39(6): 1645-1652.
[17] Ghosal S, Mehrotra R. Orthogonal moment operators for subpixel edge detection[J]. Pattern Recognition, 1993, 26(2):295-306.
[18] 金华强. 基于机器视觉的零件几何尺寸测量自动调焦与跟踪拼接技术研究[D]. 重庆: 重庆大学, 2019.
[19] 鞠波. 基于远心镜头的高精度视觉测量仪[J]. 兵工自动化, 2014, 33(8): 82-86.
[20] 张铮. 数字图像处理与机器视觉——Visual C++与 MATLAB 实现[M]. 2 版. 北京: 人民邮电出版社, 2014.
[21] 冈萨雷斯. 数字图像处理[M]. 3 版. 北京: 电子工业出版社, 2011.
[22] 贾永红. 数字图像处理[M]. 3 版. 武汉: 武汉大学出版社, 2015.

应用实例篇：交通

第9章

铁路货车超限监测

9.1 研究背景意义

众所周知，人们从外界环境获取的信息中约80%来自眼睛视觉通道，其他信息来自触觉、听觉、嗅觉等感觉器官。当人的眼睛从周围环境获取大量信息并传入大脑后，由大脑根据知识或经验，对信息进行加工、推理等处理，最后识别、理解周围环境及其对象物，如运动物体，物体间的相对位置、形状、大小、颜色、纹理、运动还是静止等，然后对外界环境刺激做出反应。机器视觉就是用计算机模拟人眼的视觉功能，从图像或图像序列中提取信息[1]，对客观世界的三维（3D）景物和特定物体进行形态识别和运动识别。机器视觉研究的目的之一就是要寻找人类视觉规律，从而开发出从图像输入到自然景物分析的图像理解系统。

机器视觉是人工智能领域最热门的研究课题之一，它和专家系统、自然语言理解已成为人工智能领域较活跃的三大研究方向。尽管它还是一门年轻的学科，还没有形成完整的理论体系，在很多方面它解决问题的实质还是一种技巧，但它是实现工业生产高度自动化、机器人作业智能化、自主车导航、目标跟踪以及各种工业检测、医疗和军事应用的核心内容之一，也是实现智能机器人的关键因素之一[2]。

对于机器视觉系统来说，输入是表示3D景物的灰度阵列，这些阵列可提供从不同方向、不同视角、不同时刻得到的信息。而希望得到的输出，是对图像所代表景物的符号描述，通常这些描述是关于物体的类别和物体间的关系，但也可能包括如表面空间结构、表面物理特性（形状、纹理、颜色、材料）、阴影及光源的位置等信息[3]。目前，许多机器视觉专家都是在马尔（Marr）创立的视觉理论框架下求索。马尔教授认为，视觉可分为三个阶段：第一阶段是早期视觉（EarlyVision），其目的是抽取观察者周围景物表面的物理特性，如距离、表面方向、材料特性（反射、颜色、纹理）等，具体来说包括边缘检测、双目立体匹配、由阴影确定形状、由纹理确定形状、光流计算等；第二阶段是二维半简图（2.5D Sketeh）或本征图像（intrinsieImage），它是在以观察者为中心的坐标系中描述表面的各种特性，根据这些描述可以重建物体边界、按表面和体积分割景物，但在以观察者为中心的坐标系中只能得到可见表面的描述，得不到遮挡表面的描述，故称二维半简图；第三阶段是三维模型，视觉信息处理的最后一个层次，是用二维半简图中得到的表面信息建立适用于视觉识别的 3D 形状描述，这个描述应该与观察者的视角无关，也就是在以物体为中心的坐标系中，以各种符号关系和几何结构描述物体的 3D 结构和空间关系。

机器视觉是一个较新且发展十分迅速的研究领域，并成为计算机科学的重要研究领域之一。机器视觉是在 20 世纪 50 年代从统计模式识别开始的，当时的工作主要集中在 2D 图像分析和识别上。20 世纪 60 年代，Roberts 通过计算机程序从数字图像中提取诸如立方体、楔形体、棱柱体等多面体的 3D 结构，并对物体的形状及物体的空间关系进行描述。Roberts 的研究开创了以理解 3D 场景为目的的 3D 机器视觉研究。20 世纪 70 年代中期，麻省理工学院（MIT）人工智能（AI 实验室）正式开设“机器视觉”课程，MIT AI 实验室吸引了国际上许多知名学者参与机器视觉的理论、算法、系统设计的研究。机器视觉的全球性研究热潮是从 20 世纪 80 年代开始的，到了 80 年代中期，机器视觉获得了蓬勃发展，新概念、新理论、新方法不断涌现，如基于感知特征群的物体识别理论框架、主动理论视觉框架、视觉集成理论框架等[4-7]。

铁路是国民经济的大动脉，其运输的安全不仅直接影响铁路系统的效益，同时还将影响社会生产和社会的安定。因此，保证承运货物的安全快速到达，不但能提高铁路货运的竞争优势，同时还能保障社会的安定和社会生产的顺畅进行。但是在实际运营中，由于制定装载方案欠妥，货物在装车时的疏忽，调车时的冲撞，运行中的制动、振动等因素，货物装载状态会发生如重心偏移、重心偏高、折叠部件突出等变化。一旦这种变化超出铁路货运限界，就会引发电气化铁路火灾或附属桥隧、信号设施毁坏等重大事故，从而影响承运货物的安全快速到达。因此，铁道部在《铁路超限货物运输规程》和《铁路技术管理规程》中对货物装载限界及超限货物的运输进行了严格的规定。在铁路货物的装载、编组运输过程中，及时检测出装载着超限货物的车辆，对于保证行车安全意义重大。目前，在铁路货物的装载、编组运输过程中，对于车辆是否超限的检测主要是通过人工测量来完成的。货检人员只能在车辆停稳后用标杆或滑动尺测量装载宽度和高度，甚至有的凭经验目测，因此准确性差、效率低、劳动强度大、漏检率高。

9.2 项目研究目标

近年来，随着信息技术和测控技术的发展，计算机图像处理技术在很多行业得到了应用。采集图像对货车装载情况进行动态测量和监视具有信息量大、可对现场的图像信息进行综合分析、消除多种干扰的优势。另外，还可长期保存图像视频信息，随时回放，对事故处理、分析可提供充分的依据。基于有色结构光和图像处理结合的超限监测技术方案，其技术设想是利用阵列点光源照射货车，利用三角布置摄像主轴的CCD 摄像头获得照射到货车轮廓表面上的光斑阵列数字图像，提取光斑阵列形心坐标，按照机器视觉原理，重构光点对应货车外轮廓的真实 3D 坐标，并期待进一步重构货车轮廓曲面，实现货车超限监测。采用这种技术，无需安装黑白背景板，直接根据数字图像处理的相关原理，消去所拍摄的货车运行中图像的背景区域，保留光斑目标物，进而做出是否超限的判断。

9.3 主要研究内容

机器视觉作为一门学科，与许多以图像作为主要研究对象的学科有着非常密切的联系和不同程度的交叉。它涉及人工智能、神经生物学、心理生物学、人工神经网络、计算机图形学、图像处理、图像分析、图像理解等多个领域，是一门多学科交叉的边缘科学，与图像处理、图像分析、图像理解等的联系尤为密切[8]。由于机器视觉涉及的领域繁多，其理论和技术上也较为复杂，每个阶段都可自成为一个独立的研究领域。

本项目的研究内容重点放在马尔视觉研究的前两个阶段，结合图像处理与图像分析技术对输入图像有目的地进行处理与分析，得到物体表面的有关信息。首先，利用数字图像处理技术对图像进行分割，提取出日标物并对日标物进行边缘检测。其次，利用结构光测距技术识别计算光斑点的形心坐标并将其变换为世界系统坐标，即以物体为中心的坐标系。最后，将结构光测距技术与图像处理技术初步应用在铁路货车超限监测系统中，重构光斑点在世界坐标系中的3D 坐标，实现货车下部及凹进部位的超限判断[9-11]。

9.4 项目研究方法

9.4.1 边缘检测

边缘是指图像局部亮度变化最显著的部分。边缘主要存在于目标与目标、目标与背景、区域与区域（包括不同色彩）之间，是图像分割、纹理特征提取和形状特征提取等图像分析的重要基础。两个具有不同灰度值的相邻区域之间总存在边缘，边缘是灰度值不连续的结果，这种不连续性通常可以利用求导数的方法方便地检测到。一般常用一阶导数或二阶导数来检测边缘。

Robert 算子是一种利用局部差分算子寻找边缘的算子，对具有陡峭的低噪声的图像效果较好。

Sobel算子的两个卷积计算核如图 9.1 所示，图像中的每个点都用这两个核作卷积，第一个核对垂直边缘影响最大，第二个核对水平边缘影响最大。两个卷积的最大值作为该点的输出值，运算结果是一幅边缘幅度图像。Sobel 算子对灰度渐变和噪声较多的图像处理效果较好，是边缘检测器中最常用的算子之一。

Prewitt 算子的两个卷积计算核如图 9.2 所示。与使用 Sobel 算子的方法一样，图像中的每个点都用这两个核作卷积，取最大值作为输出，Prewitt 算子也产生一幅边缘幅度图像，也是对灰度渐变和噪声较多的图像处理效果较好。

Laplace 算子的卷积计算核如图 9.3 所示，它是一个二阶算子，将在边缘处产生一个陡峭的零交叉。Laplace 算子是一个线性移不变算子，它的传递函数在频域空间的原点是零，因此经 Laplace 滤波过的图像具有零平均灰度。LOG（Laplacian of Gaussian）算子先用高斯低通滤波器将图像进行预先平滑，然后用 Laplace 算子找出图像中的陡峭边缘，最后用零灰度值进行二值化，产生闭合的、连通的轮廓，消除了所有内部点。

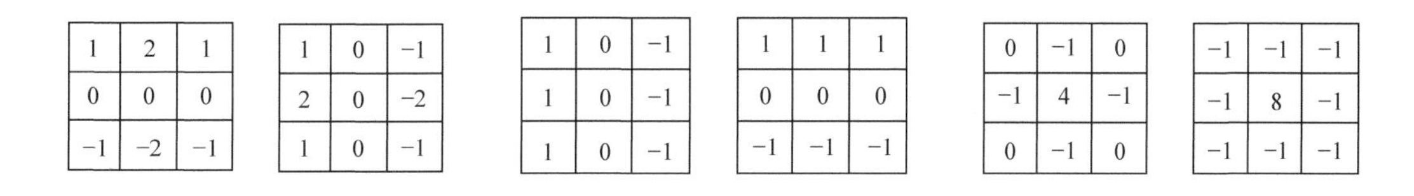

图 9.1 Sobel 算子卷积计算核　**图 9.2** Prewitt 算子卷积计算核　**图 9.3** Laplace 算子卷积计算核

Canny 算子检测边缘的方法是寻找图像梯度的局部最大值，梯度是用高斯滤波器的导数计算的。Canny 方法使用两个阈值来分别检测强边缘和弱边缘，而且仅当弱边缘与强边缘相连时，弱边缘才会被包含在输出中。因此，此方法不易受噪声的干扰，能够检测到真正的弱边缘。

9.4.2 阈值分割

灰度阈值处理是一种区域分割技术，它对物体与背景有较强对比的分割特别有用。当使用阈值进行图像分割时，所有灰度值大于某阈值的像素都被判属于物体；所有灰度值小于或等于该阈值的像素被排除在物体之外，即

$$g(x, y) = \begin{cases} 0, & f(x,y) > T \\ 1, & f(x,y) \leqslant T \end{cases} \tag{9.1}$$

然而，并非所有图像的对象和背景都有截然不同的灰度值，因此灰度阈值选择是否合适将严重影响区域分割的质量。阈值取得太低时，将把许多背景点误分类成对象；反之，当阈值取得太高时，将有许多对象点被错误分类成背景。因此，选择合适的灰度阈值是至关重要的。

采用阈值确定边界的最简单做法是在整个图像中将灰度阈值的值设为常数。如果背景的灰度值在整个图像中可合理地看作恒定，而且所有物体与背景都具有几乎相同的对比度，那么，只要选择了正确的阈值，使用一个固定的全局阈值，一般会有较好的分割效果。

在许多情况下，背景的灰度值并不是常数，物体和背景的对比度在图像中也有变化。这时，一个在图像中某一区域效果良好的阈值，在其他区域却可能效果很差。在

这种情况下，把灰度阈值取成一个随图像中位置缓慢变化的函数值是适合的。下面介绍两种常用的阈值分割方法。

① 自适应法，如果场景中的照明不均匀，那么上述方法就不能使用。在这种情况下，一个阈值无法满足整幅图像的分割要求。处理不均匀照明或不均匀分布背景的直接方法是：首先把图像分成一个个小区域，即子图像；然后分析每一个子图像，并求出子图像的阈值，图像分割的最后结果是所有子图像分割区域的逻辑并。

② 双阈值法，在许多应用中属于物体的某些灰度值是已知的，然而可能还有一些灰度值或者属于物体或者属于背景。在这种情况下，可以使用一个较保守的阈值来分离物体图像，称之为物体图像核；然后使用有关算法来增强物体图像[12]。

9.5 实验结果分析

系统实现如图 9.4 所示，一部分是室外的系统龙门架，另一部分是室内的电视幕墙及计算机控制台。

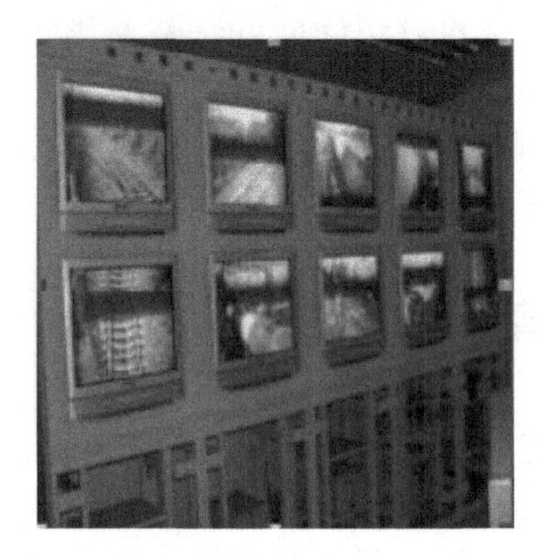

图 9.4 龙门架和电视幕墙

系统试运行的额定车速为 65km/h（18mm/ms），光幕扫描一次所用时间为 $0.055\times 64+1=4.52$（ms），在实验中，串口每 5.7ms 触发一次，通知读取串口数据。

如果车缝长 800mm，车速为 65km/h，如端部超出车缝 20%，超出部分应该被测出，即 160mm。经过 160mm 需用时 160/18 = 8.9ms。无论是光幕扫描的时间 4.52ms，还是读串口数据的时间 5.7ms，都达到小于 8.9ms 的要求。如果用 96 条光束的光幕，采用隔行扫描，扫描时间为 3.64ms，读串口数据的时间应小于 5.7ms，也都满足时间小于 8.9ms 的要求。

把数据从串口读出来，并放在链表中，这些操作总耗时小于 0.5ms。由于串口每 5.7ms 触发一次，到下一次触发时，对上一次的数据完全可以处理完毕，不至于丢失数据。

系统测宽功能待机状态如图 9.5 所示。系统启动后进入监视状态，测高、计数器、端超、数据处理、录像机各子系统网络连接。

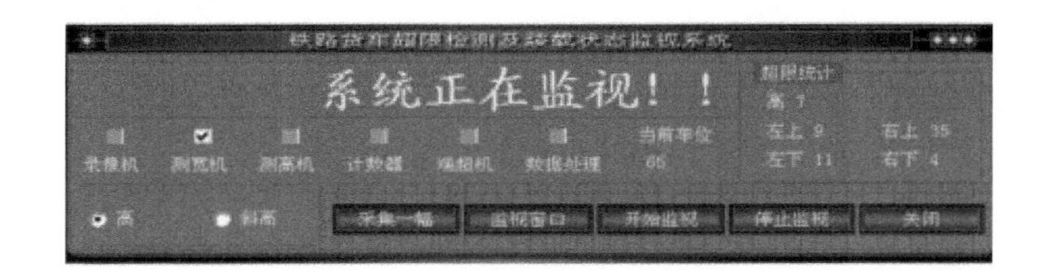

图 9.5 测宽功能待机界面

系统测高功能待机状态如图 9.6 所示。系统启动后连接测宽系统，并进入监视状态显示。

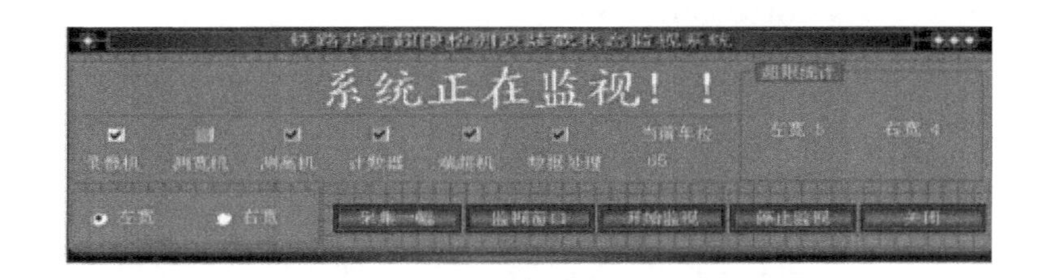

图 9.6 测高功能待机界面

列车测量结果显示界面如图 9.7 所示，由 4 个部分组成。

① 条件过滤区：可以根据时间、线路、场次、检测结果、班次等条件进行选择显示。

② 列表区：根据条件过滤区的内容呈列出所有通过列车信息，其中包括检测时间、车次、车速、车数、发到站等信息。

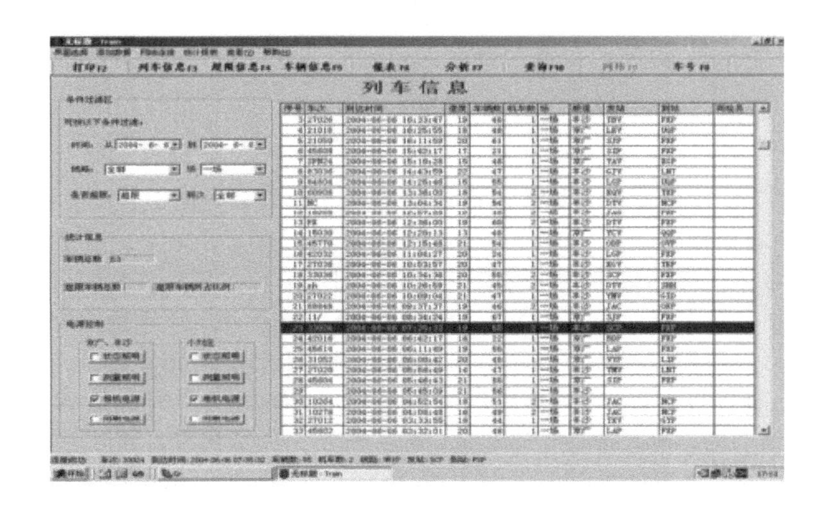

图 9.7 列车测量结果显示界面

③ 统计区：根据一定时间内列车检测的结果，统计出超限列车的数量及所占比例。

④ 电源控制区：操作人员对现场设备供电的远程控制。

测量结果显示如图 9.8 所示，由 4 个部分组成。

① 录像回放区：根据超限物所在车位，从左、中、右三个角度循环回放录像，也可单路定位查看。

② 图片显示区：根据超限列表中选择的超限记录，显示超限图片的奇、偶场，并在货车装载限界图中明显标记超限位置。

③ 信息区：根据超限列表中选择的超限记录所在的车位，查询显示出此节车的配属信息，如车种、车号等。

④ 超限列表区：显示超限检测系统的检测结果，即超限信息。

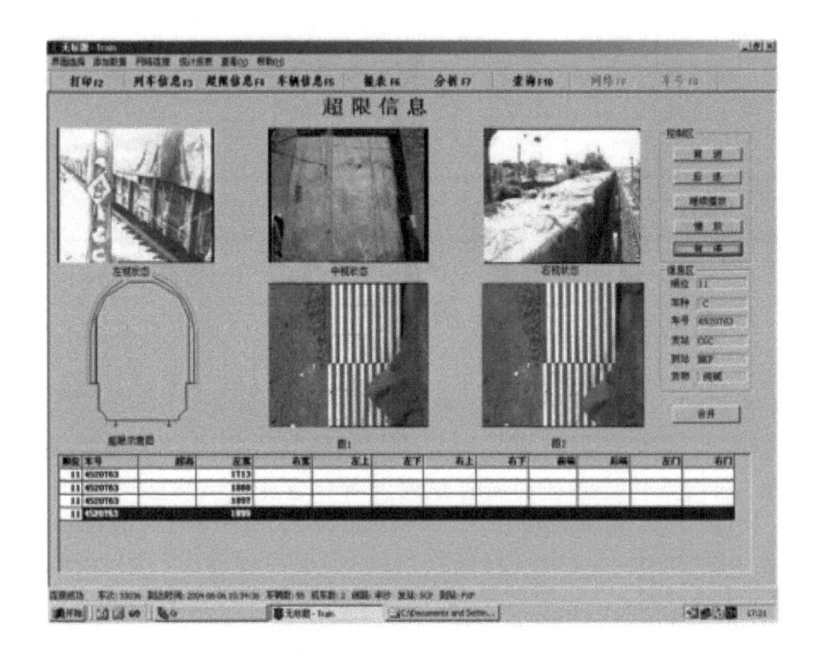

图 9.8　测量结果显示界面

在此界面下，超限信息具体体现在超限图片。超限部分的图片显示情况如图 9.9 所示，由 3 个部分组成。

① 图片区：根据超限信息列表中所选超限图片，放大显示并标明限界及超限物。

② 信息区：计算显示超限类型、级别、数值，并查询出该车辆的配属信息。

③ 控制区：浏览该列车所有超限图片并对图片进行复测核实。

超限部分的车辆重点信息显示情况如图 9.10 所示，由 3 个部分组成。

① 录像回放区：回放整列车的录像，并实时切换回放角度，同时能放大回放，也可在电视中回放。

② 过滤区、统计区：对一列车中的所有车辆进行筛选、超限统计。

③ 信息反馈区：根据现场作业情况，登记作业内容，校对检测结果。

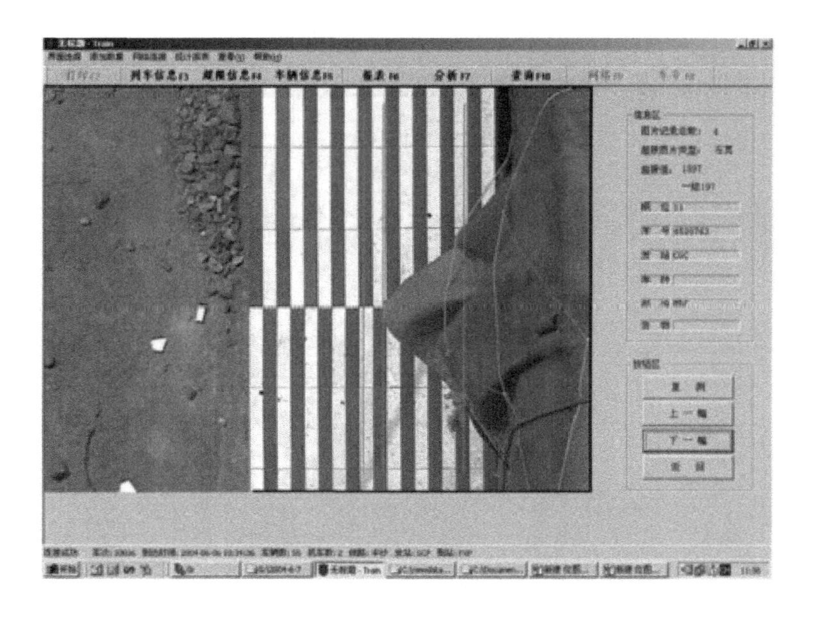

图 9.9　超限部分图片显示界面

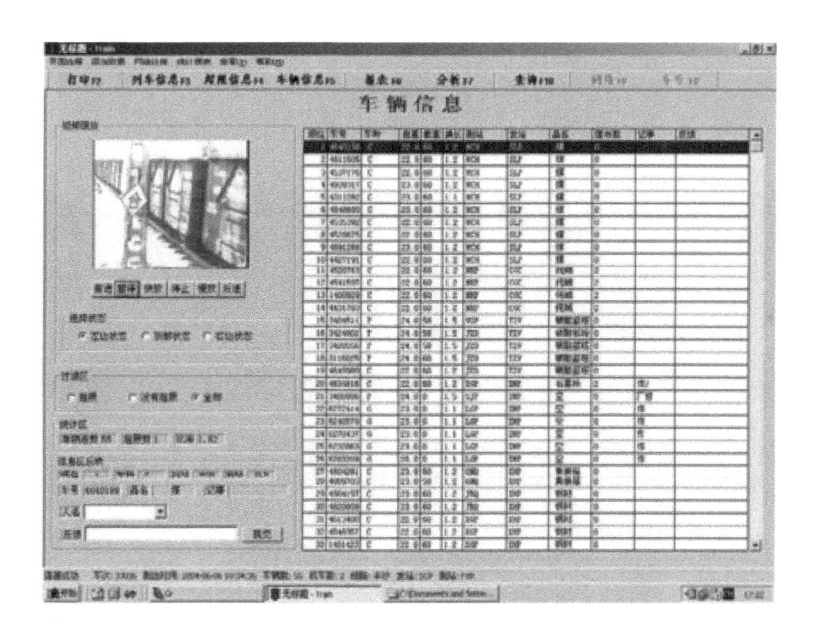

图 9.10　超限部分的车辆信息显示界面

图 9.11 所示为查询信息界面，由 3 个部分组成。

① 条件过滤区：选择查询对象（车辆）、超限类型、超限级别，查询检测结果。

② 统计区：根据查询结果统计各种超限所占比例。

③ 列表区：根据查询条件，列表显示列车记录、统计信息。

本系统实现的主要统计类功能包括：所有检测列车统计、车辆装载货物品名统计、车辆发站统计、车辆到站统计、车辆配属部分内容统计等。

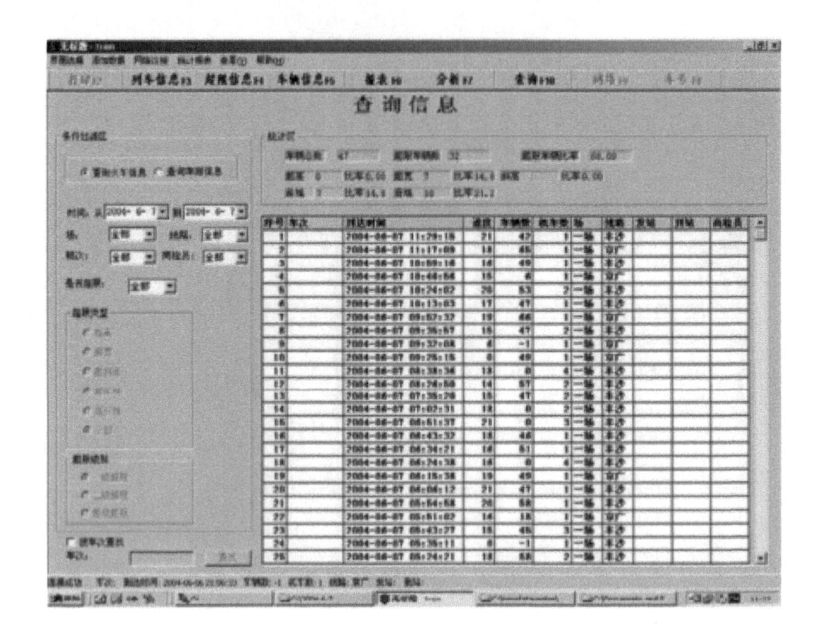

图 9.11　查询信息界面

图 9.12 展示了实际车辆抓拍的顶部视频截图。

图 9.12　端部超限检测系统输出结果所对应的实际照片

实验结果表明，本检测系统可以基本还原利用光幕检测出来的端部结果，较为清晰地描绘了车厢间隙中的超限状态，定量实现了端部超限的测量。

本章小结

本章采用 C++作为开发工具，针对 CCD 图像检测技术，利用软件实现了对铁路货车超高、超宽的检测和判断。经过实际应用，系统能够适应雨、雪、雾、露等多种自然条件下的超限检测，具备良好的稳定性和鲁棒性，取得了较好的应用效果，主要包括：

第一，通过定量的超限检测和多方位的状态监视，有效提高了货检作业的工作质量，主要体现在：精度方面，改变了货检作业人员过去单纯依靠目测的方式，减少了检查死角和疏漏，提高了对超限判断的准确性；作业效率方面，以前一辆列车的检查时间平均需要 50min，现在系统作业在 20～30min 可以完成，缩短了作业时间，提高了作业人员的工作效率。

第二，逐步改变了货检作业的作业模式，同时为运输安全分析提供了丰富的现场信息。采用本系统后，货检作业由以前的单纯人工作业检查改为人机配合的方式，目前货物列车采取机器预检、人工有重点地复检的方式，增加了安全检查的可靠性。另外，系统的检测结果可以保存，可以实现信息共享，为运输安全分析工作提供及时的信息。

第三，在经济上，通过使用本系统，明显缩短了作业的周期，加快了车辆的周转，势必会对车站运输的效益产生显著的促进和提高作用。

随着国民经济和科学技术的发展，铁路运输业现代化的步伐也日益加快。目前，货检工作大多仍采用传统的手工作业模式，存在着效率低、易出差错等缺点。本章介绍的系统可快速、精确、动态地检测货车装载状态，它的推广实施可大大提高货检作业的工作效率。

参考文献

[1] 贾云得. 机器视觉[M]. 北京: 科学出版社,2000.
[2] 章毓晋. 图像工程: 图像处理和分析[M]. 北京: 清华大学出版社, 1999.
[3] Van Herk M. Portal imaging and image analysis[J]. IEEE Nuclear Science Symposium and Medical Imaging Conference, 2000(3): 9-24.
[4] Bebis G. Review of computer vision education[J]. IEEE Transactions on Education, 2003, 2: 2-21.
[5] 王耀南, 李树涛, 毛建旭. 计算机图像处理与识别技术[M]. 北京: 电子工业出版社, 2002.
[6] RalPh S, Frederie M, Patriek G. Simulation of specular surface imaging based on computer graphies: APPlieation on a vision inspection system[J]. Eurasip Journal on Applied Signal Processing, 2002, 7: 649-658.
[7] 李奇, 冯华君, 徐之海, 等. 计算机立体视觉技术综述[J]. 光学技术, 1995, 9(5): 71-73.
[8] 王新成. 高级图像处理技术[M]. 北京: 中国科学技术出版社, 2000.
[9] 蔡涛, 王润生. 组合利用灰度和几何特性的图像分割算法[J]. 计算机工程与应用, 2001, 5: 62-64.

[10] Minoru K, Hiroyuki T. Infrared image target deteetion process using continuous features[C]//Proceedings of SPIE-The International Society for Optical Engineering, 2000, 4050: 465-475.
[11] 朱为朋. 基于数字图像处理的货车超限检测算法研究[D]. 成都: 西南交通大学, 2002.
[12] Burrow M P N, Evdorides H T, Snaith, M S. Segmentation algorithms for road marking digital image analysis[C]//Proeeedings of the Institution of Civil Engineers: TransPort, 2003, 156: 17-28.

第10章

高速列车弓网异常状态检测

10.1 研究背景意义

近些年来，中国的现代城市轨道和公共交通系统建设已经取得一些飞跃性的成果。据中国城市轨道交通协会最新统计，截至2019年年底，中国大陆地区共有40个城市开通城市轨道交通，运营路线总长度为6736.2km。2020年，在新型冠状病毒肺炎疫情的影响下，中国城市轨道交通却迎来了有史以来最大的丰收年。根据交通运输部对外发布的2020年城市轨道交通运营数据，截至2020年12月31日，全国共有44个城市开通运营城市轨道交通线路233条，运营总里程为7545.5km。伴随着中国城市轨道交通线网建设的步伐，对轨道交通系统的运维和安全提出了更高的要求和标准。

常见的轨道交通有传统铁路、地铁、轻轨和有轨电车。在电气化轨道交通中，牵引供电系统至关重要，它负责为电力机车提供运行时所需要的电能，是列车和供电网之间的媒介[1]。牵引供电系统主要由牵引变电所和接触网系统两部分组成，其中接触网系统又由固定在路基上的接触网和安装在列车顶部的受电弓两部分组成，接触网[图10.1（a）]和受电弓[图10.1（b）]每时每刻都处于能量的交互并且频繁接触摩擦中而产生损耗，故接触网系统的安全稳定事关高速动车组的正常运行，也关乎人民群众的生命财产安全。

电力机车利用受电弓从接触网导线上获得电能牵引列车前行，列车在行驶过程中，其车顶的受电弓会自动升降，使得受电弓顶部的滑板和接触网中的接触线能保持良好接触，并且为了提高滑板的使用寿命，防止接触线在滑板的某一处持续摩擦，人们将接触线以“之”字形的方式架设，从而让

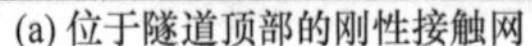
(a) 位于隧道顶部的刚性接触网

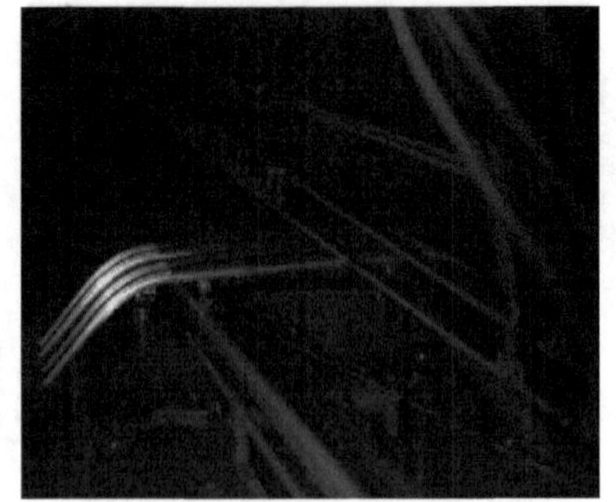
(b) 位于车顶的受电弓

图 10.1　受电弓/接触网系统结构

接触线在滑板的有效范围内来回滑动[2]。接触线的高度也要与受电弓所能达到的最大高度匹配，接触线过高，在运行过程中可能导致弓网分离，从而中断受流降低电流品质；过低则会加剧滑板的磨损，降低其使用寿命，进而增加运营成本。因此，动态实时监测接触网的运行状态就变得十分重要，合适的导线高度、弓网是否良好接触等对高速铁路的安全运行具有重大意义，是进一步提高速度和提升效率的关键。

长久以来，对于轨道交通安全状态的检测主要以人工巡检的方式为主，该方式虽简单易行，但劳动强度大，效率低下，对巡检人员的专业素质要求较高，检测结果往往受主观的影响较大，不仅一些检测需在运营空窗期内完成，甚至还可能危害到巡检工人的人身安全，难以满足日益增长的运营需求[3]。随着计算机视觉技术的快速发展，弓网非接触式图像检测技术逐渐被运用到实际检测中，它是利用相机设备对弓网系统进行远距离图像采集，再通过计算机视觉相关技术对弓网状态进行分析，以对其状态进行检测。

弓网系统作为我国高速铁路的重要技术子系统之一，随着高速铁路列车运行的安全运行管理需求和行驶速度的不断提升，对高速弓网的安全检测操作技术和设备要求也越来越高，检测技术手段和操作方式也逐步朝着快速化、自动化、智能化和综合化4 个方向快速发展。目前，弓网检测采用的主要技术手段有：人工检测、接触式弓网检测、非接触式测距技术弓网检测、非接触式图像处理技术弓网检测[4]。

人工检测是指在列车空窗期间，由工作人员用手持的专业检测仪器设备进行弓网系统的检测。虽然这种检测方法至今仍在沿用，但是它始终耗时费力，效率不高，存在着安全隐患，而且其检测结果的准确性受工作人员主观影响的可能性较大，与现今我国城市轨道交通日益迅猛发展的规模相矛盾。因此，随着铁道信息化的快速发展，信息化技术与传统人力检测相结合，实现了弓网系统更高效、更快速的智能化检测。

接触式弓网检测主要通过在机车上安装各种传感器，通过传感器采集的数据实现对受电弓升降弓压力、滑板条磨损、受电弓中心位置、护板偏移量等状态的检测[5]。吴积钦[6]在受电弓滑板上安装多个接近传感器，当接触线与接近传感器的距离小到一定程度时，接近传感器就会动作输出一个有效电平信号，由此测出接触线的拉出值。针对不同的需求，国外也研究了多种弓网检测方法。例如，纽卡斯尔大学铁路研究中心——NewRail、专业设计和分析公司——Northern Power Transmission Research Laboratories

以及领先的铁路服务提供商——Serco Assurance-Railtest 共同开创了一套独特的新型系统[7]，该系统允许在地面上测量架空线路和受电弓之间的冲击正常服务列车。Boffi 等[8]为了实现高速铁路受电弓的电磁抗扰性、非导电性和小型化，提出了一种用于受电弓静态和动态应变检测的光纤传感器。与人工检测相比，接触式检测方法极大地提高了检测精度和检测效率。但这种方法也存在缺点，由于利用综合检测车进行检测，会干扰正常的列车运行。而且检测的项目比较单一，针对不同的参数项目必须安装不同的设备。除此之外，部分检测设备要对车顶的受电弓进行改造，这样会影响受电弓的动力学性能，最终可能影响检测结果[8]。

非接触式测距技术弓网检测系统是伴随着声波和激光等测距传感器技术的发展而产生的一种弓网检测方式[9]。这种方式较为高效，并且不会影响到其他列车的运行。

20 世纪 90 年代起，随着计算机技术的快速发展以及数字图像处理技术的逐渐成熟，基于非接触式图像检测技术的图像处理技术弓网检测系统逐渐受到研究人员的关注[10]。基于非接触式的图像检测系统可以利用单一摄像设备采集的图像信息同时对多种弓网参数以及设备进行检测，设备位置、尺寸灵活，并且节省投资成本，实现了对弓网参数的智能化检测。针对传统检测手段的缺点和不足，设计基于图像处理和计算机视觉技术等信息技术的车载影像监控和监测系统用于对接触网的几何参数进行实时、有效的检测就显得尤为重要[11]。具体的检测流程如图 10.2 所示。相关工作人员和科研人员根据多种不同的测量方法和原理，进行了大量的研究，设计了多种方案，建立了不同的数学模型。

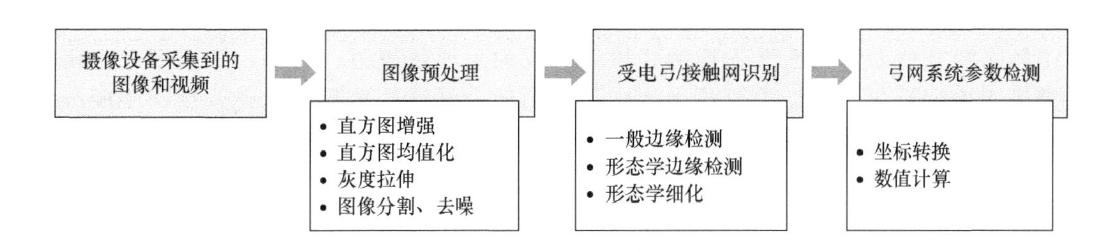

图 10.2　非接触式图像检测的主要过程

弓网系统的动态参数检测不仅有杰出的科研成果，一些公司也将学术研究成果运用到实际的工业产品中，以满足铁路行业日益增长的检测需求。我国的轨道综合检测车研制起步较早，早在 20 世纪 60 年代，铁道科学研究院就开始了接触网检测技术的研究工作[12]。随着我国改革开放的不断深入，国内众多科研院所和高等院校也开始进行接触网检测技术的研究。从 20 世纪 90 年代开始，西南交通大学成为综合检测车领域的领头羊，在其电气学院的带领和相关铁路局的支持合作下，于 1998 年研制了我国第一台成系列的 JJC 型系列接触网检修作业车[13]，包括 JJC-1 型、JJC-2 型、JJC-3 型和 JJC-4 型。2018 年 4 月，中国首次使用 JJC 型接触网检修车，运用在中铁武汉供应段，检测车如图 10.3 所示。该车配备了 51 处视频语音监控系统，作业平台长达 175m，相较于传统检修车，检修效率和精度都获得了提高。华中科技大学张天序团队和成都国铁电气设备有限公司合作，运用红外成像探测提出了接触线检测识别的新方法[14]，如接触线和碳滑板的特征增强方法、接触线单帧检测和多帧跟踪方法等，并进行了相关实验和测试，验证了该方法的有效性。

图 10.3　JJC 型接触网检修车

目前，接触网检测系统以意大利和德国研制的装置最具代表性。从系统结构上来说，属于非接触式检测方式的是奥地利和意大利研制的接触网检测设备，主要用于检测接触网的几何参数；而属于接触式检测方式的主要是德国、日本、法国和瑞士研制的接触网检测设备，它们主要是为测试弓网的动力学性能参数而设计。德国 BB 公司最早开始对非接触式图像检测设备和技术的研制，其主要特点是采用了先进的图像处理和伺服跟踪技术，通过在机车车顶安装 4 个线阵摄像机，利用摄像机伺服位置移动追踪接触线，使得这些接触线能够在摄像机中进行图像成像，最后采用图像处理技术基本完成了非接触式检测[15]。

近些年来，由于深度学习拥有强大的特征表达能力，使得其在图像识别、数据挖掘、目标识别等多个领域都获得了广泛应用，基于深度学习的实时检测方法也逐渐应用到铁路检测中。Ilhan 等[16]提出了一种基于核函数的目标跟踪方法来识别弓网系统之间的相互作用。该方法由两个关键部分组成：第一部分是基于核函数的接触线跟踪，对受电弓与接触网的接触点进行跟踪，得到的接触点位置作为信号保存；第二部分是利用高斯混合模型（Gaussian Mixture Model，GMM）找到每一帧的前景，采用跟踪和前景检测相结合的方法检测受电弓产生的弧。

10.2　项目研究目标

基于图像的非接触式受电弓异常检测方法不仅是对传统异常检测方法的优化拓

展，也为弓网系统的安全性、稳定性监测提供了新的研究方法和思路。随着半监督和无监督的计算机自主学习方法和深度学习方法的研究不断深入，基于深度学习的检测方法逐渐应用于弓网接触点检测。基于深度学习的弓网接触点检测方法虽然较传统检测方法提高了检测精度，但是由于其网络的复杂性，通常需要大量的数据训练和对网络的准确性测试，如此巨大的计算量会对检测速度造成影响。基于此，本项目研究多阶段检测方法：第一阶段为检测弓网包含接触点的接触区域，区域检测网络基于YOLO v4网络；第二阶段则在目标区域中进行关键点检测，关键点检测网络基于堆叠沙漏网络；第三阶段，利用多元线性回归的数学模型定位出弓网接触点坐标，并从接触区域坐标位置映射至原图图像坐标位置。

10.3 主要研究内容

本项目利用数字图像处理技术、聚类算法、YOLO网络以及关键点检测网络等技术，实现弓网接触点的自适应检测。为了检测刚性受电弓与接触网的接触点，采用基于深度学习的非接触式图像检测方法，主要运用目标检测、目标跟踪、关键点检测等技术，实现对接触点检测的高效性和准确性。为了确定接触网与受电弓的接触区域，使用基于YOLO v4的目标检测网络对接触区域进行精准定位并将接触区域图像切割出来，YOLO v4网络进行目标检测较其他目标检测算法速度快，并且在检测时很好地利用了图像整体的信息，减少背景的干扰。在列车行驶至锚段关节时，可以较为准确地检测出多个接触区域。为了确定接触网与受电弓之间的接触点位置，根据受电弓与接触网的形状特征，使用基于堆叠沙漏网络模型的关键点检测网络对受电弓与接触网在图像上相交的4个关键点进行定位，最后利用多元线性回归的数学模型定位出弓网接触点坐标，并从接触区域坐标位置映射至原图图像坐标位置。

10.4 项目研究方法

目前，在目标检测领域，一般需要完成两个任务，即确定目标位置与目标种类。主流的基于深度卷积神经网络的算法可大致分为两类：一类以Fast R-CNN为典型代表，这类网络将这两个任务逐个进行，首先进行预选框构建与选取，然后进行目标的分类以及位置回归，这类方法的检测精度较高但是计算量较大，导致实时性效果较差；另一类以YOLO为典型代表，一步到位直接预测出物体的位置与类别，不用再进行预测框的构建与选取，相较于前者，这类方法的检测目标位置能力较弱，但是优点是省却了预测框步骤，计算量较小，检测速度较快。考虑到轨道交通车辆运行过程中受电弓移动较快，对监测的实时性要求较高，因此本项目选择YOLO v4网络进行刚性弓网接触区域的初检测。

10.4.1 YOLO 网络模型

YOLO 网络是一种基于深度卷积神经网络的目标检测网络，相较于传统的卷积神经网络，它创新性地提出了可以采用回归的方式直接获得位置信息与分类信息，未使用预选框生成环节，极大地降低了计算量，从而提升了网络的训练与检测速度[17]。YOLO 网络模型结构如图 10.4 所示。

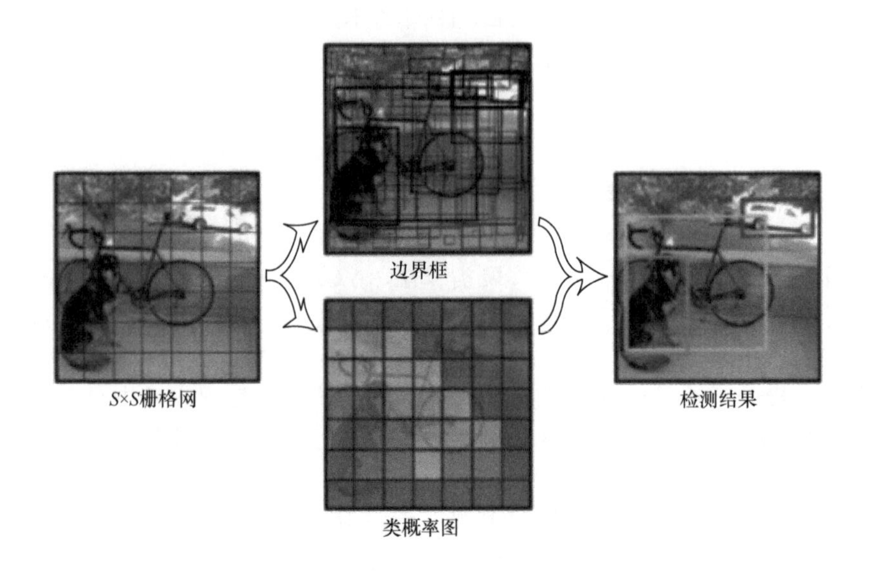

图 10.4 YOLO 网络模型

步骤一：将输入图像分成 $S \times S$ 个栅格网，每个栅格负责检测落入其中的物体。也就是说，如果某个目标的中心位置的坐标点落在某个栅格内，那么这个栅格就负责检测这个目标物体。

步骤二：每个栅格网络需要输出 B 个边界框（包含该物体的预测矩形区域信息）以及 C 个物体属于某种类别的概率信息。边界框输出的信息包含 5 个数值，分别是边界框中心点坐标（x，y）及其宽高（w，h），还有置信度（confidence）。置信度信息代表了当前边界框含有目标的置信度和其预测的准确度，其具体公式为

$$置信度 = P_{\mathrm{r}}(\mathrm{Object})\mathrm{IoU}_{\mathrm{pred}}^{\mathrm{truch}} \tag{10.1}$$

如果有目标落在边界框中的一个栅格内，则式（10.1）中的第一项取 1，反之就取 0。式（10.1）中的第二项是边界框与实际真实框（包含该物体的真实区域信息）之间计算后获得的 IoU 值。

步骤三：最终全连接层输出的维度为 $S \times S \times (5B+C)$。在 YOLO v1 网络中采用了 $S=7$，$B=2$。由于使用了 PASCAL VOC 数据集（含有 20 个标记类），因此设置 $C=20$。最后预测的全连接层输出向量为 $7 \times 7 \times 30$，其中每个特征向量各维度对应的数据结构如

图 10.5 所示。

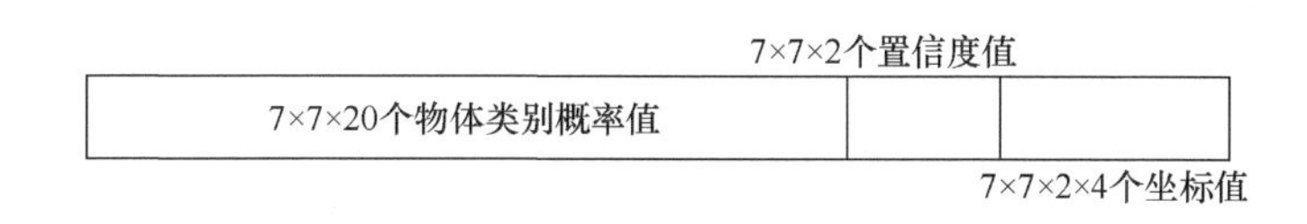

图 10.5 YOLO v1 的输出数据结构

YOLO v1 目标检测网络结构如图 10.6 所示，网络包含了 24 个卷积层和 2 个全连接层。

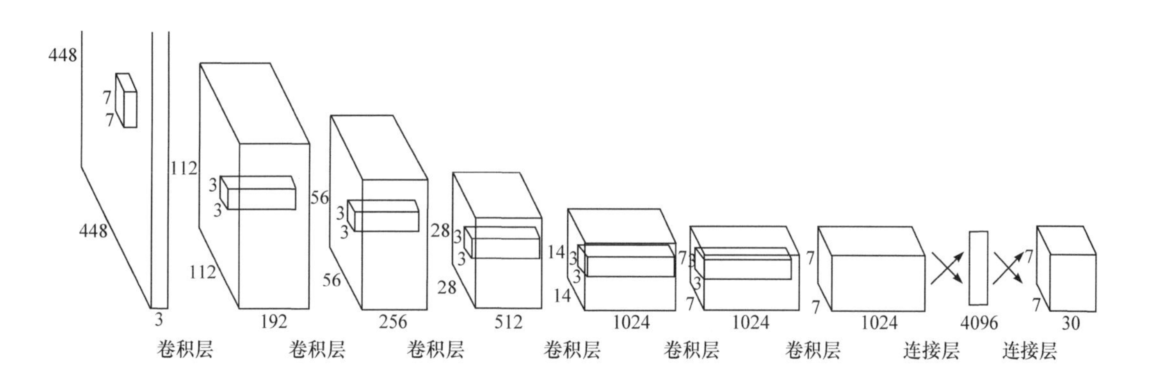

图 10.6 YOLO v1 目标检测网络

从整体的网络结构来说，YOLO v1 网络借鉴了 GoogLeNet 结构，但是并未采用初始模块，而是在 3×3 卷积层前加入了 1×1 卷积层，这样可以对图像信息进行降维，将多个通道的信息进行融合，并且减少了参数量，提高了运算速度。但是由于 YOLO v1 网络只有两个预测框，所以在检测小物体或者不规则物体时其检测效果并不理想。

10.4.2 YOLO v4 目标检测模型

YOLO v4 网络提出于 2020 年，它在 YOLO v3 网络的基础上结合了很多技术，尽管没有网络结构上革命性的改进，但是更好地平衡了目标检测的速度和精度，取得了较优的效果。考虑到计算能力，图像输入大小设定为 416×416，YOLO v4 网络结构如图 10.7 所示。

在主干特征提取网络（Backbone）的选取上，YOLO v4 选取了 CSPDarkNet53（Convolutional Space Propagation Dark Network）。YOLO v3 采用的 DarkNet53 是由 5 个主体残差结构（Resblock_body）构成的，其中主体残差结构本质上是一系列残差网

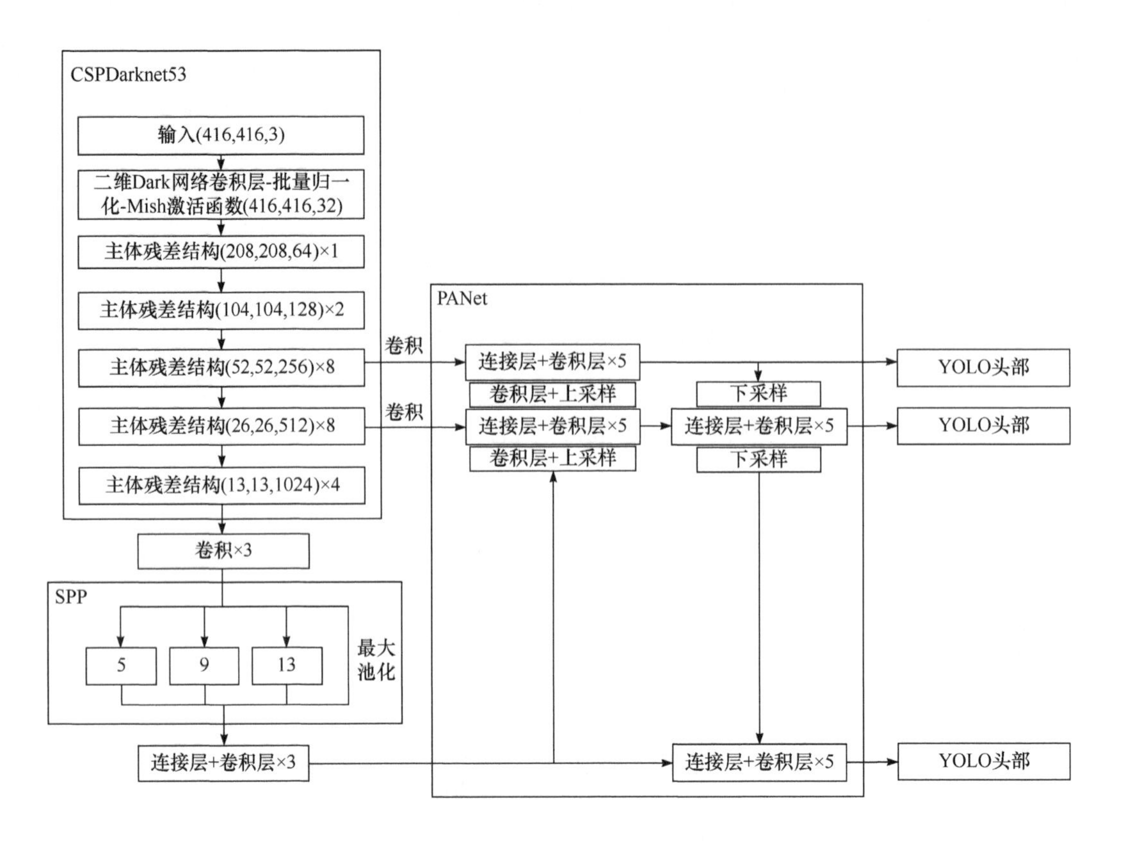

图 10.7 YOLO v4 目标检测网络

SPP—spatial pyramid pooling（空间金字塔池化）

络构建成的大卷积块。DarkNet53 网络结构通过不断地下采样（将图像高和宽压缩为原来的 1/2，通道数变为原来的 2 倍）来获得图像更高语义的信息。YOLO v4 对这部分进行了以下改进：

① 将激活函数由原来的 ReLU（Rectified Linear Unit）改为了 Mish。Diganta Misra 在 2019 年提出了一种新的激活函数 Mish（图 10.8），该函数在准确度上比 ReLU 提高了 1.671%，比 Swish 提高了 0.494%[18]。该函数的公式为

$$\text{Mish} = x\tanh[\ln(1+e^{x})] \tag{10.2}$$

通过图 10.8 可以看出，Mish 激活函数在 x 的正半轴呈直线上升趋势，理论上来说可以达到任意高度，避免由于封顶而导致的过饱和现象，使得神经网络学习更好的信息，从而提高结果的泛用性和准确性。

② 优化主体残差结构，引入了 CSPNet（Cross Stage Partial Network）结构，形成了 CSPDarkNet53 结构。两者的网络结构简化示意图如图 10.9 所示。

CSPDarkNet53 结构就是将原来的残差块分解为两部分，其主要部分继续进行残差块的堆叠，但是另一部分则将基础层的特征经过一些卷积后连接到网络的输出，形成一个较大残差边。这样的好处就是能够有效减少不同层学习重复的梯度信息，提升网络的学习能力。

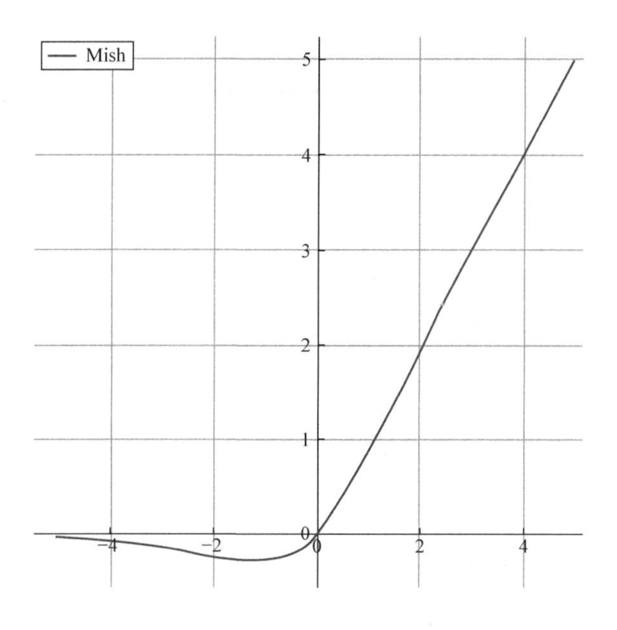

图 10.8　Mish 激活函数

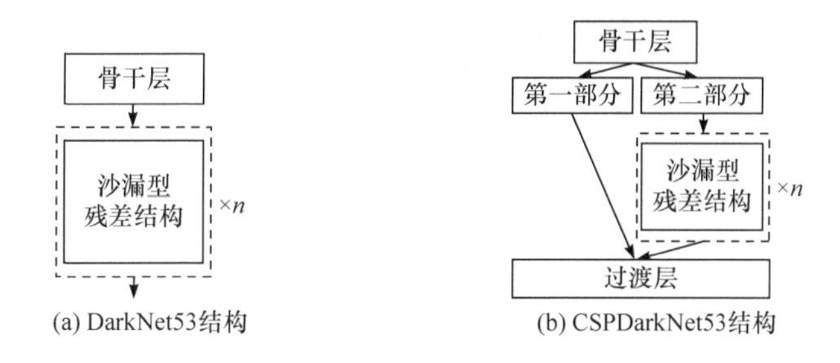

图 10.9　网络结构简化示意图

10.4.3　YOLO v4 网络的弓网接触区域检测

YOLO v4 网络结构分为两个部分。第一部分是初始化工作，如图 10.10 所示，包括导入图像数据和类别数据、Mosaic 数据增强、图像数据尺寸缩放、加载预训练模型为初始网络的训练参数赋值、通过聚类算法获得先验框数据。

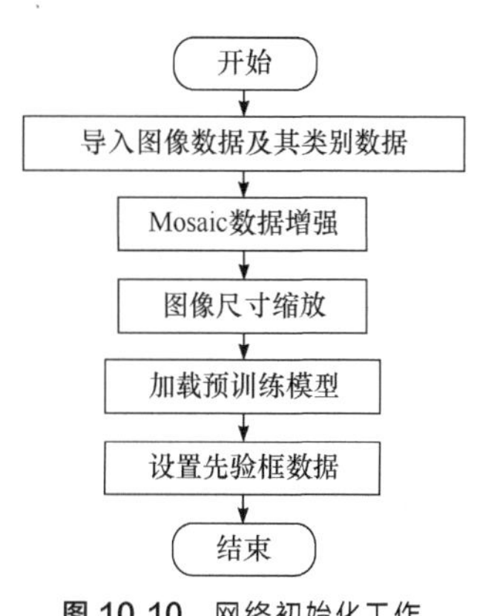

图 10.10　网络初始化工作

① 导入数据。将需要训练的图像放入项目中 TrainImg 文件夹下的 JPEGImages 中，训练标签放入 TrainImg 文件夹下的 Annotation 中，并生成其对应的 train.txt 文件，保存图像路径以及其真实框的位置，并在 classes.txt 文件中写入需要检测的类别。

② 数据处理。将图像数据按比例进行缩放处理，大小设定成 YOLO v4 网络所接受的图像尺寸 416×416×3，未占满区域用灰色块进行填充。Mosaic 数据增强主要是用于丰富被检测物体的背景，在网络进行图像处理时可以同时计算 4 个图像的信息，这样可以提高网络训练的速度。Mosaic 数据增强方式如图 10.11 所示。

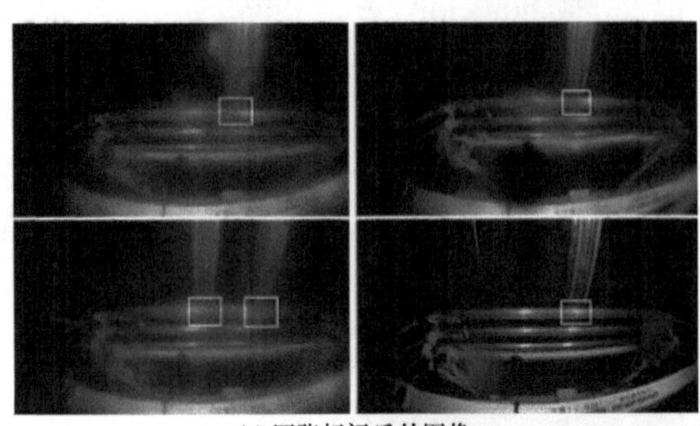

(a) 四张标记后的图像

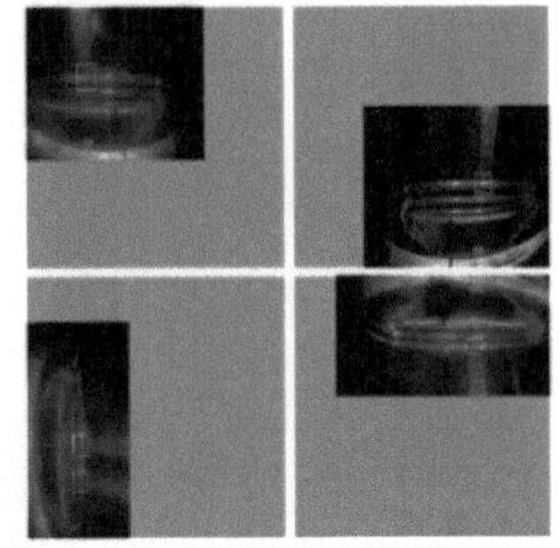

(b) 经过处理后的图像

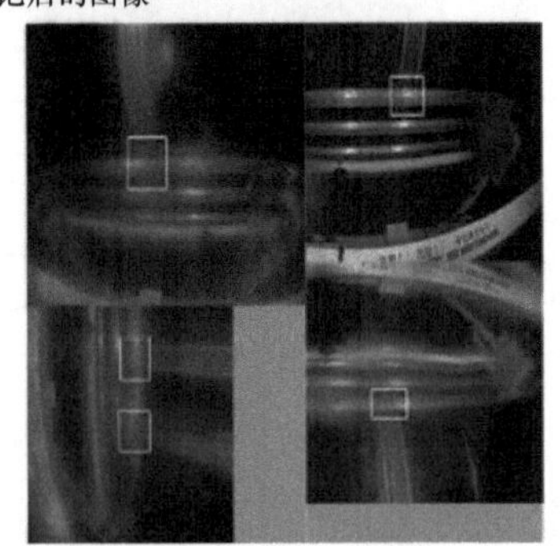

(c) 数据增强后的图像

图 10.11 Mosaic 数据增强示意图

③ 训练参数赋值。通过加载预训练模型对网络进行初始化，可以加快网络模型训练速度，并减少因未初始化或初始化不当所造成的梯度消失或者梯度爆炸问题。本项目选用了原 YOLO v4 网络训练 VOC 数据集所生成的权重：yolo4_voc_weights.pth。

④ 先验框数据。先验框数据由聚类算法生成。传统的聚类算法主要的度量方式是计算向量的欧氏距离、余弦距离等，而在目标检测中，计算框之间的 IoU（Intersection over Union，交并比）值作为距离度量。如图 10.12 所示，有 3 个不同长和宽的矩形，通过对齐框的左上角后进行 IoU 计算。IoU 的计算公式将在后续介绍网络损失函数中进行介绍。

K-Means 聚类算法获取先验框的计算步骤如图 10.13 所示。首先，加载训练数据集，读取所有 xml 文件中标记的目标区域的长和宽，获得 r 个真实矩形框 boxes；然后，初始化聚类中心，从 r 个 boxes 中随机选取 k 个矩形框作为聚类中心，计算每个聚类中心与 boxes 中每个矩形框的 IoU 数值，并保存当前每个聚类中，与聚类中心的 IoU 数值最小的矩形框索引；接着，更新聚类中心，其数值为每个聚类中矩形框长、宽的均值；再次计算 IoU 数值，直至当前矩形框索引与上一次保持一致，则聚类结束，否则重新计算 IoU 数值。

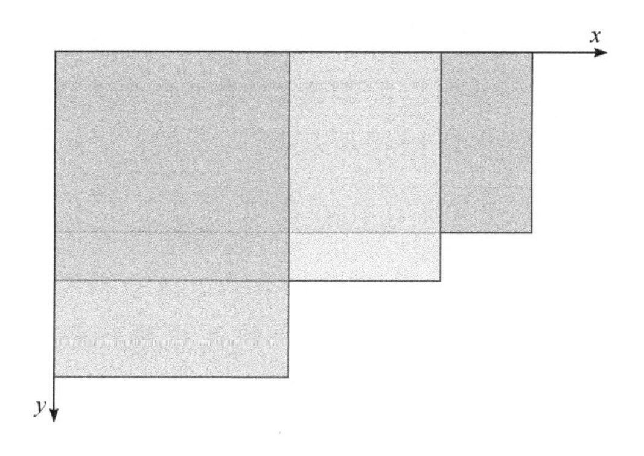

图 10.12 聚类算法距离度量计算示意图

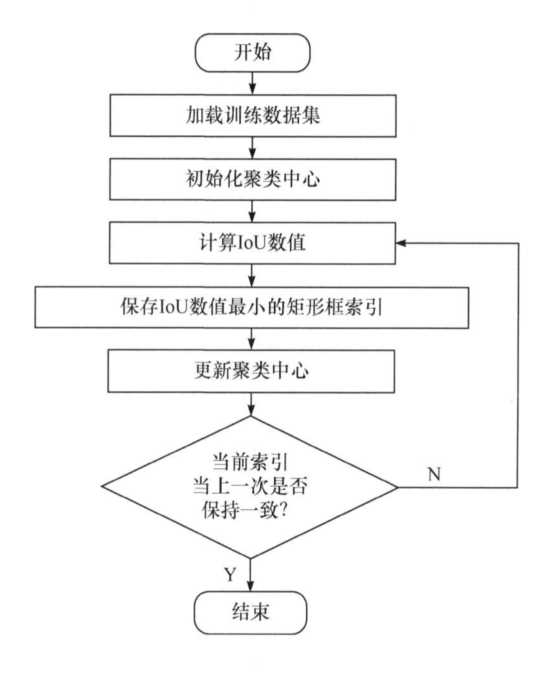

图 10.13 K-Means 聚类算法获取先验框具体步骤

根据数据集所有弓网接触区域标注框的尺寸，按照从小到大的顺序，生成 3 种尺寸，每种尺寸 3 个，总共 9 个先验框。具体生成的先验框数据如表 10.1 所示。

表 10.1 利用聚类算法获得的先验框数据

尺寸类别	先验框数据
小型尺寸	（26，43），（28，56），（29，33）
中型尺寸	（34，63），（35，46），（36，73）
大型尺寸	（42，74），（45，41），（45，56）

第二部分是网络训练，具体前向训练流程如图 10.14 所示。处理后的图像数据经过 YOLO v4 的主干特征网络和特征金字塔结构后获得了（batch_size，19，19，255）（batch_size，38，38，255）（batch_size，76，76，255）三个特征层，它所对应的是将原图像数据按照 19×19、38×38、76×76 进行栅格分布后获得的目标检测预测框位置。为了获得最终的预测结果，需要对特征层数据进行解码，特征层数据经过两个卷积层（1 个 3×3 卷积，一个 1×1 卷积）后输出（batch_size，19，19，18）（batch_size，38，38，18）（batch_size，76，76，18），最后一维数据是 18，此处类别只有一个 cross 类别，因此类别数据只有一个，通过计算 3×(4 + 1 + 1)=18 获得。其中，3 代表每一个特征层存在 3 个先验框，4 代表预测矩形区域的坐标位置（x，y，w，h），后两个 1，一个代表置信度，一个代表类别。解码是为了获得唯一真实预测结果的边界框，因此还需要对预测框按照其置信度进行从大到小的排序，再采用排极大值抑制方法来获得目标检测的最优解。

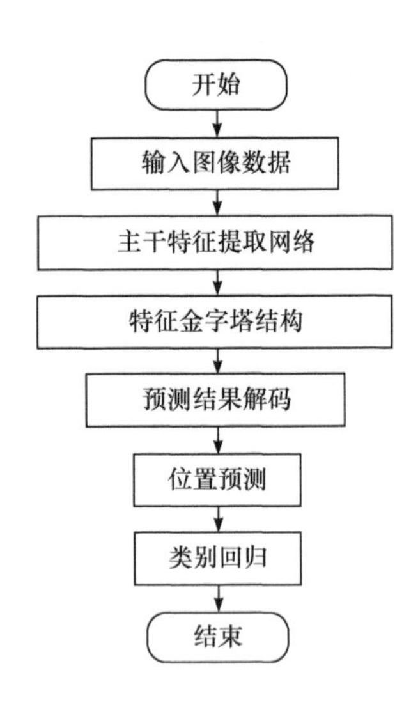

图 10.14　网络训练流程

YOLO v4 网络训练过程中的损失 loss 由三部分组成，分别是边界损失、置信度损失和分类损失。边界损失选用 CIoU 损失函数进行计算：

$$\text{loss}_{\text{CIoU}} = 1 - \text{IoU} + \frac{\rho^2(b, b^{\text{gt}})}{c^2} + \alpha v \tag{10.3}$$

其中

$$\text{IoU} = 1 - \frac{|B \cap B^{\text{gt}}|}{|B \cup B^{\text{gt}}|} \tag{10.4}$$

$$\alpha = \frac{v}{1 - \text{IoU} + v} \tag{10.5}$$

$$v = \frac{4}{\Pi}\left(\arctan\frac{\omega^{\text{gt}}}{h^{\text{gt}}} - \arctan\frac{\omega}{h}\right)^2 \tag{10.6}$$

通过观察式（10.3）和式（10.4）可以发现，CIoU 损失函数的计算相较于 IoU 损失函数的计算增加了αv 和 $\frac{\rho^2(b, b^{\text{gt}})}{c^2}$。其中，$\rho^2(b, b^{\text{gt}})$ 代表的是预测框中心与真实框中心之间的欧氏距离，即图 10.15 中的参数 d，参数 c 为同时包含预测框和真实框的最小矩形区域的对角线距离，参数α与参数 v 同时考虑了预测框的长宽比 $\frac{\omega}{h}$ 与真实框的长宽比 $\frac{\omega^{\text{gt}}}{h^{\text{gt}}}$，如果两者长宽比相近，则该参数的数值就接近于 0，反之则数值较大。相较于图 10.16 中 IoU 损失函数只计算预测框和真实框相重叠的区域，CIoU 损失函数增加了预测框与真实框之间的中心点距离、长宽比、重叠率，以及惩罚项αv，这样使得边界框损失数值较为客观，优化了检测结果。

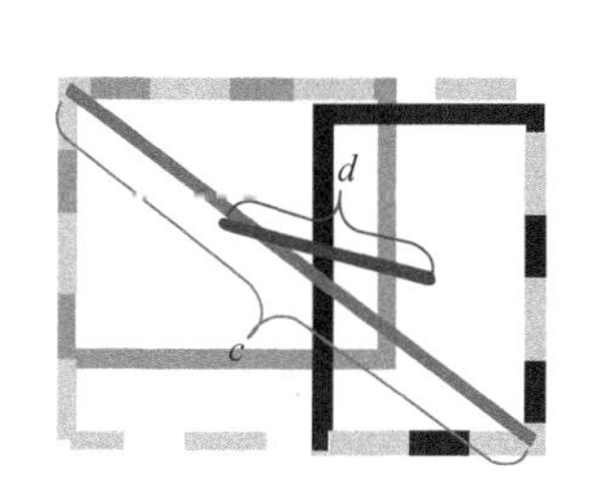

图 10.15 CIoU 损失函数计算

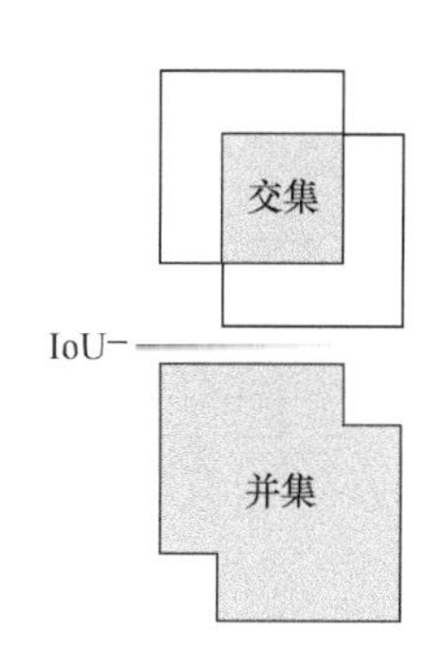

图 10.16 IoU 损失函数计算

在本次实验中，训练数据集为 2400 张，其中清晰图像和受雾气干扰图像的占比为 7∶3，训练和验证数据比例为 8∶2。测试数据集有 600 张，其中 300 张为无雾图像，300 张为受雾气干扰图像。在训练过程中，原图数据的分辨率为 1280×480，经过数据增强与尺寸缩放后转换为 416×416，训练结束后再将图像大小复原。利用官方 VOC 数据集的 YOLO v4 网络训练结果作为预训练模型。通过预训练过程后，网络拥有部分训练权重，此时冻结骨干网络进行网络训练，学习率选为 1×10^{-3}，加快网络初步的学习，迭代次数为 50 次。解冻后，网络学习率设定为 1×10^{-4}，学习率设定更低，帮助网络进行优化，迭代次数为 50 次，总训练迭代次数为 100 次。

10.4.4 基于堆叠沙漏网络的弓网接触点检测

堆叠沙漏网络（Stacked Hourglass Networks）由 Newell 等[19]提出，该网络通过提取人体不同关节部位、人体位于图像中的位置和人体肢体运动信息并将它们相互关联分析，最终进行人体姿态判断。堆叠沙漏网络的核心是沙漏网络，其结构如图 10.17 所示。前半部分网络利用最大池化层和卷积层将网络特征层逐级递减，直到图像分辨率处理为 4×4 大小，而后半部分网络则运用上采样和特征融合，将网络特征层逐级递增恢复至最初输入大小。图 10.17 中，CXa 层为 CX 层通过残差网络获得的与原 CX 层相同大小的网络层；CXb 层为 $C(X+1)$层经过上采样操作扩大为原来卷积核大小的两倍后，与 CXa 层进行特征融合获得的卷积层（X=1,2,3,4）；C5,C6,C7 特征层为不断下采样进行特征提取，其图像长宽为 16×16、8×8、4×4。

其中，CX 层转换成 CXa 层所用到的残差块公式为

$$x_{l+1} = x_l + F(x_l, W_l) \tag{10.7}$$

式中，x_{l+1} 与 x_l 分别代表下一层和当前层的特征网络；$F(x_l, W_l)$ 则是对 x_l 层进行残差计算，其网络由卷积层、归一化卷积层、激活函数、卷积层和归一化卷积层组成。

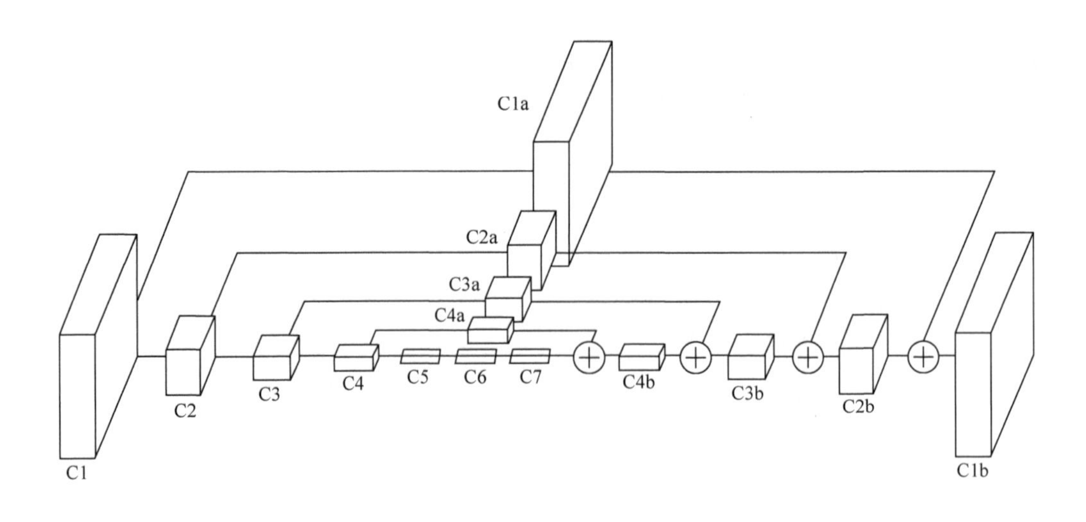

图 10.17 沙漏网络模型

因此，特征图像经过沙漏网络后，其大小虽然没有变化，却通过不断的尺寸变化融合了不同比例的特征信息，最终通过两个 1×1 卷积层获得预测的目标关键点热图。

10.4.5 堆叠沙漏网络的弓网关键点检测模型

基于 YOLO v4 网络的定位模型获得了弓网接触点初步检测结果，并获得了检测区域图像[20]。本项目在堆叠沙漏网络的基础上，进一步阐述适用于弓网接触点检测的方法，该方法的训练和测试流程如图 10.18、图 10.19 所示。

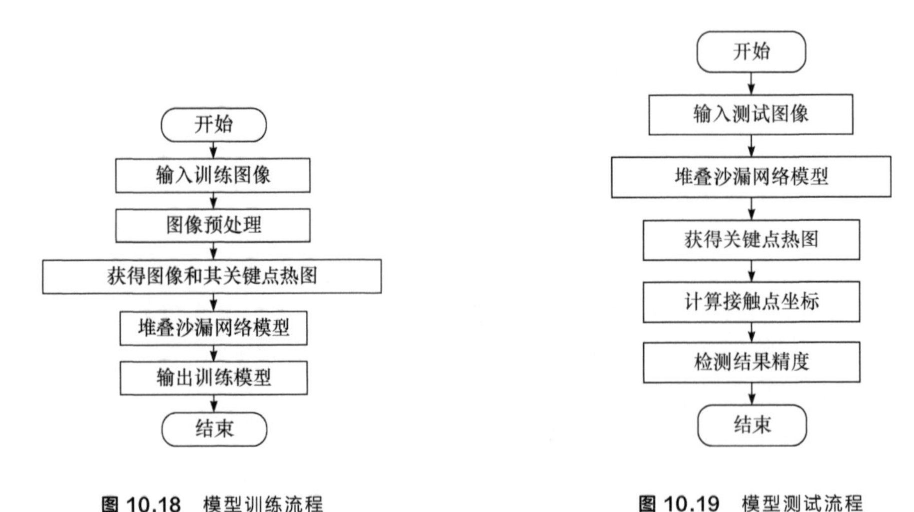

图 10.18 模型训练流程

图 10.19 模型测试流程

训练流程图中，训练集数据会经过图像处理方法进行图像处理，然后将图像数据与其对应的 4 个关键点的热图输入进堆叠沙漏网络模型，经过图 10.20 的卷积神经网络训练过程，最终训练出合适的网络模型。

模型训练流程图中，将测试数据集图像输入训练好的堆叠沙漏网络模型后，会获得预测的关键点结果，将预测结果与图像真实结果进行比较，通过计算 4 个关键点与真实值之间的欧氏距离的均值来判断结果精度。

为了减少计算量以及识别的准确率，对堆叠沙漏网络模型做了几点改进：

① 网络输入图像大小更改为 128×128。

② 沙漏模型中 *CX* 特征层最大设置为 C6。更改沙漏模型特征层数量是为了对应第一步的改动，这样最小特征层仍控制为 4×4 大小。

③ 激活函数由 Sigmoid 函数更改为 Mish 函数。

④ 损失计算公式由 MSE（Mean Squared Error）更改为 RMSE（Root Mean Squared Error）。

$$\mathrm{RMSE}=\sqrt{\frac{1}{n}\sum_{i=1}^{n}(y_i-\widehat{y_i})^2} \tag{10.8}$$

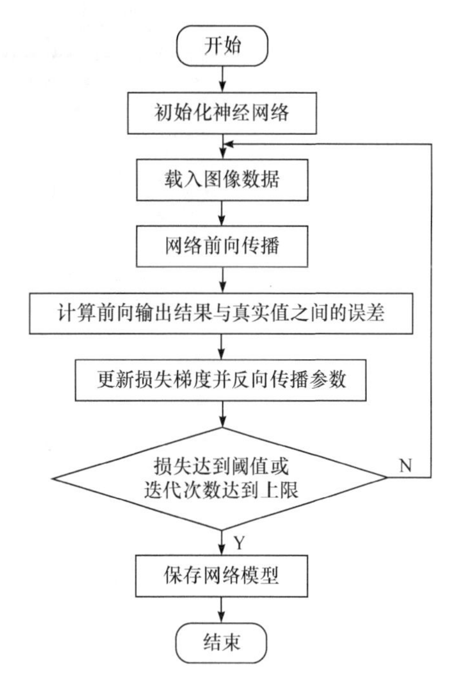

图 10.20 卷积神经网络训练过程

在实验中，训练集图像有 1120 张，其中包含 560 张无雾图像和 560 张有雾图像；测试集图像有 280 张，其中包含 140 张无雾图像和 140 张有雾图像。所有图像大小都为 128×128。训练时，训练集和测试集的比例为 8∶2，学习率为 1×10^{-4}，batch_size 值设定为 16，训练次数设置为 200 次。

10.5 实验结果分析

10.5.1 YOLO v4 网络的弓网接触区域检测结果

弓网接触区域检测结果如图 10.21 所示。图中，框出的区域即检测出的弓网区域，方框上方的词组表示所检测的种类，即接触区域 cross。右侧数字为当前检测结果的置信度，数字越接近于 1，则代表确定为该种类的概率越高。通过图像可以看出，网络模型在不同雾气环境以及列车运行中的受电弓经过接触网电气分段区域时，都可以定位出弓网的接触区域并都标记出来。

当受电弓正上方有两支刚性接触悬挂时，如图 10.21 所示，本实验所使用的网络模型可以将多个弓网接触区域检测出来，但是由于进行图像采集时位于车顶的摄像头具有一定仰角，因此无法从二维图像中判断滑板与接触线是否接触。但是在后续研究中，可以计算相邻帧图像中接触点坐标在纵轴上的数值变化，从而为其是否接触提供一定的判断依据。

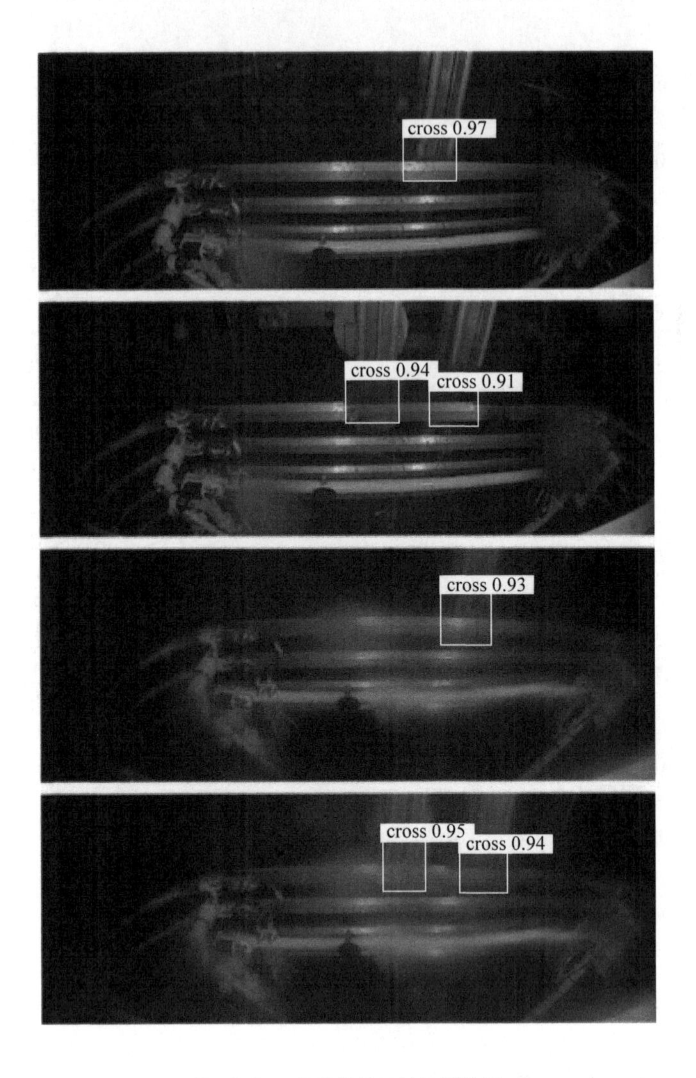

图 10.21　弓网接触区域检测结果

YOLO v4 训练损失曲线如图 10.22 所示。通过曲线可以看出，YOLO v4 网络训练损失函数更为平滑一些，损失变化较为稳定，收敛速度更快。

由于摄像装置的采集速度为 30fps，检测方法暂时还无法实现实时检测，但是后续有两种方法可实现实时性的检测。第一种方法是利用关键帧进行检测，在列车运行过程中每隔几秒提取一张图像，或是在某一段路程内多次提取而在下一段路程减少提取的图像数量。第二种方法是优化计算机硬件设备，提供更强力的运算能力，也可以提高检测速度，达到实时性的需求。

通过检测指标可以看出，在受电弓经过接触网换段区域时会产生两个接触区域，基于 YOLO v4 网络的检测模型即便是在有雾气干扰的情况也能较为准确地检测出结果。为了第二阶段的检测，需要对区域图像进行提取，其提取图像的示意图如图 10.23 所示。

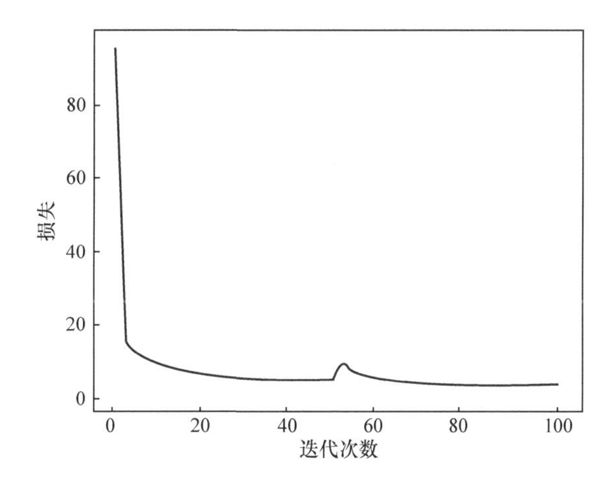

图 10.22 YOLO v4 训练损失曲线

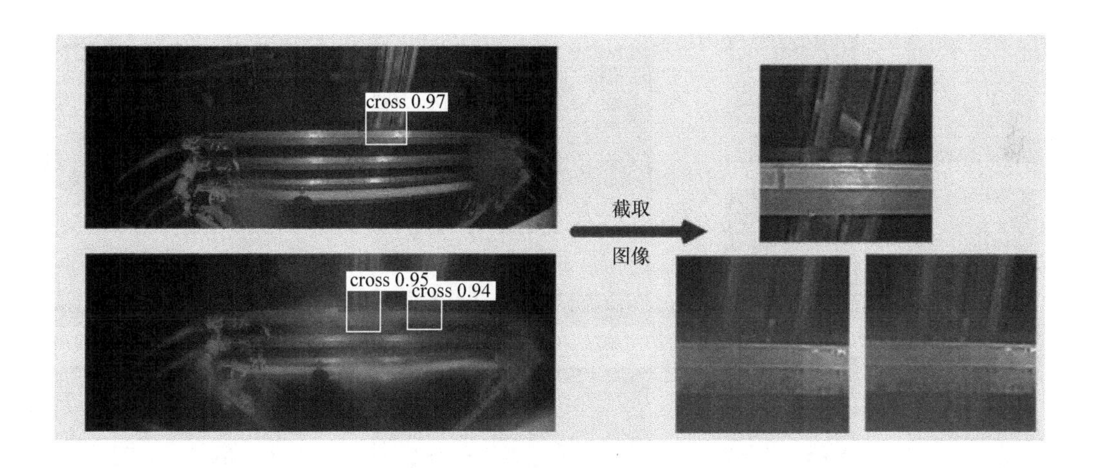

图 10.23 提取接触区域图像示意图

10.5.2 关键点检测网络模型检测结果与分析

改进后的堆叠沙漏网络模型损失曲线如图 10.24 所示。从图中可以观察到，改进后的网络在前 25 次训练损失曲线相比于未改进时斜率较大，说明收敛速度更快，并且在训练 50 次后曲线逐渐平缓说明 batch_size 值设定较为合适。改进后的网络损失曲线更为平缓，毛刺较少，证明可以进行有效的回归计算。

对无雾图像进行关键点预测的结果如图 10.25 所示。根据网络模型生成的结果热图对应到原图图像，即可得到 4 个关键点的位置。通过真实值与预测值的对比可以看出，预测点（黄色）与真实值（红色）距离较近，检测精度较高。

有雾图像在未进行图像去雾处理情况下的实验结果如图 10.26 所示，此结果相较于图 10.25 可以很清晰地看出其检测效果并不理想。通过图 10.26（c）可以看出，由于存在雾气干扰，预测的 4 个关键点（黄色）相较于真实值（红色）都有不同程度的偏移。

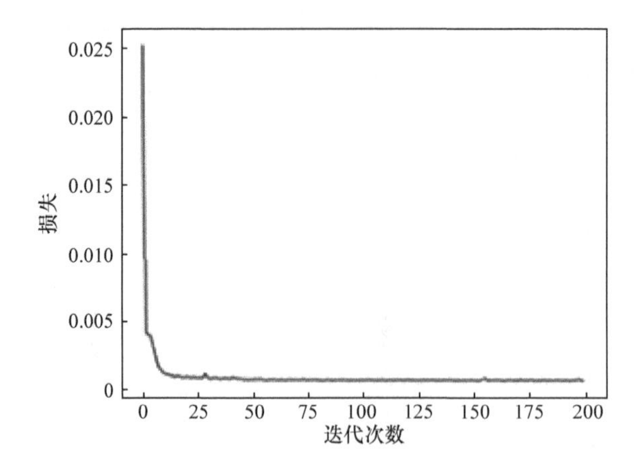

图 10.24 改进后的堆叠沙漏网络模型损失曲线

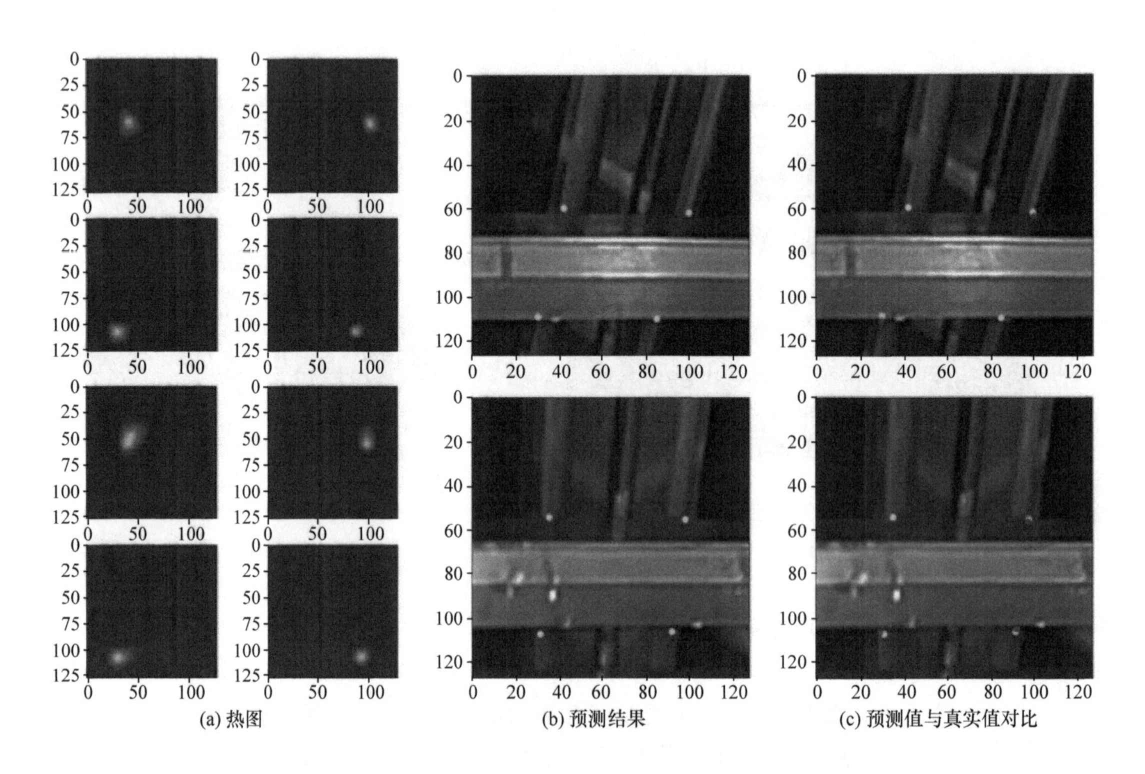

图 10.25 无雾图像的预测结果（见书后彩插）

如果采用图像处理方法进行去雾处理，对有雾图像进行预处理后再进行预测，实验结果如图 10.27 所示。通过图 10.27（c）中红色点（真实）、蓝色点（预处理）和黄色点（未预处理）之间的位置距离可以发现，检测结果获得了些许的提升。

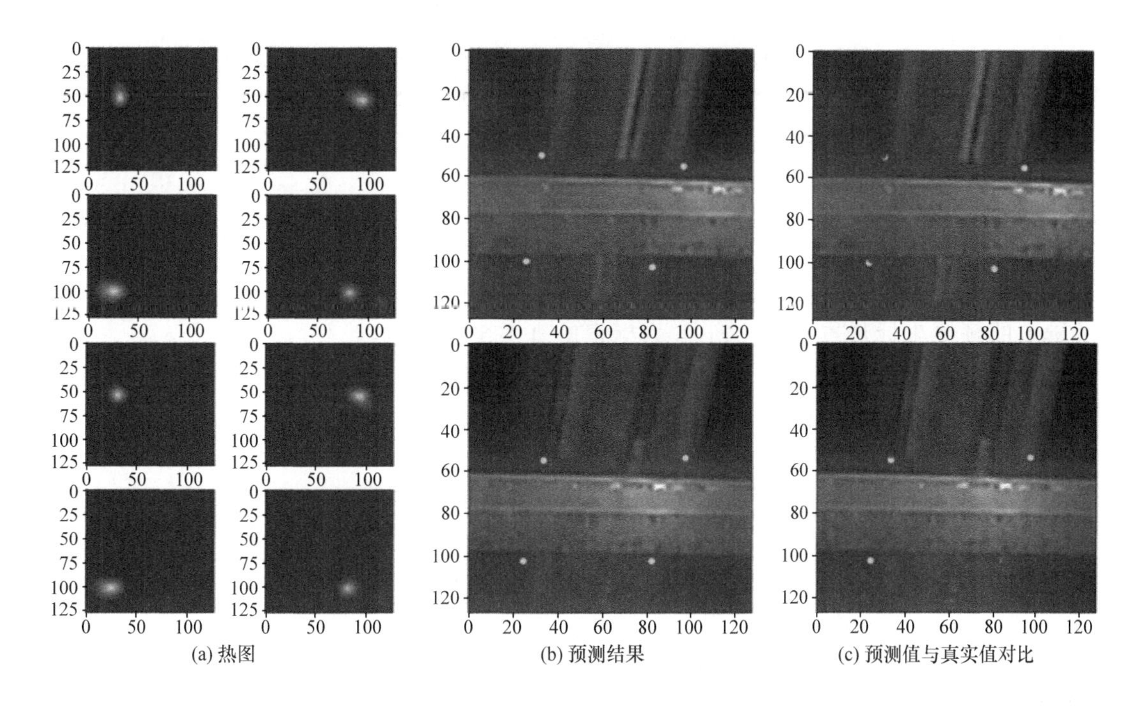

(a) 热图　(b) 预测结果　(c) 预测值与真实值对比

图 10.26　有雾图像处理时的预测结果（见书后彩插）

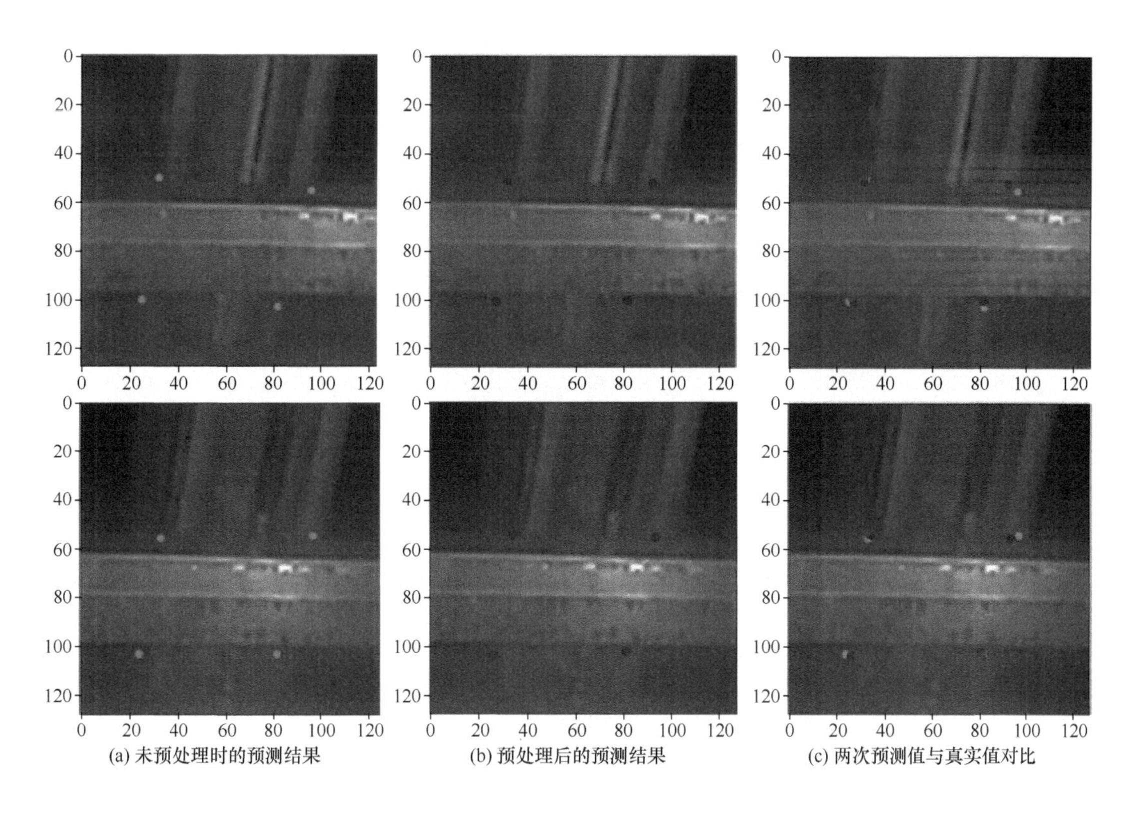

(a) 未预处理时的预测结果　(b) 预处理后的预测结果　(c) 两次预测值与真实值对比

图 10.27　有雾图像预处理后的预测结果（见书后彩插）

为了定量地评价网络的检测精度，本项目采用欧氏距离计算关键点预测位置与真实值之间的直线距离，距离越远代表精度越低。本实验选择测试集所有图像预测关键点与真实标定位置之间的欧式距离均值作为评价指标，其具体计算公式如下：

$$d_{\mathrm{acc}}=\frac{1}{4n}\sum_{i=1}^{4}\sqrt{(x_i-x_t)^2+(y_i-y_t)^2} \tag{10.9}$$

式中，n 为测试集的图像张数；i 为每张图像中的第 i 个关键点；（x_i, y_i）为当前关键点的预测坐标位置；（x_t, y_t）为标记的真实坐标位置。

测试集有 280 张图像，其中包含 140 张无雾图像和 140 张有雾图像，对两类图像分别计算预测值与真实值之间的欧氏距离误差均值，其结果见表 10.2。

表 10.2　关键点检测网络评价指标数值

评价指标	无雾图像	有雾图像（未预处理）	有雾图像（预处理）
误差均值	2.73	8.35	3.42

通过表 10.2 可以看出，无雾图像的误差均值较低，检测效果较好。当未对有雾图像进行预处理直接训练网络模型，所获得预测结果误差较高，说明预测点位置较真实位置有一定的偏移；而对有雾图像进行预处理后再训练网络模型，其误差均值减少了 4.93，说明有一定的优化效果，预测位置与真实位置距离更接近。

本章小结

为了更准确地检测接触点位置，本章的研究项目采用堆叠沙漏网络生成接触区域 4 个关键点的图像，利用预测结果热图和一系列的坐标转换最终获得准确的原图图像中的弓网接触点。在测试的过程中，将无雾图像和有雾图像导入进训练好的网络模型，检测其预测结果的准确性。通过检测结果可知，雾气对预测精度有着一定的影响，利用去雾技术进行图像处理后，发现关键点预测效果得到了改善，预测点位置与真实位置更为接近。

参考文献

[1] Wenzhe D, Chenxi G, Sile Y. Intelligent traction power supply system in high-speed railway[J]. Railway Computer Application, 2018, 27(11): 43-47.

[2] 赵明杰. 基于图像处理的接触网状态检测研究[D]. 成都: 西南交通大学, 2013.

[3] Zhao B, Dai M R, Li P, et al. Research on defect detection of railway key components based on deep learning[J]. Journal of the China Railway Society, 2019, 41(8): 67-73.

[4] 刘建仁, 刘卫, 陈滔. 高速铁路弓网动态图像检测技术研究综述[J]. 装备制造技术, 2019, (2): 186-190.

[5] 谢力. 基于图像处理的受电弓状态检测技术研究[D]. 成都: 西南交通大学, 2009.

[6] 吴积钦. 电气化铁道接触线拉出值检测装置[J]. 铁道学报, 1996, 18(2): 78-81.

[7] O'donnell C, Palacin R, Rosinski J. Pantograph damage and wear monitoring system[C]//The Institution of Engineering and Technology International Conference on Railway Condition Monitoring, Birmingham, 2006: 178-181.
[8] Boffi P, Cattaneo G, Amoriello L, et al. Optical Fiber sensors to measure collector performance in the pantograph-catenary interaction[J]. IEEE Sensors Journal, 2009, 9(6): 635-640.
[9] 刘真梅, 刘淑梅. 接触网几何参数的道外测量[J]. 山东科学, 2004(1): 67-69.
[10] 刘建仁, 刘卫, 陈滔. 高速铁路弓网动态图像检测技术研究综述[J]. 装备制造技术, 2019(2): 186-190.
[11] 彭威, 贺德强, 苗剑, 等. 弓网状态监测与故障诊断方法研究[J]. 广西大学学报(自然科学版), 2011, 36(5): 718-722.
[12] 马玉琪. 基于激光扫描的手推式接触网状态检测装置研究[D]. 北京: 北京交通大学, 2016.
[13] 程志全. 轨道检测车的运用[J]. 中国铁路, 2015, 5(5): 82-85.
[14] 凌朝清. 弓网动态参数图像检测系统设计[D]. 天津: 天津大学, 2014.
[15] 刘寅秋. 基于图像处理的接触网动态几何参数测量研究[D]. 北京: 中国铁道科学研究院, 2012.
[16] Aydin I, Karakose M, Akm E. Monitoring of pantograph catenary interaction by using particle swarm based contact wire tracking systems[C]//2014 International Conference on Signals and Image Processing (IWSSIP), Dubrovnik, 2014: 23-26.
[17] Bochkovskiy A, Wang C Y, Liao H Y M. YOLOv4: optimal speed and accuracy of object detection[J/OL]. arXiv: 2004.10934v1, 2020.
[18] Misra D. Mish: A self regularized non-monotonic neural activation function[J/OL]. arXiv: 1908.08681, 2019.
[19] Newell A, Yang K, Deng J. Stacked hourglass networks for human pose estimation[C]//The European Conference on Computer Vision. Amsterdam: Springer, 2016: 483-499.
[20] 郑丹阳. 基于多阶段检测的弓网接触点定位技术研究[D]. 成都: 西南交通大学, 2021.

第 11 章 车站客流安全智能监控

11.1 研究背景意义

铁路运输，尤其是高速铁路运输，具有运能大、速度快、安全可靠、准点率高、舒适环保等优点，在旅客运输市场极具竞争力[1]。铁路运营里程的不断增加和铁路网覆盖率的逐步加深，带来了巨大的经济效益和社会效益，然而随着我国经济的持续高速增长、城市化进程的加快、城乡互动和区域经济联动需求的扩大，人们的出行需求也在不断增长，铁路旅客运输的主要矛盾依然是人民群众日益增长的出行需要与铁路运输发展不平衡不充分之间的矛盾。

铁路客运站是旅客乘降、集散的场所，是不同方向客流的交汇点，封闭性较高，通过强度大。在当今铁路旅客运输整体供小于求的情况下，在各类节假日尤其是春节期间，各地车站频繁受到客流冲击，出现不同程度的大客流状况。此外，台风、洪水、雪灾等自然灾害导致的列车大规模晚点和停开也会使得大量旅客滞留车站，使铁路车站和枢纽出现严重的安全隐患。

车站客流过大会引发旅客换乘不便、车站服务水平下降、乘客安全性降低、服务设施超负荷使用、难以及时疏散等一系列问题，并容易诱发人群恐慌和踩踏事故，给铁路车站的运营管理带来巨大挑战，也带来很多安全问题。由大客流所引起的车站旅客滞留、客流混乱、争吵挤压、人群踩踏、掉下站台等安全事故屡见不鲜。2008 年，全国大范围雪灾使得超过十万名旅客滞留广州火车站，广州站因此启动了最高级别应急预案[2]。2017 年 4 月 14 日，纽约 Penn 车站发生群体性恐慌，引发的踩踏事件导致 16 人受伤。2017 年 9 月 30 日，印度孟买一个火车站人行天桥因拥挤混乱发生严重踩踏事故，导致至少 22 人死亡、30 多人受伤。车站大客流已经成为一个全球性问题，它不仅影响车站的正常运行，可能会造成巨额的经济损失，甚至还会造成不同程度的乘客伤亡，严重威胁乘客的生命安全。铁路客运站客流密集、行人来往频繁，是社会治安管理的重点，必须严加管控，保障乘客安全。

Osama 等[3]对背景图像模型设计与更新进行了研究，以降低噪声和环境变化造成的影响，有利于提取行人前景图像。为了解决客流检测中的行人遮挡问题，Taleb-Ahmed 等[4]、Terada 等[5]分别利用垂直拍摄和多目视觉的方式获取和定位目标。对于人群密度估计的问题，Velastin[6]设计了检测方法对动态场景进行学习和分类，实现了拥挤场景的自动识别，并通过对伦敦地铁站闭路电视监控的评估验证了系统的可靠性。杭朱飞[7]采用垂直拍摄方式获取视频图像，并使用均值偏移算法进行序列图像运动目标检测。陈赛楠[8]在 LabVIEW（Laboratory Virtual Instrument Engineering Workbench）开发环境下研究红外图像目标检测技术，主要包括图像采集、图像预处理、图像分割、目标检测几个方面。汤石晨[9]使用垂直悬挂的单目摄像头进行拍摄，用光流法进行目标跟踪，并将近似俯视运动行人面积作为特征对行人人数进行估计。

轨道交通车站，尤其是铁路客运站和高铁客运枢纽站，是客流安全的重点研究对象。目前，一般基于空间大小、步行环境、分数度量法、数学模型法 4 种方法来对车站通行设施服务水平进行划分，从而为客流安全管理提供依据。国内对于车站客流安全的研究也极为重视，许多模型、仿真等研究方法在其中得到应用，其中客流安全参数提取与预警分级是研究的重点。黄洪超[10]用模糊综合评价法对客流安全等级进行划分，并建立了枢纽内紧急情况下的人员疏散模型，采用客流密度和客流速度作为交通流参数对客流安全状态进行量化分析和判别，以及时消除枢纽内客流安全隐患。周继彪[11]通过设计行人交通数据采集实验，对综合交通换乘枢纽站行人交通特性和安全疏散开展深入研究，创立了基于云模型的枢纽拥挤度自动辨识模型来实现对拥挤度的判别，并提出拥挤度预警及调控策略。

实时动态地监控车站各个区域的状况，是保障安全生产、维持车站正常运行的基础条件。目前，我国大部分铁路车站视频监控系统智能化程度还不够高，有些情况需要靠人力监视和报告，很多情况下只起到事后分析的作用，而不能通过主动监控进行车站预前管理，在安全性和实用性方面达不到期望效果[12]，此外视频采集设备还存在重复布设、死角多等缺陷，难以满足车站管理的需要。

以铁路车站智能监控和客流安全为研究对象，利用机器视觉相关方法实现车站客流的自动检测与状态识别，具有重要的理论与实用价值。首先，视频采集点设备是监控系统的“眼睛”，监控采集点的合理选型与布设可以保证车站图像信息采集的完整性、连续性和有效性，增强对时间和空间资源的合理利用，降低车站监控系统的建设与维护成本，提高对突发事件的判断和处置效率。其次，对图像处理、目标跟踪识别等方面的深入学习和算法实现，可以为车站客流预警提供技术支持，为客流检测研究提供有用范例，可以丰富并创新智能监控技术研究，具有很好的现实意义和应用前景。最后，选取合理指标设立客流等级划分方法，为完善客流安全预警理论提供更为有效的解决方案，依据检测场景提出的客流密度计算新方法，更加符合车站实际情况。自主开发相关算法程序并整合实现客流检测，可提高程序的适用性，增强用户订制可移植性，有助于客流安全等级划分反馈与优化。

11.2 项目研究目标

监控系统智能化是未来的发展方向，目前我国铁路监控应用的综合视频监控系统汇集了全路巨量信息，智能化的更新改造可以大大提高监控系统的自动化水平，降低劳动强度，提高车站乃至全路的管理效率。

本项目研究对象是铁路客运站，尤其是综合客运枢纽站，考虑到城市轨道交通车站在客流疏散理论等方面与铁路客运站有相似之处，因此也参考了部分地铁站客流安全相关研究成果。本项目的研究目的是在对车站进行全面监控的同时，实时采集和统计站内不同区域的客流数据，使得车站管理人员可以及时发现客流的不安全状态并采取相应干预措施，可有效降低工作人员劳动强度，为旅客提供更加安全舒适的车站环境。

11.3 主要研究内容

随着我国铁路客运站客流量的不断增长，传统的监控系统和安全管理模式已远远不能满足客流安全管理的需求，这就要求我们不仅要研究智能化的客流监控系统，还要在现有研究成果的基础上不断创新，探索适合我国铁路客运站的客流安全预警模式。本项目基于机器视觉的车站旅客检测追踪研究，在深入学习图像处理与目标跟踪理论的基础上，利用图像差分法提取出旅客前景图像进行识别和检测，并利用金字塔 Lucas-Kanade 算法实现旅客的跟踪和速度测量。

11.4 项目研究方法

11.4.1 背景差分处理图像

图像差分法是常用的序列图像运动目标检测方法[13]，分为背景差分法和帧差分法两种。背景差分法是当前图像与固定背景图像的差分；帧差分法[14]是将两幅或三幅连续图像逐帧做差分来检测运动区域，不需要构建背景模型，处理速度快，适用于少量快速运动的目标跟踪，但是当目标静止时算法失效，而且提取出的目标区域不是连通的，不适合基于形状、面积等算法的结合使用。

旅客前景目标提取属于图像分割算法的范畴，本项目采用背景差分法分离运动物体，属于静态背景下的运动目标检测范畴，背景差分法可以得到较精确的目标图像，速度快，实时性好。其原理是将当前图像与背景图像逐点相比较，形成差分图像，根据差分图像灰度值与给定阈值的比较，将图像变为二值图像，就可以从非零区中提取出运动目标的信息。设背景模型为 b_0，当前帧记为 f_k，则背景差分法可表示为

$$D_k(i,j)=\left|f_k(i,j)-b_0(i,j)\right| \tag{11.1}$$

为了降低图像处理工作量，图像分割及处理都采用灰度图像进行处理。灰度图又称灰阶图，常用的 8 位灰度图像有从纯黑到纯白共 256 个灰度级别。RGB 彩色图像有红绿蓝三个色彩分量，每个分量可以取 0 到 256 之间不同的值，彩色图像的灰度化一般有 4 种方法：①取其中一个分量值作为灰度值；②选取分量值最大的作为灰度值；③将三个分量的平均值作为灰度值；④根据三个分量重要性的不同，设置不同权重进行加权平均计算。此处，采用权平均法进行灰度图像转化，由于人眼对绿色敏感度最高，对蓝色敏感度最低，所以按式（11.2）可以得到较为合理的灰度图像。

$$\mathrm{Gray}(i,j)=0.11R(i,j)+0.59G(i,j)+0.3B(i,j) \tag{11.2}$$

式中，(i,j)是某像素点在图像中的位置；$R(i,j)$表示原图像的红色分量；$G(i,j)$表示原图像的绿色分量；$B(i,j)$表示原图像的蓝色分量；$\mathrm{Gray}(i,j)$表示转换后的灰度图像。

11.4.2 背景图像模型

背景图像的质量直接影响到运动目标的提取，因此使用背景差分算法时，必须首先确定好当前图像的背景。对于车站客流检测而言，当前图像即采集到的含有客流信息的当前图像，背景图像一般为同一摄像头拍摄的同一区域的无人背景图。然而在高铁综合客运枢纽视频监控场景中，由于车站各处多数时间都有旅客，难以拍摄到符合要求的无人背景图像，而且背景差分法对场景动态变化比较敏感，单幅背景图像无法应对时间和光照环境的变化，因此必须建立背景模型来解决图像背景的获取和更新问题。表 11.1 对不同背景模型算法进行了分析介绍。

表 11.1 常用的背景模型算法

背景模型算法	算法思路	优点及应用场景	缺点与不足
统计直方图法	都是在序列图像像素点灰度统计的基础上完成的。假设当前图像某一点像素点被遮挡概率很小，对其在一段时间内的灰度变化进行统计，将出现次数最多的灰度值作为图像背景中该像素点的灰度值	算法简单，处理速度快，适用于行人目标停留时间较短的情况	若目标停顿时间超过其背景出现时间，会发生误判。取中值点作为灰度值并无统计学意义
统计中值法	取其灰度中值作为背景图像的灰度值，并重建背景图像		
单高斯背景模型	算法由背景图像的估计与更新两部分组成。先求一段序列图像中每个像素的平均亮度与方差，把两者组成的具有高斯分布的图像作为初始背景估计图像。随着新图像的加入，不断自适应地更新背景图像	适用于背景静止且光照不变的情况，背景点的像素发生微小变化	计算过程复杂，计算量庞大，难以满足算法实时性要求，限制了其在工程中的应用
多高斯背景模型	对图像中每个像素点使用多个高斯模型混合表示，在获得新一帧图像后更新模型，用当前图像中每个像素点与混合高斯模型匹配，判定像素点是否为背景点	适用于当背景像素为多峰分布或像素变化较快的复杂背景	
均值法模型	假设移动目标为噪声，将图像像素点在序列图像中的灰度值求平均作为背景像素灰度值，从而生成背景图像	算法简单，消除移动目标在短时间内对背景的影响	当行人较多或静止时会产生不良影响

均值法模型算法可表示如下：

$$\text{Background}(x,y)=\frac{1}{N}\sum_{i=1}^{N}P_i(x,y) \tag{11.3}$$

式中，$\text{Background}(x,y)$表示生成的背景图像；$P_i(x,y)$表示第 i 帧图像；N 表示参与运算的图像数目。

均值法模型可以有效应对时间、光照等环境因素的影响。根据以往实验可知，随着前景图幅数的增长，合成图越来越接近于背景原图。

为了适应客流混杂的车站环境，在总结上述经典算法的基础上，本项目设计了一种更加简单可靠的基于像素统计的自适应均值背景模型。该模型以均值法模型为基础，增加了像素灰度判别过程，其原理是当检测到有旅客经过且旅客人数较多（旅客投影像素数占总像素数量较高）时，将该幅图像从图像累加器中剔除，逐帧进行，直到达到要求的累加数量，或者一定时间间隔再求图像均值，以进一步降低移动目标造成的影响。该模型需要一个原始背景图像进行初始运算，新的背景图像构建完成后用于下一时间段的图像检测，以适应背景和光线的变化。图 11.1 所示为某一帧图像参与背景图像合成的过程。

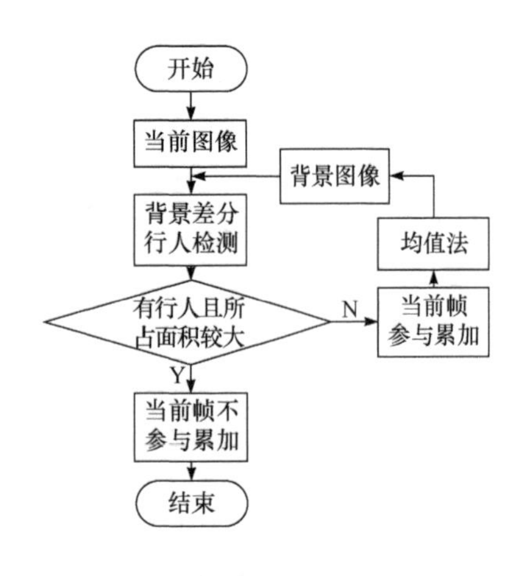

图 11.1　改进的图像背景模型提取算法流程

该模型改进了从单个像素着手的传统背景模型算法，利用旅客像素占比判别使得计算量大大降低，同时具有更好的自适应性和鲁棒性。

11.4.3　旅客前景目标检测算法

应用于客流检测的图像采集点属于“点”与“线”布设的范畴，主要针对车站内客流重点控制区域。对于固定的摄像机而言，图像序列中旅客的移动可以看作三维移动物体在图像平面的投影，客流检测对旅客脸部特征要求不高，而且由于摄像头的倾斜视角更容易造成旅客之间的遮挡。为提高检测精度和检测效率，本项目采用单目垂直拍摄的方式进行旅客检测。将定焦摄像头安装在车站客流重点控制区域的天花板或固定高度处，取旅客上方的垂直拍摄角度，并尽量避开广告牌、显示屏等突出或者变幻色彩的设施，这样得到的前景图像为旅客头肩部投影，可有效减少旅客影像交叠，而且旅客头顶灰度值与颜色较浅的地面相差较大，易于进行图像处理与跟踪。为满足客流检测需要，本项目统一采用 6mm 定焦摄像头，其视场角 50°，监控范围为 5～10m，将其安装在地面上方 5m 处垂直对地拍摄，可得 5.5m×4.1m 的观测面积，得到较为理想的客流检测视频采集场景。

采用背景差分法，结合改进的均值背景模型，分割获得旅客前景图像。但由于阴影、光照变化和图像扰动等因素影响，得到的背景差分图像包含了很多杂质和空洞，不能直接用于旅客识别，需要进行进一步处理，去掉不必要的干扰。

在机器视觉系统中，视觉信息处理的关键在于图像处理，包括图像增强、平滑、锐化、图像分割、特征提取、图像识别与理解等内容。根据多重实验，本项目使用灰度形态学、阈值运算在内的多种图像处理方法对背景差分图像进行处理，以得到清晰的旅客图像。差分图像处理的流程如图 11.2 所示。

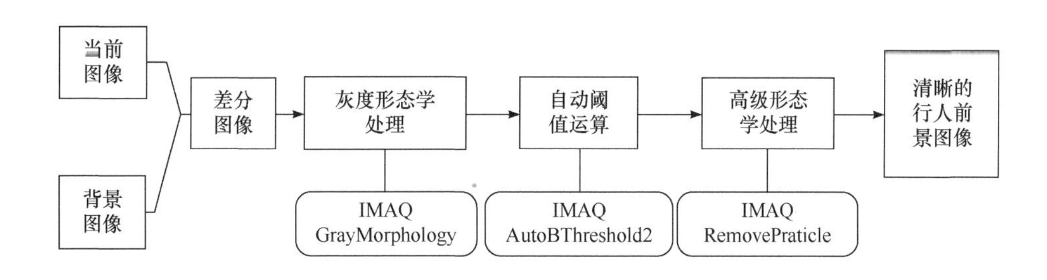

图 11.2　差分图像处理流程

灰度形态学处理可以提取并改变图像中的颗粒结构，平滑图像的变化，用于滤除噪声或提取灰度特征等[15]。膨胀和腐蚀这两种操作是形态学处理的基础。腐蚀的作用是消除物体边界点，使目标边界向内部收缩，可以消除小且无意义的物体，具体操作是用一个结构元素（一般是 3×3 大小）扫描图像中的每一个像素，用结构元素中的每一个像素与其覆盖的像素做“与”操作，如果都为 1，则该像素为 1，否则为 0。膨胀的作用是将与物体接触的所有背景点合并到物体中，使目标增大，可填补目标中的空洞，具体是用结构元素中的每一个像素与其覆盖的像素做“与”操作，如果都为 0，则该像素为 0，否则为 1。

腐蚀与膨胀并不是逆操作，如先腐蚀后膨胀的过程称为开运算，先膨胀后腐蚀的过程称为闭运算。开运算可以去掉目标外的孤立点、在纤细点处分离物体，并且在平滑较大物体边界的同时不明显改变其面积。闭运算可以填充物体内的细小空洞、连接邻近物体、平滑物体边界。腐蚀、膨胀、开运算、闭运算是数学形态学最基本的变换。

图像阈值分割是一种应用广泛的分割技术，利用图像中要提取的目标区域与其背景在灰度特性上的差异，选取一个比较合理的阈值，将图像中低于阈值的像素设置为 0，而将不低于阈值的像素灰度值设置为 1～255 内的非零值，从而实现图像的二值化。典型的灰度阈值运算表达式如下：

$$g(x,y)=\begin{cases}0, & f(x,y)\leqslant T \\ 1, & f(x,y)>T\end{cases} \tag{11.4}$$

相比于固定阈值函数，自动阈值技术提供了更多的灵活性。自动阈值技术根据灰度直方图确定阈值水平，受图像整体亮度和对比度变化的影响更小，可以针对不同情况自适应设定阈值，因此广泛用于自动监测任务。

高级形态学处理针对的对象是图像中的粒子而不是像素，有填补颗粒缝隙、消除颗粒边界的粗糙部分、移除不相关的大小粒子等作用[16]。此处选择高级形态学中移除小颗粒子 VI：IMAQ RemoveParticle，该粒子 VI 使用 3×3 矩阵对图像进行多次侵蚀处理，以消除图像中的无效点或块。该步骤是对前面的图像处理流程的补充，可以有效分割图像中交叠程度较轻的物体。

上述处理基本消除了杂乱像素的影响，得到了清晰的旅客二值图像，可用于旅客统计。对于车站客流检测而言，需要获得的数据有旅客数量、旅客投影面积（用于计算空间占有率）和旅客位置信息，这些数据可以用来统计客流密度和客流速度。本项目通过扫描标号法和形心检测法来进行统计。

扫描标号法是一种常用的图像粒子信息统计算法，该算法首先对图像中的图块进行标号，同一图块中所有的像素标号相同，获得图像中目标物体的个数，然后对标号相同的点进行累加，得到各个图块的像素点数量，即得到各个物体的面积。

形心检测可以为目标跟踪提供初始定位点，提高整体跟踪效果。通过对二值图像的处理和计算可以得到目标的形心位置，计算公式如下：

$$\begin{cases} x_t = \dfrac{\sum_{(i,j)\in A_t} iM(i,j)}{\sum_{(i,j)\in A_t} M(i,j)} \\ y_t = \dfrac{\sum_{(i,j)\in A_t} jM(i,j)}{\sum_{(i,j)\in A_t} iM(i,j)} \end{cases} \tag{11.5}$$

$$M(i,j) = \begin{cases} 1, & (i,j)\in A_t(\text{目标部分}) \\ 0, & (i,j)\in B(\text{背景部分}) \end{cases} \tag{11.6}$$

式中，$M(i,j)$为二值图像的像素矩阵；A_t是物块 t 所有像素点集合；（x_t,y_t）为物块 t 的形心位置。

将形心位置作为目标在二维图像中的坐标中心点，可以进行下一步的跟踪运算。

11.4.4 运动目标追踪算法

运动目标追踪算法是机器视觉中的重要研究部分，主要有光流法、模板匹配算法、meanshift 算法等，本项目采用光流法实现目标跟踪。光流法[11]最早由 Horn 和 Schunck 在 1980 年提出，利用序列图像的像素强度的时空变化来确定目标的运动，反映出图像灰度在时间上的变化与景象中物体结构及其运动的关系，是计算机视觉领域重要的目标跟踪算法。

Lucas-Kanade 算法由 Lucas 和 Kanade 在 1981 年提出，又称 LK 算法，是一种典型的光流算法，它计算相邻两帧图像中像素点位置的移动，对空间和时间坐标使用偏导数，求解光流并实现目标跟踪。该算法基于以下 3 个基本假设[17]：①亮度恒定，被追踪部分亮度不随时间发生变化；②小运动，时间连续或目标在帧间移动幅度很小；③空间一致，临近点保持相邻，具有相似运动。

亮度恒定的假设是为了保证模型成立不受亮度的影响，小运动假设是为了保证 LK 算法能够在下一帧找到点，空间一致假设是指同一个窗口中所有点的偏移量都相等。根据算法的前两个假设，图像约束方程可以写为

$$I(x,y,t)=I(x+\mathrm{d}x, y+\mathrm{d}y, t+\mathrm{d}t) \tag{11.7}$$

式中，（x, y, t）为在（x, y）位置的像素。

金字塔LK光流算法先在图像金字塔的最顶层计算光流，用上一层估计到的运动结果作为下一层的起点，重复运算直到金字塔的最底层，将不满足运动假设的情况转化为满足运动假设的情况来处理。金字塔LK光流算法运算步骤如下[18]：第一步，对序列图像的每一帧构建图像金字塔，原始图像在底层，将采样的低分辨率图像在顶层；第二步，在顶层执行LK算法，求出被跟踪目标的光流，估计下一帧的目标位置，此时算法中小窗对应的原图像像素较大，目标移动距离相对较小；第三步，将金字塔上一层得到的结果作为下一层的起始点，并在下一层执行LK算法。沿金字塔顶向下搜索（上采样），不断重复，直到到达金字塔的最底层，求出原始图像上的光流，这样就将不满足运动假设的可能性降到最小，从而实现更快更长的运动跟踪。图11.3所示为图像金字塔LK光流算法示意图。金字塔LK光流算法是一种较为成熟的目标跟踪算法，本项目中采用灰度图像进行跟踪处理，进一步降低了算法复杂度，对车站客流量大的场景较为适用。

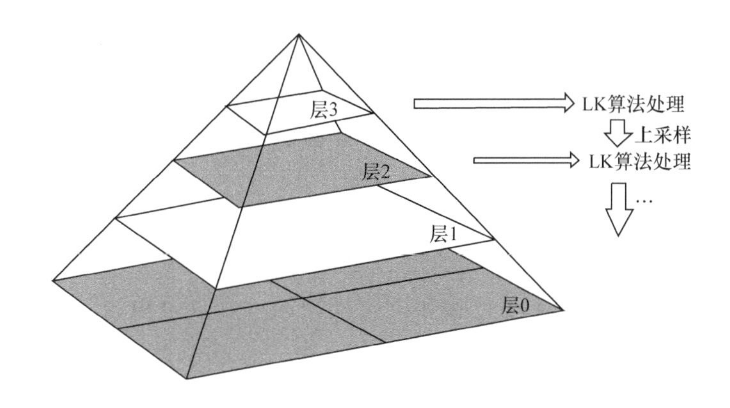

图11.3 图像金字塔LK光流算法示意图

11.4.5 车站客流安全指标分析

客流量、客流速度、客流密度是车站客流安全研究的三个基础要素，也是反映客流状况最重要的指标，三者之间的关系可大致表述为：单位宽度的客流量=客流密度×客流速度。国内外学者对客流安全的研究主要是从这三个参数展开的，并对三者之间的关系和对客流安全的指标意义提出了很多假设和理论模型，为客流分级预警提供了研究方法和理论先导。此外，还有一些学者把客流密度变化率、客流速度变化率、区域排队长度等作为客流安全参数，用以反映站内的拥挤程度或者作为密集人群潜在危险的预警判据，有其一定的科学意义。

客流量是车站区域人数的指标，指单位时间内某一区域通过的乘客数目。随着客流密度的增加，客流量先增大，最终随着客流停滞而变小。本项目使用当前监控区域内旅客数量指代客流量（瞬时客流量），瞬时客流量与客流密度呈简单的正相关关系，单位面积内旅客数量越多，客流密度越大，拥挤程度越高。

客流密度是最能反映站内人员密集程度的指标，也是客流风险最直接的影响参数，当半封闭空间内人员过于拥挤时，很容易造成挤伤、踩踏等安全事故。客流密度一般有两种表示方法：一种是用旅客数量与该区域面积的比值来表示，单位为“人/m^2”；另一种是用乘客所占的平均空间（面积）来表示。两者互为倒数[19]。《铁路旅客车站建筑设计规范》明确规定，普通候车室中人均使用面积不应小于 1.1m^2。一般来说，单位区域内旅客数量越多，客流密度就越大，每个旅客所占的平均面积就越小，人均占据空间的大小能更形象地反映车站的设施服务水平[20]。据研究，客运枢纽内客流量随客流密度的增大先增大后减小，为抛物线形式，不同区域变化情况存在较大差异[12]。

客流速度是指车站内旅客移动的平均速度，单位为 m/s，旅客在站内走行速度受旅客自身因素和其所处的外部环境共同影响。客流速度通常分为时间平均速度和空间平均速度[21]。时间平均速度是统计一段时间内旅客通过某一断面的平均速度，表达式如下：

$$\overline{v}(t)=\frac{\sum_{i=1}^{n}v_i(t)}{n} \tag{11.8}$$

式中，n 表示作为观察统计对象的旅客数量；$v_i(t)$表示第 i 位旅客通过指定断面的瞬时速度。

空间平均速度是统计在某一范围内旅客移动速率的平均值，表达式如下：

$$\overline{v}(t)=\frac{\sum_{i=1}^{n}L_i}{nT} \tag{11.9}$$

式中，L_i 指单位时间内第 i 位旅客的走行距离；T 表示用来计算旅客速度的单位时间。

人群的移动速度与人群密度存在相关性。在客流密度较低时，人群间相互作用力较小，旅客以期望速度行走，个体差异为影响行走速度的主要因素；随着密度的增加，客流变得拥挤，行走速度受到周围其他人的影响而降低，最终客流从自由流变为堵塞流，客流速度下降为零。因此，客流移动速度可以反映人群的拥挤程度[22]。图 11.4 所示为车站客流速度与客流密度关系图。

客流密度和客流速度在客流安全管理方面得到了广泛的研究和应用，但客流速度参数存在一定的不足之处。由于站内旅客基本靠步行行进，速度应在一个较小的范围内波动：速度过小可能是堵塞，也有可能是在站内停留休息或排队；速度过大，则有可能是恐慌性奔逃。更应该注意的是，在客流拥堵很严重或者当前旅客数目极少的情况下，用客流速度来刻画客流拥堵等级已经失效，因此不能简单地用速度的大小来衡量车站安全程度或者拥挤程度。

车站不同区域客流的速度、密度、流量和空间占有率等交通特性不同。通过研究比选，本项目以客流密度为关键指标，以客流速度为参考指标进行安全阈值划分，按照不同行走区域选取阈值进行车站客流安全状态等级划分。

LabVIEW 视觉与运动程序列表中提供了用于获取图像的各种函数和子虚拟仪器模块，可以便捷地调用摄像头采集图像。基于图像采集卡的图像采集方式分为 Snap

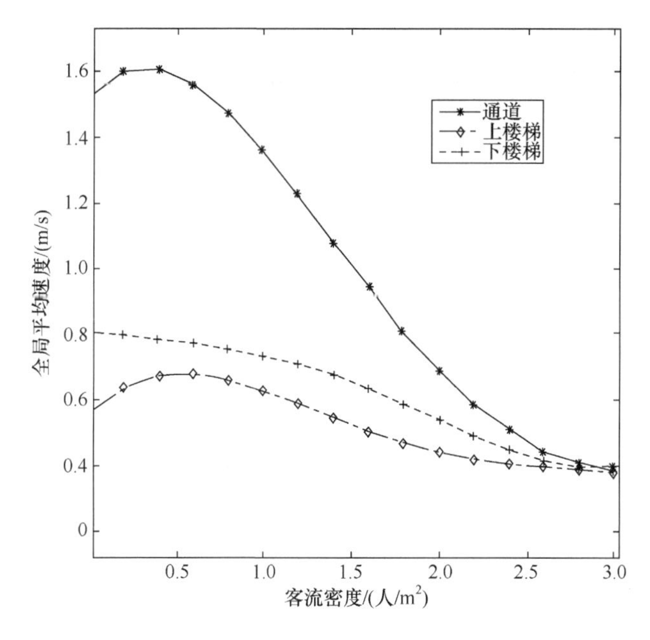

图 11.4 车站客流速度与客流密度关系图

和 Grab 两种，使用 NI Vison Module 提供的 Grab 相关程序，仅做一次初始化就可以在 while 循环中实现快速的连续图像采集。

客流密度在客流预警、应急疏散等方面有着重要作用，是枢纽站客流特性的一个重要指标。本项目同时采用两种方法来检测客流密度：

① 用检测到的旅客数量除以监控区域面积，将得到的比值作为密度值。该方法的优点是简单易行，缺点是旅客过度拥挤时检测值会出现较大偏差。

② 通过灰度统计（IMAQ Histogram），将得到的旅客像素占比作为客流密度参数。当摄像头焦距和位置固定时，其拍摄区域为一个确定值，用旅客像素占比除以旅客平均投影面积（空间）即可得当前位置单位为“人/m²”的客流密度。

客流行进速度是枢纽站客流预警的重要指标之一。客流速度检测是多目标追踪算法的成果利用，IMAQ Optical Flow 模块的 LKP 函数可以在对序列图像中目标进行跟踪的同时统计出各个目标的运动距离，将该距离求平均即得旅客平均移动距离，再除以检测间隔时间即得旅客的平均移动速度。图 11.5 所示为客流速度检测算法流程。

在垂直检测情况下，形心坐标一般位于旅客的头部，将其作为光流法跟踪的初始位置可以达到较好的追踪效果。为取得更好的检测效果，选取目标检测中位于图像较

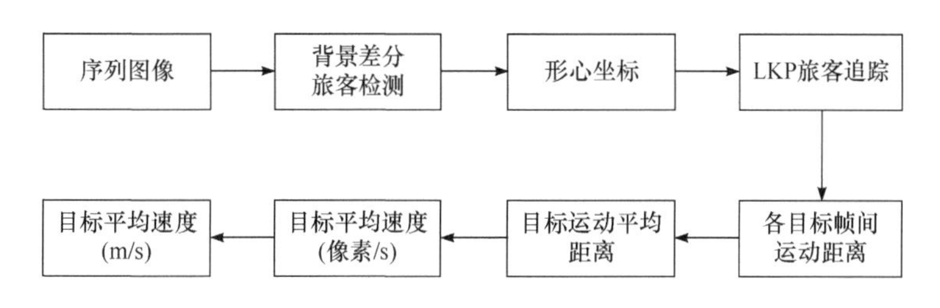

图 11.5 客流速度检测算法流程

中心位置，且图像无粘连（根据目标像素数判断）的旅客形心坐标作为跟踪的初始位置。本项目指标参数检测基本都是以像素为基准进行计算的。在实际应用中，需根据实际情况乘以与摄像头型号和摄像头高度有关的系数。

11.5 实验结果分析

11.5.1 旅客检测追踪算法结果

灰度形态学处理，可以实现包括腐蚀、膨胀、开运算、闭运算等 7 种运算，在程序设计中采用 3×3 结构元素对灰度图像进行多重腐蚀处理，以尽量去除图像中多余的像素点，并加强目标的孤立特征，如图 11.6 所示。灰度形态学处理可以有效消除图像中的电线等干扰像素。

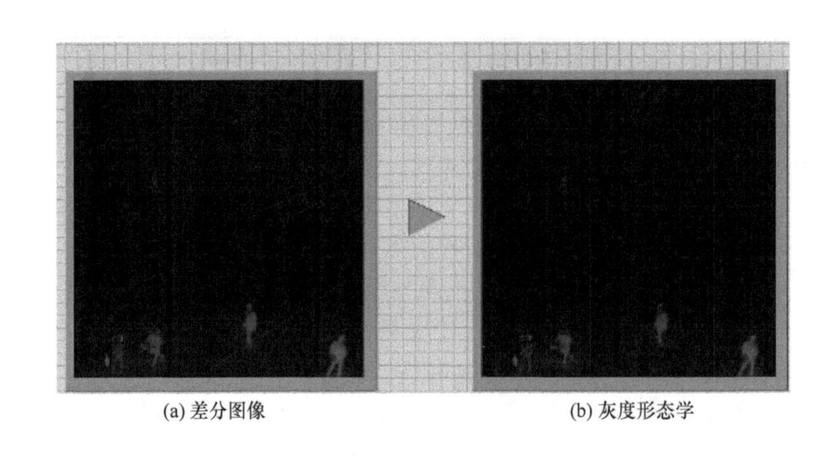

(a) 差分图像　　(b) 灰度形态学

图 11.6　灰度形态学处理

不同阈值运算函数各有特点，相比于固定阈值函数，自动阈值技术提供了更多的灵活性。自动阈值技术根据灰度直方图确定阈值水平，受图像整体亮度和对比度变化的影响更小，可以针对不同情况自适应设定阈值，因此广泛用于自动监测任务。本项目采用自动阈值函数，将达到阈值的像素灰度值替换为 255，实现图像的二值化处理。固定阈值运算与自动阈值运算处理效果对比如图 11.7 所示。

LabVIEW 机器视觉函数列表中的 IMAQ Count Object2 函数专门用于二值图像中物体的识别，它集成了边缘检测、空洞填充等功能，并使用“IMAQ Particle Analysis”函数来计算图像中各色块的形心坐标、面积（总像素数目）和外接矩形，为旅客识别提供了优良的工具。将得到的纯净二值图像输入 IMAQ Count Object2 函数，设置并运行程序可以自动实现空洞填充，并将符合大小要求的色块（旅客）用红色线框标出，同时得到其数量和位置信息。图像处理程序的核心程序框图与程序前面板如图 11.8 和图 11.9 所示。

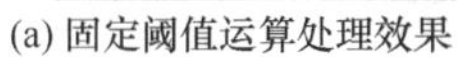

(a) 固定阈值运算处理效果

(b) 自动阈值运算处理效果

图 11.7　固定阈值运算与自动阈值运算处理效果对比

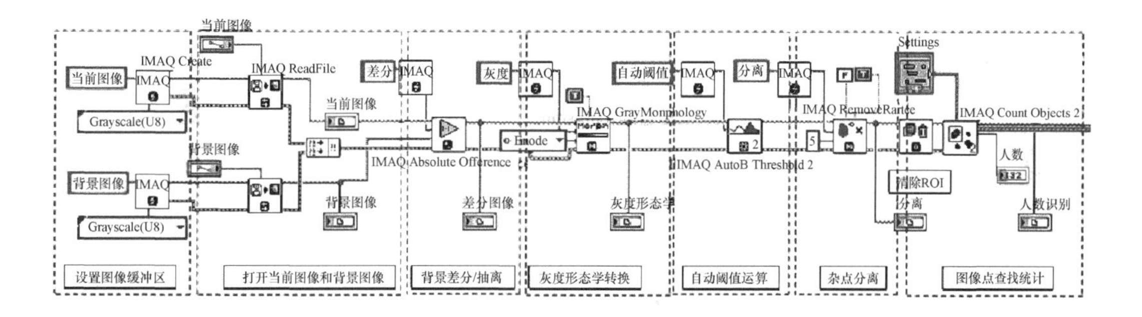

图 11.8　背景差分与图像处理核心程序框图

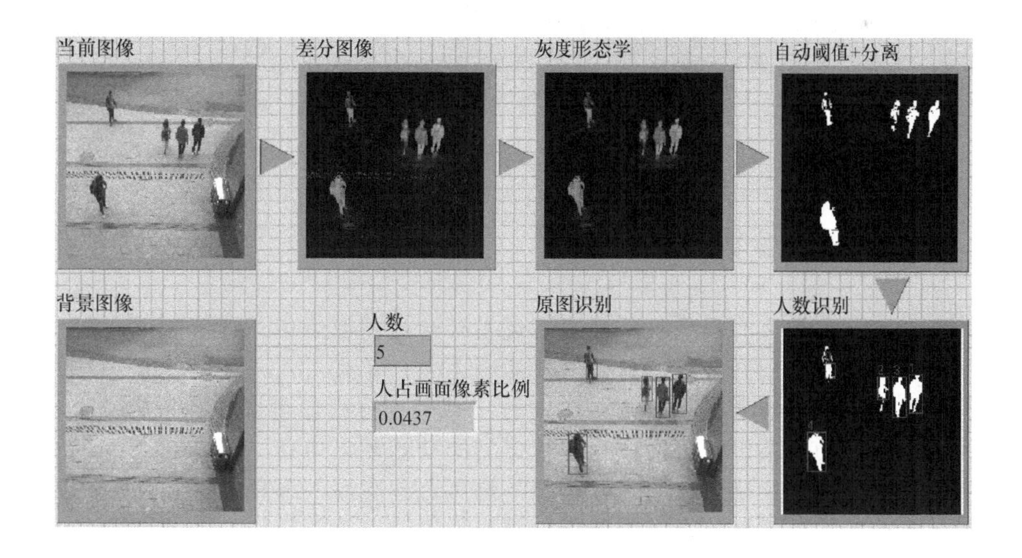

图 11.9　图像处理程序前面板示例

基于形心坐标的 LKP 旅客追踪程序流程如下：

① 初始设置：将序列图像中经过旅客识别处理的当前帧作为原始图像（Previous Frame），将之后的序列图像作为当前图像（Current Frame），将旅客形心坐标作为初始位置信息赋给覆盖特征点函数和 IMAQ Optical Flow 函数，设置并运行程序，在图像中相应位置覆盖标记，开始搜索并判断下一帧中旅客的位置。

② 目标追踪：读取下一张序列图像，利用 LKP 函数追踪光流位置，并将位置坐标传递给覆盖特征点函数，在各目标点重新覆盖定位符号，同时得到各目标点运动距离，在循环中重复该步骤，实现目标追踪。

③ 边缘检测：当有目标接近监控边界，即回到步骤①，重设初始坐标数据，由此往复，实现旅客追踪。

旅客形心坐标来自旅客目标检测，选取摄像头下方且图像不粘连的旅客图像形心数据，可以使 LK 算法的采样位置位于旅客头部，减少算法的搜索区域，提高运算速度。LKP 函数可以计算出各目标帧间运动距离，结合帧间隔时间可以得到旅客的平均相对运动速度。

设计实验场景，采集旅客走行视频，并对采集到的一些视频片段进行跟踪处理，如图 11.10 所示。将初始图像进行图像处理和前景目标识别，得到旅客形心位置，然后选取其中 3 个旅客在序列图像中进行目标追踪，得到了较好的追踪效果。

图 11.10 基于形心坐标检测的旅客追踪

11.5.2 客流量安全状态预警结果

基于旅客检测的客流安全状态判别系统主要包括图像采集、客流数据检测和基于客流指标的客流安全判别等部分，其框架如图 11.11 所示。

为了使程序更为清晰明了，LabVIEW 程序或其部分程序可以被制作成子程序，调用子程序时，自动将要用的组件代码和数据空间动态载入内存，可以减少内存占用，并能实现多个子虚拟仪器模块的并行运行，达到合理有序的编程模式和简洁的界面布局。在保证程序功能的情况下，对指标检测源程序进行重新设计，以减小所占内存。在程序中框选并单击“编辑”→“创建子程序”，在源程序基础上创建检测追踪子程序，并对其程序图标和接线口进行进一步设计，整理改造成可重复执行的子程序，以供其他程序调用。子程序前面板如图 11.12 所示。

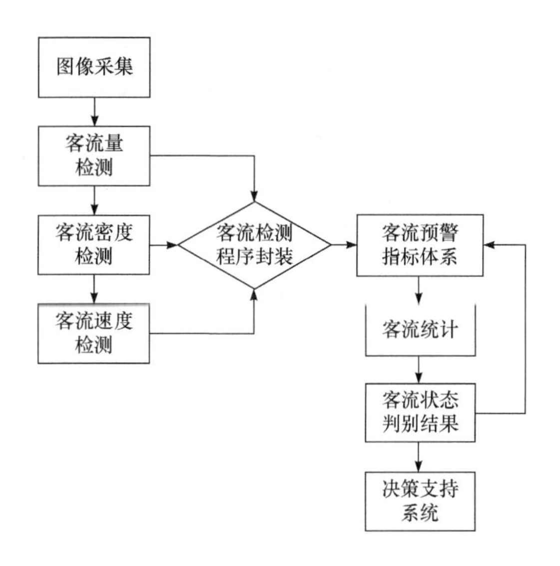

图 11.11 客流安全状态判别系统框架

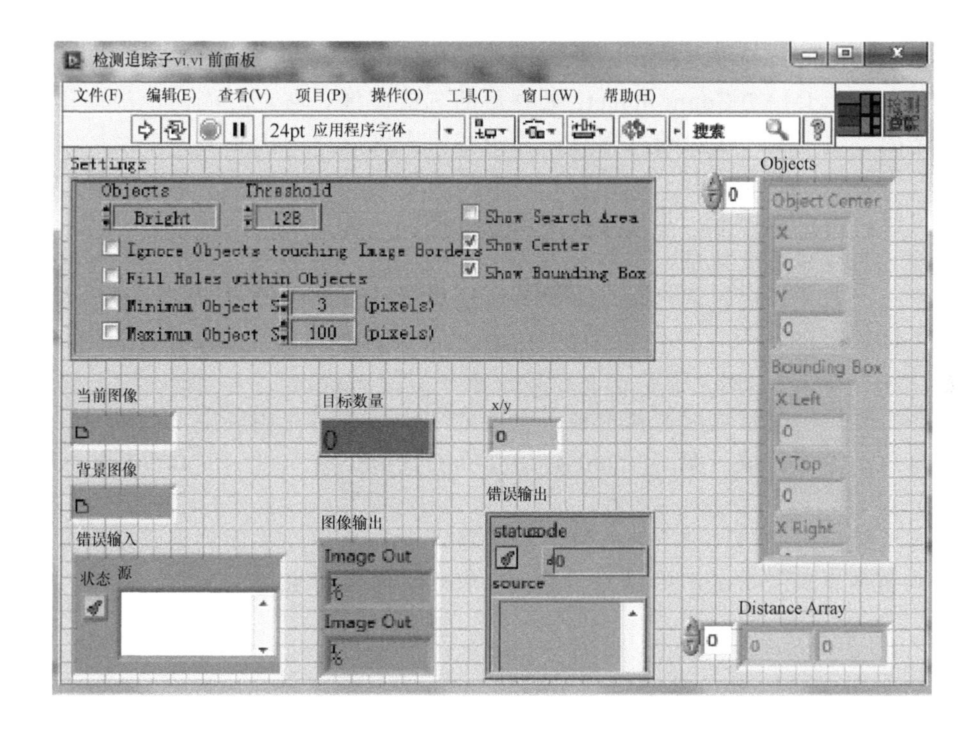

图 11.12 检测追踪子程序前面板

将检测追踪子程序添加到图像采集程序中，进一步设计得到客流采集识别程序。设置程序后将摄像头对准屏幕相应位置，运行 Path Finder 和客流采集识别程序，某时刻 A 区域客流识别情况如图 11.13 所示。

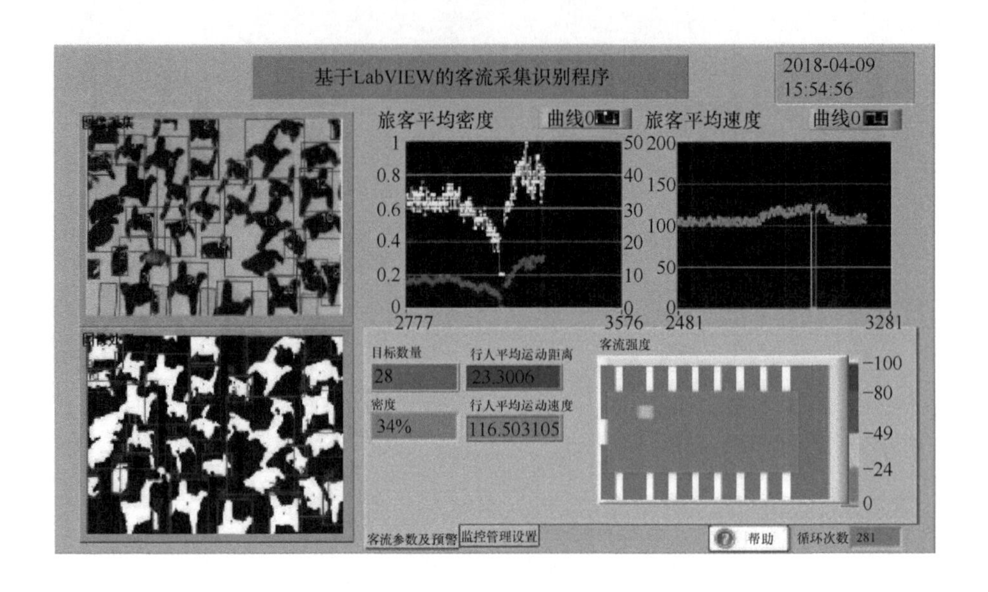

图 11.13　基于 LabVIEW 的客流图像采集识别程序

图 11.14 中，前面板左侧为两个图像显示控件，其中左上为通过旅客标注的源视频图像，左下为 IMAQ Count object2 处理后的二值图像。右上方为两个波形图，用以显示动态的客流密度、客流速度信息，其中客流密度波形图用左右两个坐标轴表示两种客流密度数据。前面板右下区域为一个选项卡控件，有“客流参数及预警”和“监控管理设置”两个选项卡，当前选项卡左侧区域为 4 个数值显示控件，分别显示当前客流数量、密度和速度信息，右侧区域为一个强度图，用于模拟显示当前某区域客流安全状态；“监控管理设置”选项卡内为“选取摄像头”“设置背景”等程序运行所必需的控件。

强度图控件位于 LabVIEW 前面板控件选板中的“新式”→“图形”→“强度图”位置，在二维图上显示温度、高度或者数值的大小。在客流预警中，可以用强度图中的色块来指示当前区域客流密度情况，改变其右侧颜色条刻度值的大小可以设置安全等级阈值。

将客流检测程序模块整合到智能监控系统，并在主程序界面利用强度图显示车站各个区域的客流安全状态，可以为车站安全管理和客流管理提供参考。

本章小结

本章基于多目标检测与追踪理论，采用背景差分法分离旅客前景图像并结合金字塔 LK 光流算法实现旅客追踪，利用 LabVIEW 图像处理和机器视觉模块对检测追踪功能进行实现，研究方法及成果有助于促进车站监控智能化和客流管理自动化，为车站客流安全状态判别奠定了基础。

在设计的仿真视频场景中，旅客客流由体积相似的个体组成，无背包和行李，个体行走时仅受车站设施和周围旅客影响，通过多次实验得到如下分析结果：

① 在旅客逐渐密集时，邻近旅客图像发生粘连，检测到的旅客数量随旅客运动发生跳变，用旅客数量与监控面积之比表示的客流密度随之降低，此时利用旅客面积占比法测得的密度数据受影响较小，因此将旅客面积占比作为客流密度是可行的。

② 检测发现旅客面积占比很少能超过35%。经分析，在仿真情况下，车站闸机等设施占用一定空间，而且受碰撞体积和跨步幅度较大影响，旅客之间始终保持较大的间距，难以达到很高的旅客灰度占比。此外，一些旅客灰度值与地面灰度值相似也会导致客流密度检测结果偏低，因此需要根据检测场景调整客流密度等级参数。

参考文献

[1] 周翊民，孙章．地区性城际铁路网不可或缺[J]．城市轨道交通研究，2016(11): 19-24.

[2] 胡琳．春运期间铁路车站服务质量提升[D]．兰州：兰州交通大学，2015.

[3] Osama M, Nikolaos P P. A novel method for tracking and counting pedestrians in real-time using a single camera[J]. IEEE Transactions on Vehicular Technology, 2001, 50(5): 1267-1278.

[4] Taleb-Ahmed A, Ducrocq N, Tilmanp G. Positioning sensors,video tool for counting pedestrian[C]//IEEE International Conference on Systems, Piscataway, 1999.

[5] Terada K, Yoshida D, OE S, et al. A counting method of the number of passing people using a stereo camera[C]//1999 Proceedings of the 25th Annual Conference of the IEEE Industrial Electronics Society, San Jose, 1999.

[6] Velastin B. Image processing system for pedestrian monitoring using neural classification of normal motion patterns[J]. Measurement and Control, 1999, 32(9): 261-264.

[7] 杭朱飞．智能视频监控中客流量统计算法的研究与应用[D]．兰州：兰州理工大学，2016.

[8] 陈赛楠．基于 LabVIEW 平台的红外图像目标检测系统的研究与实现[D].沈阳：沈阳理工大学，2014.

[9] 汤石晨．基于光流法的视频人数统计方法研究[D]．厦门：华侨大学，2012.

[10] 黄洪超．铁路综合客运枢纽客流安全状态评价研究[D]．北京：北京交通大学，2011.

[11] 周继彪．综合交通换乘枢纽行人交通特性及安全疏散研究[D]．西安：长安大学，2014.

[12] 张一．智能视频监控中的目标识别与异常行为建模与分析[D]．上海：上海交通大学，2010.

[13] 丁雪梅，王维雅，黄向东．基于差分和特征不变量的运动目标检测与跟踪[J]．光学精密工程，2007, 429(2): 12-14.

[14] 张秋仙．帧间差分法与平均背景法在运动检测中应用的研究[J]．企业科技与发展，2010(18): 59-60.

[15] 雷振山，魏丽，赵晨光，等．LabVIEW 高级编程与虚拟仪器工程应用[M]．北京：中国铁道出版社，2009.

[16] 王燕，林苏斌，缪希仁. 基于 LabVIEW 的机器视觉在玻璃缺陷检测中的运用[J]. 工业控制计算机, 2011, 24(4): 75-77.

[17] 赖泊能，陈熙源，李庆华. 基于 DM642 的金字塔 Lucas-Kanade 光流法计算速度信息[J]. 测控技术, 2016, 35(4): 145-148.

[18] 唐建宇. 一种自适应的金字塔式 Lucas-Kanade 目标跟踪算法[J]. 电子技术与软件工程, 2013(17): 225-228.

[19] Lam W H K, Cheung C Y. Pedestrian Speed-Flow Relationships for walking facilities in Hong Kong[J]. Journal of Transportation Engineering, 2000, 126(4): 343-349.

[20] 赵华. 城市轨道交通枢纽内行人步行设施服务水平研究[D]. 北京：北京建筑大学, 2011.

[21] 王会会. 综合客运交通枢纽内部客流拥堵机理研究[D]. 北京：北京交通大学, 2011.

[22] 李焘，金龙哲，马英楠，等. 大型活动客流监测预警方法研究[J]. 中国安全生产科学技术, 2012, 8(4): 75-80.

第 12 章

高铁牵引变电所绝缘子异常状态识别

12.1 研究背景意义

我国高速铁路近年来取得了迅速发展，我国高铁运营总里程于 2020 年年底已达 3.8 万公里，稳居世界第一[1]。面对如此庞大的铁路网络，如何保证高速铁路的安全运营是一项新的挑战。

从输电线路状态监控来说，电力系统安全可靠运行的重要前提是输电线路各部件的正常工作。我国幅员辽阔，地大物博，南方和北方，东部和西部，在地理、水文、气候等方面差异较大。输电线路在传输的过程中，不可避免地会经过多样的自然环境和复杂的地理位置，尤其是在高压线路架设的区域。在这些区域内，输电距离通常比较长、沿线的天气情况和地理环境相对复杂，输电线路很容易在这种恶劣的环境中受到损害。此外，还由于输电线路长时间暴露在自然环境中，经常会遭受冰灾、雷击、强风、鸟害、污闪等灾害，如果监控不到位，发生故障之后处理不及时，必将导致重大事故的发生，造成大面积停电等严重后果，严重威胁和影响电力系统的稳定运行，并带来巨大的经济损失。2008 年，南方地区冰雪灾害带来的输电线路大规模瘫痪，就是一个惨痛的教训。因此，对输电线路进行定期巡视检查是保证输电线路状态正常的重要前提。

输电线路最初的巡检方式是人工巡检，即电力巡检人员通过步行或者驾车沿着输电线路进行实地检测，人眼观察、攀爬电塔或者是使用高倍望远镜观测线路是否发生故障。在巡检的过程中，对人员的体能和精力有极大的要求。由于高强度的巡线工作，必然会导致巡检人员的工作效率下降，造成巡检结果的不稳定性。此外，人工巡检的成本较高，危险性大，对如此大规模的输电线路，人工巡检已经很难满足高压输电线日常的监控和维修要求。

我国在 20 世纪 90 年代末开始试验直升机线路巡检，并一步步发展完善。目前，在北美、欧洲等国家和地区使用直升机对高压线路进行巡检已成为常态。近年来，随着无人机技术的成熟和快速发展，国内越来越多的电力公司使用无人机航拍的方式对输电线路进行巡检。电力无人机的操作人员，根据电力公司出台的相关规定和要求，沿着输电线路进行拍摄。与人工巡检相比，无人机巡检具有成本低、效率高、不受自然环境影响等优势，在保证巡检可靠性、安全性的同时，在一定程度上提高了线路巡检效率。在巡检过程中，输电线路上的绝缘子是重要的检测目标。绝缘子类型多，数量大，分布广，在导线、横担及杆塔间起到良好的绝缘作用，是输电线路中重要的组成部分。然而，由于长期暴露在野外自然环境中，以及在强力电场和超额的机械负荷等作用下，绝缘子极易发生故障（如掉串、破损、雷击、异物搭挂等），一旦发生问题，将严重影响电力系统的稳定运行。

21 世纪初，我国开始这方面的研究和探索。2004 年，南方电网公司首次启用无人机巡检，开创了我国电力航拍巡检作业的新局面。紧接着，浙江省与内蒙古自治区相关电力公司在 2005 年也实现了使用直升机进行高压输电线路的巡检。之后几年，东北、西北、华北、华中等地区都开始在试点应用直升机巡检。随着我国无人机技术的发展和应用创新，同时为了弥补载人直升机巡检的不足，开始使用无人机进行输电线路巡检。2009 年，国家电网成立了无人机巡检专项项目。2011 年，南方电网成立试点工作。2013 年，国家电网和南方电网分别部署了无人机巡检试点工作安排。2015 年，国家电网全面推进无人机巡检成为新型巡检模式中的重要一环。2020 年，南方电网基本实现“机巡为主+人力为辅”的协同巡检目标。

绝缘子检测的本质就是定位航拍巡检图片中绝缘子的具体位置。在计算机视觉领域，绝缘子检测或者说绝缘子定位，本质上是目标检测的问题。针对目标检测，有两种常见的解决思路和方法。

① 传统图像处理和特征提取方法。使用 HOG（Histogram of Oriented Gradients）、SURF（Speeded Up Robust Features）等特征提取方法，提取图像的纹理、颜色、梯度等特征，然后利用这些图像特征，根据不同大小的滑动窗口，在图像中进行滑动，训练图像特征分类器。常用的图像特征分类器算法有 SVM（Support Vector Machine）、Adaboost 等。针对绝缘子检测，传统方法首先会对绝缘子图像进行分割，然后对图像的连通域进行分析，最后根据绝缘子的角度和位置建立数学模型。在数学模型的基础上，对绝缘子进行检测和定位。这样的算法处理流程受特征的提取方式影响较大，算法的表征能力有较强的局限性。杨辉金[2]使用 HOG 提取绝缘子局部特征，然后使用机器学习算法进行绝缘子检测。徐向军等[3]和钟超[4]使用广义 Hough 变换，提取绝缘子盘片作为轮廓特征。Zhao 等[5]提取图像的 SURF 特征以及基于相关系数的直觉模糊集，然后使用聚类算法识别绝缘子。Zhao 等[6]基于绝缘子形状特点，使用方位角检测多角度的绝缘子。由于绝缘子种类繁多，成像背景复杂，基于传统图像处理的方法，泛化性较差，往往只局限在有限的场景和数据集中。

② 使用基于神经网络的深度学习方法。2013 年以来，基于神经网络的深度学习方法异军突起，爆发出巨大的潜力。文献[7]～文献[11]提出了基于深度学习的目标检

测网络，如 Faster R-CNN、YOLO（You Only Look Once v1 v2 v3）、SSD（Single Shot Detector）等。使用深度学习技术进行绝缘子检测的研究相对较少，刘宁[12]使用修改后的卷积升级网络提取绝缘子特征,然后利用深度特征和结构信息对绝缘子进行定位。Xu 等[13]使用 SSD 网络对绝缘子进行检测。目前的方法，主要是在绝缘子数据集上套用经典目标检测模型，注重模型使用和训练技巧，缺乏从绝缘子数据集自身的特性入手再结合深度学习方法的研究。

在检测到绝缘子后，就需要判断绝缘子是否发生故障。同样的，也有基于传统方法和深度学习方法两种解决思路。传统方法在绝缘子故障识别中对绝缘子图像质量和图像预处理要求较高，限制了该方法的使用。苗向鹏[14]使用图像处理和动态阈值二值化相结合的技术，判断绝缘子是否掉串。刘轩驿[15]提出了一种改进的 Hough 变换的算法，检测绝缘子中的椭圆，根据椭圆数量，判断绝缘子是否掉串。受传统方法算法能力限制，出现了一批深度学习方法。例如，高强等[16]使用卷积神经网络对绝缘子故障进行了识别。崔克彬[17]使用稀疏表示特征完成了绝缘子掉串缺陷检测。Zuo 等[18]利用 Haar 特征结合图像分割对绝缘子进行了故障识别。Zhao 等[19]使用基于卷积神经网络的 Mutil-patch 特征对绝缘子状态进行了分类。

12.2 项目研究目标

随着科技的不断发展，航空领域的设备开始变得不那么遥不可及。在低空航空业逐渐平民化的过程中，为使用航空设备对电网输电线路进行巡检提供了硬件基础和技术支持。从 20 世纪 50 年代开始，欧美等部分国家和地区开始论证利用直升机对电网输电线路巡检的可行性。经过 70 年的发展，在这些国家和地区使用直升机或者无人机完成电网输电线路巡检的工作已经是常态化、标准化作业流程。

无人机在巡检过程会拍摄到大量图像和视频资料。当前还需要电力工作人员用肉眼去判断绝缘子状态是否正常，有没有发生故障。随着数据量的不断积累，用肉眼去判断绝缘子状态的这种半自动化的重复工作流程，并不符合电网强调的“自动化”发展路线。近年来，随着深度学习、计算机视觉和图像处理技术的发展，以及对应的 GPU 运算硬件的换代升级，利用相关技术对无人机航拍图像中的绝缘子进行检测和故障识别成为可能。

本项目的主要研究目标是：一方面从航拍图像中找到绝缘子，即定位绝缘子在图像中的位置；另一方面在确定绝缘子分布位置的基础上，去判断指定区域的绝缘子有没有发生故障以及具体的故障类型。这种自动化检测和识别的方法，有助于提高无人机巡检过程中的智能化和数字化程度，提高巡检效率，降低人工成本。

12.3 主要研究内容

本项目采用深度学习的相关方法，对无人机航拍巡检图像中的绝缘子进行检测与故障识别。首先，使用单步骤目标检测的思路，从无人机拍摄到的输电线路巡检图像定位绝缘子在图像中的位置；然后，在得到位置信息后，利用细粒度分类模型去判断指定位置绝缘子的状态；接着，从深度学习单步骤目标检测的思路入手，提出一种基于多尺度和细粒度特征的绝缘子检测模型，以及该模型对应的损失函数；最后，使用弱监督细粒度图像分类的思想，提出一种多特征融合的绝缘子故障识别模型。

12.4 项目研究方法

12.4.1 深度学习的基本原理

深度学习是机器学习的分支，是能够帮助计算机系统从经验和数据中培养自我学习能力的技术，具有强大的学习能力和灵活性。在结构上，将学习过程表示为嵌套的层次结构，利用反向传播对层次结构中的参数进行更新，具有很强的数据表征拟合能力。广义上来说，深度学习可以视为神经网络算法的总称，如深度信念网络、自动编码机、深度卷积神经网络、循环神经网络和 GAN（Generative Adversarial Network）网络等。深度信念网络和自动编码机是早期的神经网络，但其思想还在深刻影响着深度学习的发展。通常情况下，深度卷积神经网络用来处理图像和视频数据，循环神经网络用来处理自然语言数据，GAN 网络[20]用来生成相关的数据，这三种网络是常用的神经网络和当前研究的热点。深度学习本质是统计学习方法的一种。与其他统计学习方法类似，最终目的就是使目标函数取得全局最优解。统计学习方法的处理流程往往是先输入原始数据，接着使用一个特征提取器从数据中提取出能代表原始数据的抽象特征，然后送入分类器或者其他决策运算单元，输出结果，最后将结果送入目标函数，根据目标函数的下降方向更新分类器中的权重。深度学习将这个繁琐的过程简化，使用端到端的训练方法，将特征提取、分类器分类、模型参数更新等运算融合在一个网络中，避免中间结构在组合过程中的信息损失，从而提升模型的效果。由于本项目使用无人机航拍得到的图像数据，所以在具体深度学习算法结构的选择上，使用卷积神经网络对绝缘子进行检测和故障识别。

卷积神经网络是在全连接神经网络的基础上，使用数学中的卷积运算进行神经元连接，传递学习信息。与全连接网络相比，卷积神经网络具有参数量少、模型拟合能力强、可以保留数据空间信息等特点。卷积的计算方式如式（12.1）所示，其中，I 表示输入图像，K 表示卷积核。

$$S(I,j)=(I*K)(I,j)=\sum_{0}^{m}\sum_{0}^{n}I(i+m,j+n)K(m,n) \tag{12.1}$$

卷积神经网络最基本的组织结构是卷积层、激活层和池化层。从传统图像处理的角度来看，卷积操作本质就是一种图像滤波操作，但滤波器中的参数不是人为设计的，而是通过随机初始化去赋值。这些参数会在网络学习的过程中不断进行调节。局部连接和权值共享是卷积层最重要的两个特点。局部连接是指卷积神经网络层与层之间只是部分神经元进行连接，从而减少模型的参数量，提高模型的稀疏性，降低模型的运算复杂度，防止模型在训练过程中的过拟合。权值共享是指神经元或者卷积核在特征图上滑动时，卷积核中的参数值是固定的，参数值并不随着卷积核的移动位置而改变，这样的设计在一定程度上又减少了很多参数。

卷积层提取特征后，就进入激活层。激活层的目的就是将卷积特征进行非线性映射，提高模型的非线性拟合能力。激活层的实现有很多，通常会根据不同模型的设计和数据集特点进行选择，具体如表 12.1 所示。表中罗列了这些损失函数的计算公式和部分优缺点。当前，在学术界和工业界常用的激活函数是 ReLU 及其变种。

表 12.1 激活函数

激活函数	数学公式	缺点	优点
Sigmoid	$\sigma(x)=\frac{1}{1+\mathrm{e}^{-x}}$	会发生梯度消失；不是关于原点对称；计算指数比较耗时	—
Tanh	$\tanh(x)=\frac{2}{1+\mathrm{e}^{-2x}}$	梯度消失没有解决	关于原点对称；比 Sigmoid 计算快
ReLU	$f(x)=\max(0,x)$	在小于零的区间，神经元失活	部分解决梯度消失问题；运算速度快，收敛速度快
LeakyRelu	$f(x)=\max(ax,x)$	—	解决了神经元失活的问题

在卷积层和激活层后就是池化层。池化层介于卷积层之间，主要用于数据和模型参数的压缩。尺度不变性、特征降维和防止过拟合是池化层的重要特点。关于尺度不变性，池化操作本质上是图像的缩放操作，缩小图像后，并不影响关键信息的识别，即留下来的信息并不受尺度大小的影响，剩余的信息依然可以表示图像的重要信息。在一幅图像中含有大量的多余特征，这些特征对图像识别任务并没有太多作用。倘若直接使用，会增加运算量，降低模型的运行效率。通过池化操作，能够去除这些冗余特征，把最重要的信息提取出来，从而达到特征降维的目的。与此同时，池化操作在计算过程中，会降低模型的参数量，防止模型过拟合。池化操作是线性运算，在前向和反向传播的过程中，并没有参数运算和学习。常见的池化操作是最大池化和平均池化，而最大池化使用比较广泛。

在构建网络结构时，将卷积层、池化层、激活层有机组合，形成了很多经典的卷积神经网络框架，如 LeNet5、AlexNet 以及 VGG 系列网络等。这些网络在图像分类领域取得了很好的结果。但是，随着研究人员不断加深网络，却发现随着网络深度的变深，当网络深度超过某个临界深度时，网络的效果并没有相应提升，反而下降了不少。分析其原因，研究人员发现，一方面随着网络不断变深，反向传播的链式计算法变长，梯度在反传的过程中越来越小，直到为 0，导致前面的网络权重没有更新，造成梯度消失，学习停滞；另一方面，网络层数的增加导致层与层之间权重的分布差异过大，网络提取到的特征不具有代表性，导致模型难以拟合。

为了解决训练深层神经网络时梯度消失和参数分布变化问题，研究人员在卷积层、池化层和激活层的基础上，提出了一系列解决方案。其中，常用的就是批归一化（Batch Normalization，BN）层、ResNet 网络结构和 Dense 计算模块。

BN 层与卷积层、池化层、激活函数层一样，是属于网络的一层，是可以在神经网络搭建过程使用的基本模块。BN 层的提出是为解决神经网络在训练过程中，层与层之间参数数据分布变化的问题。因为在神经网络训练的过程中，低层网络参数分布的改变一定会导致后层输入数据分布的改变，这样在网络训练的过程中，深层网络获取到的输入数据的分布往往并不满足最初输入数据的分布情况，导致神经网络无法持续学习到有用信息。因此，BN 层主要解决的问题就是如何保持层与层之间的参数是近似分布的。类似于输入模型的数据都需要进行归一化操作，BN 层是在卷积神经网络层与层之间实现参数的归一化。BN 层的运算过程分两步：首先使用式（12.2），将中间某一层的参数分布归一化到均值为 0、方差为 1 的分布。

$$\widehat{x^k} = \frac{x^k - \mu}{\sigma} \tag{12.2}$$

式中，μ 表示特征图上的平均值；σ 表示特征图方差。

因为强制归一化会改变特征当前层网络学习到的权重分布，为了避免强制归一化造成的负面影响，在第二步运算中，对 BN 层使用变换重构，增加了可学习参数γ和β，对归一化之后的权重分布进行扩展和平移，达到随机扰动的目的。当这两个参数分别等于特征图的均值和方差时，可以帮助网络恢复学习到的特征分布。具体计算方法如下：

$$\widehat{y^{(k)}} = y^{(k)}\widehat{x^{(k)}} + \beta^{(k)} \tag{12.3}$$

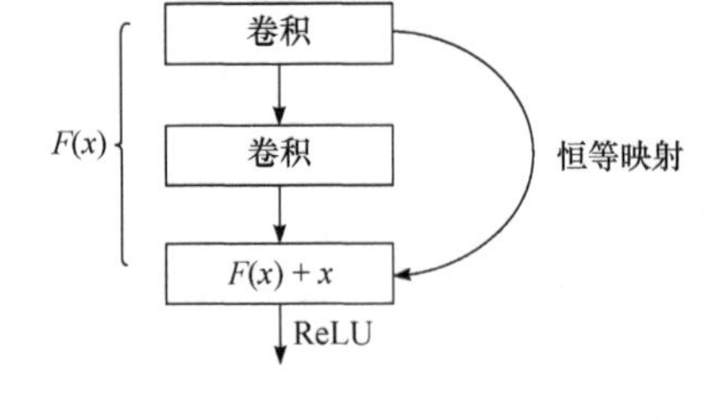

图 12.1 ResNet 网络结构

ResNet 网络结构的提出是为了解决训练深层神经网络时，在反向传播中发生梯度消失，导致训练深层神经网络无法收敛的问题。因此，ResNet 使用恒等映射（Identity Mappings）思想，保持网络在逐渐加深的过程中，浅层特征可以保留，从而贡献梯度的计算。为实现恒等映射，ResNet 使用跳跃连接结构，在计算过程中并没有引入多余的参数和计算复杂度。ResNet 网络结构如图 12.1 所示。

从图中可以看出，$F(x)$是常见的卷积模块。将前一层的卷积特征与当前特征通过特征值相加的方式，实现一个恒等式。ResNet 学习公式如式（12.4）所示，使得网络在浅层特征时学习 $F(x)$的映射方式，$F(x)$与 x 是线性叠加；而到达深层特征时，$F(x)$会渐渐趋于零，这时，残差块为恒等映射，从而从根本上避免了增加网络层数反而影响效果的情况。

$$H(x) = F(x) + x \tag{12.4}$$

Dense 计算模块是在 ResNet 网络结构的基础上提出的结构，Dense 中使用密集连接（Dense Connection）方法，从浅层网络和深层网络的特征出发，在保证网络中层与层之间最大限度信息传输的情况下，将 Dense 模块中所有层连接起来。直观来说，如果在传统的卷积神经网络中有 x 层，那么就会有 x 个连接，层与层之间只要上下层连接。ResNet 实现了跨层连接。DenseNet 更进一步，让网络中每一层的输入来自前面所有层的输出，那么就会有 $L(L+1)/2$ 个连接。其结构如图 12.2 所示。

除了对浅层网络特征的充分使用外，Dense 模块网络较窄，模型的学习参数更少。Dense 模块中的密集连接如式（12.5）所示，表示将网络中从第 0 层到第 n 层的输出$[x_0,x_1,x_2,\cdots,x_n]$，进行拼接操作，然后再送入后面的网络。

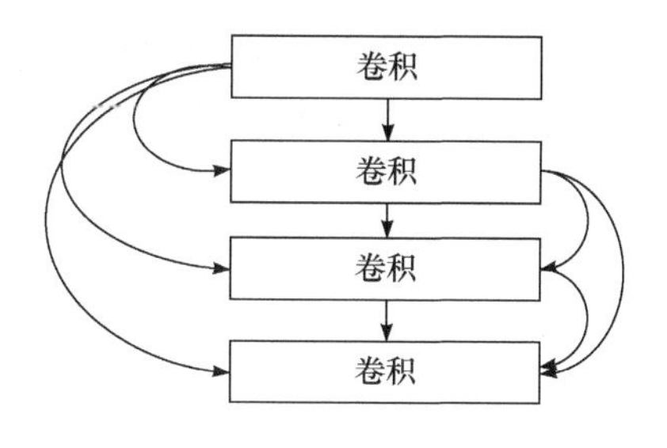

图 12.2 DenseNet 结构

$$H(x)=F([x_0,x_1,x_2,\mathrm{L}\ ,x_n]) \tag{12.5}$$

12.4.2 深度学习在绝缘子图像中的应用

图像识别领域主要的研究方向是图像分类、目标检测、图像分割和目标跟踪，基于卷积神经网络的深度学习方法在这些问题上都取得了显著成果。但是针对不同的研究和数据领域，在网络结构设计和解决思路方面，还是会有较大的不同。本项目的研究对象是航拍图像中的绝缘子，为了借鉴和使用相关研究领域的算法，将绝缘子检测问题视为目标检测问题，将绝缘子故障识别作为图像分类问题。随着深度学习的不断发展，针对目标检测和图像分类的新模型、新方法和新解决思路层出不穷。

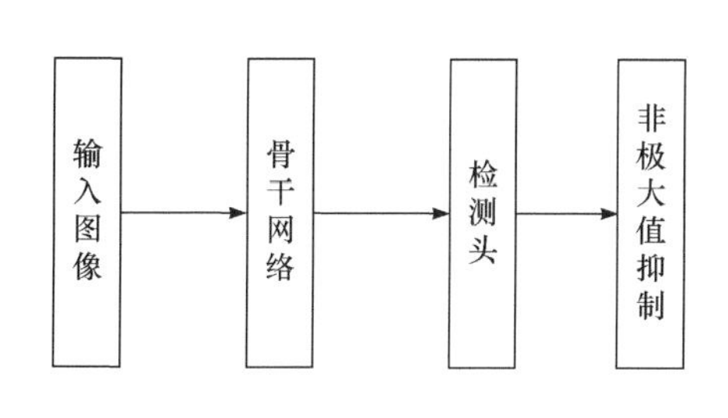

图 12.3 目标检测流程

目标检测主要用于在图像中找到感兴趣目标在哪里，以及感兴趣目标具体的类别。基于深度学习的目标检测流程通常由几个步骤组成，如图 12.3 所示。

骨干网络用来提取图像的抽象特征，是目标检测网络的第一步，提取特征质量的高低在很大程度上决定了模型最终检测效果的好坏。因此，在选用骨干特征提取网络时，通常会使用经典的、经过大量实验验证、特征提取能力强的模型结构，如 VGG 系列、ResNet 系列、Dense 系列，以及 Inception 系列和 MobileNet 系列。值得注意的是，这些网络最初都是基于图像分类问题提出的，用在目标检测上也能取得不错的效果。近几年，也有相关学者提出了直接面对目标检测的骨干模型，如 DetNet 网络，进一步提高了骨干网络特征提取能力。

检测头的输入是骨干网络提取的图像高维语义特征，然后将这些特征进行处理，输出具有实际意义的图像中物体的坐标信息和类别概率信息。根据检测头处理思路的不同，将目标检测又分为双步骤目标检测和单步骤目标检测。所谓双步骤，是指使用区域提取结构来从图像特征中提取感兴趣区域（ROI），然后将感兴趣区域送入后续的坐标点定位和类别分类网络中。由于有区域位置的筛选，双步骤目标检测的检测效果往往更加准确。相对应的区域提取网络会消耗一定的时间，使得双步骤目标检测模型一次推理的时间过长，在一般的运算平台上，无法达到实时的要求。而单步骤目标检测没有区域选择，直接使用回归的方法去预测坐标信息和类别信息，只需要一次运算就可以得到最终的结果。因此，单步骤目标检测往往具有更快的检测速度，但在检测精度上就略逊一筹。

为了尽可能检测到和检测准图像中的目标，检测网络使用饱和式预测的思路，通常会预测很多检测框和类别，因此就需要选择一种方法，对预测结果进行过滤，保留最合适的检测框和类别信息，将其作为网络的输出结果。非极大抑制算法[21]通常是首选的方法。该算法先将检测结果根据类别置信度高低进行排序，然后选择置信度阈值，将类别置信度小于阈值的检测框去掉；接着设置交并比（Intersection over Union，IoU）阈值，当属于同一类别且与该类别置信度最高的检测框的 IoU 值大于阈值时，代表这些框预测了同一个位置的同一个物体，是需要过滤的冗余框；最后留下最好的检测框。

图像分类是目标检测的一个子问题，因为在目标检测中需要判断物体具体所属类别。但图像分类是深度学习算法最早攻克的领域，当前使用的很多经典深度学习网络结构都是在图像分类的研究中提出来的。

从模型结构来看，图像分类网络都比较简单和直观。基本的网络设计思路就是在特征提取网络后连接全连接层，全连接的神经元个数往往等于数据中需要分类的类别数，如 ImageNet 是 1000 类，那么全连接层就设置 1000 个神经元。如果是多分类问题，在全连接层之后使用 Softmax 函数，输出最后的类别概率结果。若是二分类，可以使用逻辑回归算法，也可以直接连接只有两个神经元的全连接层，将全连接层的输出作为模型的预测结果。

图像分类根据被分类物体的关系，分为区分类间物体不同的粗粒度分类和区分类间物体不同的细粒度分类。因为粗粒度分类问题已经得到很好的解决，所以细粒度分类是当前研究的热点和难点。粗粒度图像分类关注的是不同类之间的整体差异，算法需要学习到不同类之间具有代表性、辨识度高的整体特性，才能更好地区分不同的类。而细粒度图像分类由于图像很相似，不仅需要关注整体特征，更需要注意细节的不同。

12.4.3 绝缘子检测算法

本项目从绝缘子检测的特点出发，提出使用多尺度和细粒度的更适合绝缘子检测的 MFIFIN（Multi Feature Insulator Fault Identification Net）模型，下面详细介绍该模型的先验框设计、骨干网络结构和损失函数。MFIFIN 网络结构主要包括 3 个部分：多网络特征提取、特征融合与分类器，该网络结构如图 12.4 所示。

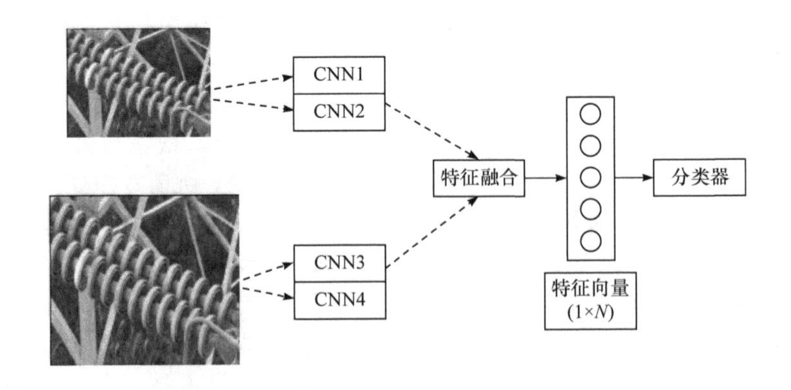

图 12.4 MFIFIN 网络结构

MFIFIN 模型由一个七元组构成，具体如下：

$$M=(f_1,f_2,f_3,f_4,\mathrm{Con},P,C) \tag{12.6}$$

式中，M 代表网络；f 对应网络的 4 个特征提取结构；Con 代表特征的两两拼接；P 代表将拼接后的特征进行融合操作；C 代表将融合之后的特征送入分类器。

（1）多网络特征提取

了类间图像都比较相似，图像内容的差异通常都比较小。具体到绝缘子故障数据中，往往只是局部区域的像素不同，就成为判断绝缘子是否发生故障的关键。如图 12.5 所示，与正常绝缘子相比，故障绝缘子仅在白色标注框的位置中缺失部分绝缘子子串。

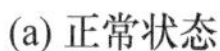

(a) 正常状态

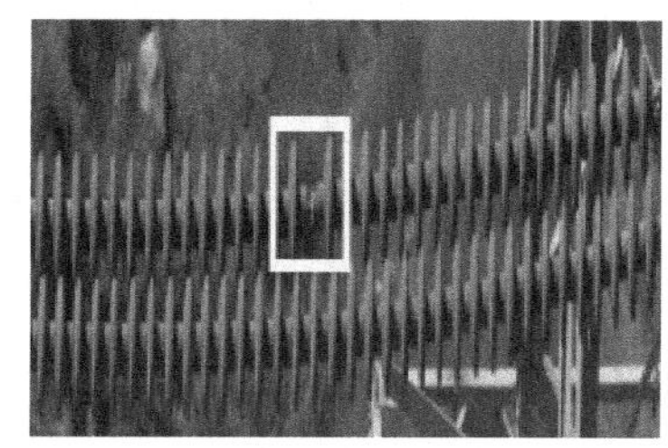

(b) 故障状态

图 12.5　正常和故障状态下的绝缘子

因此，从图片中提取出有用的信息对提升细粒度分类模型的识别准确率有重要意义。而基于弱监督的细粒度分类网络在训练时，只有全图图像类别标签，因此就要求模型在提取特征时能够充分提取出具有代表性的图像特征表示。细粒度分类模型在提取图像的特征时，分别从物体级别和部位级别提取特征。本项目在设计 MFIFIN 特征提取网络时，分别设计物体级特征提取和部位级特征提取网络。特征提取的表达式如下：

$$f=\begin{cases} f_{\mathrm{object}}(I,L) \\ f_{\mathrm{part}}(I,L) \end{cases} \tag{12.7}$$

式中，I 表示输入图像；L 代表图像对应的标签；f_{object} 代表物体级特征提取网络；f_{part} 代表部位级特征提取网络。

在设计特征提取网络时，设计了两组特征提取结构：物体级特征提取是第一组，部位级特征提取是第二组。物体级特征提取结构如图 12.4 中上部所示。为避免单一网络因为模型结构和超参数的设置造成提取特征时有效信息损失过多，本项目使用互补的两个网络 CNN1 和 CNN2 从图像中提取特征。物体级特征提取网络参数见表 12.2。在设计模型时，为避免局部特征对整体特征的干扰，帮助网络专注于物体级别特征的提取，两个网络都使用小分辨率图像 224×224 作为输入，使用 7×7 和 5×5 较大的卷积核，提高感受野范围。同时，在网络结构中使用了 Dense block（稠密模块）和 Inception block（起始区模块）特征提取模块，进一步提升模型的特征提取能力。表 12.2 中，Input

表示输入层，Conv 表示卷积、BN 层、ReLU 激活函数的运算组合，MP（Max Pooling）表示最大池化。CNN2 总体结构和 CNN1 类似，唯一的不同是在进入 Dense block 之前的 4 个卷积操作，先使用 5×5 卷积，再使用 7×7 卷积。

表 12.2　物体级特征提取网络参数

网络层	卷积核/填充/步长	个数	输出
Input			224
Conv1	7×7/3/1	16	224
Conv2	7×7/3/1	32	224
MP1			112
Conv3	5×5/2/1	32	112
Conv4	5×5/2/1	64	112
Dense	1×1/1/1	32	112
Block1	3×3/1/1	32	112
Conv5	5×5/2/1	64	112
MP2			56
Inception	3×3	128	56
Block1	5×5/7×7	128	56
Conv6	5×5/2/1	128	56
MP3			28
Dense	1×1/1/1	64	28
Block1	3×3/1/1	64	28
Conv7	3×3/1/1	128	28

在设计部位级特征提取网络时，同样基于网络特征互补的考虑，使用 CNN3 和 CNN4 作为部位特征提取网络。与物体级特征提取网络不同，为了让部位级网络从图像中提取局部特征，使用 608×608 大分辨率图像作为输入，扩充图像的细节信息。在模型结构中，主要使用 3×3 和 5×5 卷积核，使得卷积操作在大分辨率图像中做更多的运算，帮助模型获得丰富的局部信息。此外，在网络结构中使用 Dense block 模块，可提高模型的特征抽象能力。CNN4 和 CNN3 结构相似，调换 Dense block 之前的卷积核运算次序即可。部位级特征提取网络具体参数见表 12.3。

表 12.3　部位级特征提取网络参数

网络层	卷积核/填充/步长	个数	输出
Input			608
Conv1	3×3/1/1	256	608
MP1			304
Conv2	3×3/1/1	256	304
MP2			152

续表

网络层	卷积核/填充/步长	个数	输出
Conv3	5×5/2/1	256	152
MP3			76
Conv4	5×5/2/1	512	76
MP4			38
Dense	1×1/1/1	64	38
Block1	3×3/1/1	64	38
Dense	1×1/1/1	64	38
Block2	3×3/1/1	64	38
Conv5	5×5/2/1	128	38
MP5		128	19

（2）特征融合

机器学习和细粒度图像分类的相关研究和工程实践表明，将模型提取的不同特征进行融合之后再送入分类器，往往会提高最终的预测效果。

使用 4 个卷积神经网络分别提取绝缘子的物体级特征和部位级特征。CNN1 和 CNN2 选择 Conv7 的输出作为图像的特征，CNN3 和 CNN4 使用 MP5 的输出作为特征表示，对应特征图维度分别是 28×28×128 和 19×19×128。因为卷积神经网络的每一个特征图都表示图像特征的抽象，不同特征图对应不同的激活区域，如果通过某种方式将不同的特征图结合起来，最终会得到更具有代表性的特征表示。特征融合方式如图 12.6 所示，图中以 CNN1 为例。

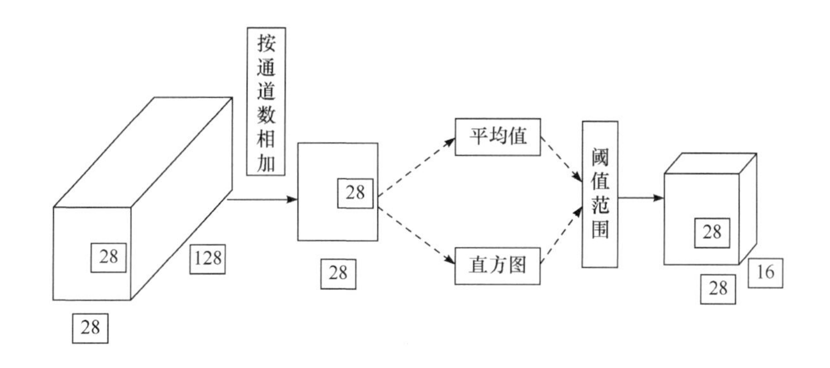

图 12.6　特征融合

具体来讲，物体级特征提取网络提取的特征图维度为 28×28×128，然后再沿着通道维度相加，最终得到 28×28 的特征图，部位级特征提取网络也做同样的操作。由于特征中不可避免地会有噪声，对求和之后的特征图需要进行筛选，最大限度地去掉噪声和保留有效特征。在二维特征图的基础上，求特征图全局平均值和特征值分布直方图，根据融合之后特征值的分布范围和分布区间设定阈值，只保留阈值范围内的特征值，从而达到去噪保真的目的。阈值计算如下：

$$m+(m-\overline{A})(1-\mathrm{ran}(r))\leqslant T\leqslant \overline{A}+(M-\overline{A})\mathrm{ran}(r) \tag{12.8}$$

式中，m 和 M 代表特征图的最大和最小值；A 表示特征图的全局平均值；$\mathrm{ran}(r)$ 表示特征区间的随机选择范围，增加特征选择的随机性和偶然性；r 为随机参数，在 0.1，0.3，0.45，0.6，0.75，0.9 中取值。

每次计算得到一个阈值区间后，只保留在区间内的特征值，其余全部设为 0。经过 16 次计算，得到 28×28×16 的特征图。CNN2 做同样的运算，然后将 CNN1 和 CNN2 的特征进行拼接，得到 28×28×32 的特征图，接着通过两层通道数不变的 1×1 卷积，融合两个网络的特征。部位级特征提取网络同样进行上述运算。为了保持特征维度的匹配，在物体级特征中再进行两层卷积核，分别是 7×7 和 5×5，步长为 1，填充为 0 的运算，使得尺寸和部位级维度一样，运算过程中保持通道数不变。特征图沿通道融合后，利用双线性池化操作提取物体级特征和部位级特征之间的相关性。双线性池化操作的本质就是对两个特征矩阵求外积操作，计算公式如式（12.9）所示。在双线性池化操作后，将特征的维度拉平为 $1\times N$ 的图像特征描述符，N 代表特征矩阵的各个维度的乘积。得到特征描述后，再送入分类器中进行训练。

$$F=F_1\otimes F_2 \tag{12.9}$$

（3）分类器和损失函数

MFIFIN 模型并不是基于端到端进行训练的，而是先训练特征提取网络，之后再训练分类网络。所以在不同的训练阶段使用不同的分类器，分类器都使用基于神经网络的分类方法。在特征提取网络中，使用全局最大池化（Global Max Pooling）、1×1 卷积和逻辑回归的分类器。在模型整体的分类器中，使用全局平均池化（Global Average Pooling）、1×1 卷积和逻辑回归的分类器。因为模型的输出结果只有两种——正常或者故障，所以在损失函数的选择上，选择经典的交叉熵损失函数作为目标函数。损失函数如下：

$$L=\sum_{i=1}^{N}(y^i\log\left(\widehat{y^i}\right)+\left(1-y^i\right)\log\left(1-\widehat{y^i}\right) \tag{12.10}$$

式中，y 表示真实标签；$\widehat{y^i}$ 表示模型的预测结果；N 表示总的数据量。

12.4.4 绝缘子检测评价指标

常用的衡量目标检测精度的指标是 mAP（mean Average Precision）。这一指标是多个目标对应不同 AP（Average Precision）值取平均得到的。通过计算预测结果的准确率（Precision，P）和召回率（Recall，R）来绘制 P-R 曲线，AP 值就是曲线下的面积。本项目采用 AP 值作为评价模型检测绝缘子效果的指标。

12.4.5 绝缘子故障识别评价指标

只判断绝缘子是否发生故障，并不去判断绝缘子的故障类型，这是一个二分类问题。为了全方位评估 MFIFIN 模型的效果，在选择评价标准时，使用分类精确率、准确率、召回率和 F1 值作为模型的评价指标。下面介绍各指标的定义和计算方法。

分类精确率表示对于给定的数据集,分类器正确分类的数据量占数据总量的比值，计算公式如下：

$$\text{accuracy} = \frac{M}{N} \tag{12.11}$$

式中，M 代表分类器识别正确的数据样本数；N 代表数据总量。

要计算准确率、召回率和 F1 值，需要先定义 TP、FN、FP、TN 4 种情况。TP（True Positive）表示预测结果与真实结果都为正常；FP（False Positive）表示预测结果为正常，真实结果是故障；FN（False Negative）表示预测结果为故障，真实结果是正常；TN（True Negative）表示预测结果和真实结果都为故障。具体定义如表 12.4 所示。

表 12.4　TP、FN、FP、TN 定义

真实 \ 预测	正常绝缘子	故障绝缘子
正常绝缘子	TP（预测为正常，真实为正常）	FN（预测为故障，真实为正常）
故障绝缘子	FP（预测为正常，真实为故障）	TN（预测为故障，真实为故障）

得到表 12.4 的相关指标后，就可以进一步计算准确率、召回率和 F1 值。准确率表示模型预测为正常且预测结果正确的绝缘子个数,占模型预测为真所有数据的比例,换句换说，就是模型预测为真的结果中有多少是预测对的。计算公式如下：

$$\text{precession} = \frac{\text{TP}}{\text{TP} + \text{FP}} \tag{12.12}$$

召回率表示绝缘子测试数据集中正常的绝缘子，有多少被模型正确地找了出来。计算公式如下：

$$\text{recall} = \frac{\text{TP}}{\text{TP} + \text{FN}} \tag{12.13}$$

通常来说，准确率和召回率是一对相互矛盾的度量方法。当准确率较高时，召回率往往较低；或者相反，当召回率高时，准确率通常比较低。所以，在选择评价指标时，就需要考虑到不同的使用场景和适用范围。如果想要同时考虑准确率和召回率，就需要使用综合评价指标，常用的指标是 F1 值。F1 值代表准确率和召回率的加权平均和，是准确率和召回率的综合分析。当模型有较高 F1 值时，意味着模型的效果通常比较好。计算方法如下：

$$F1=\frac{2\times \text{precession}\times \text{recall}}{\text{precession}+\text{recall}} \tag{12.14}$$

12.5 实验结果分析

12.5.1 绝缘子检测结果分析

（1）与通用单步骤目标检测模型对比

将 MFIFIN 模型和通用单步骤目标检测模型，在绝缘子数据集上都训练到收敛，之后将训练好的模型在 1000 张测试集上进行测试。为了避免不同分辨率大小的图片对测试结果的影响，所有模型使用 512×512 大小的图片进行训练和测试。为了对比模型在准确率和召回率上的权衡，图 12.7 列出了不同模型对应的 P-R 曲线。从图中可以看出，与经典的模型框架相比，MFIFIN 模型对绝缘子数据集在召回率和准确率上更加鲁棒，模型的效果最好，随着召回率的增加，准确率也能保持较高的水平。

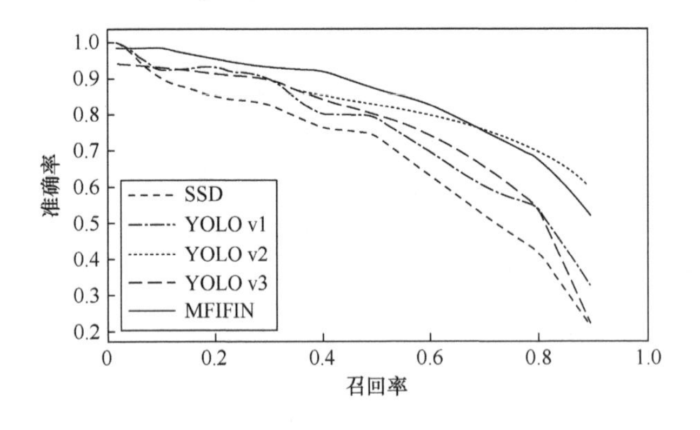

图 12.7 P-R 曲线

在得到 P-R 曲线后，计算不同模型对应的 AP（Average Precision）值，MFIFIN 的 AP 值为 91.3%，表明 MFIFIN 模型更适合绝缘子的检测。

（2）不同分辨率大小比较

本项目所使用的绝缘子图像原始分辨率较高，图像尺寸为 4200×2000。但目前所使用的深度学习模型必须将绝缘子图像缩放成正方形才可以输入，故需要对图像进行缩放。在图像缩放的过程中，利用相应的差值算法。差值算法的使用会造成像素信息的损失，导致图像质量下降。为了验证图像缩放对检测精度带来的影响，将预处理之后的图像分别缩放到 416、512 和 608 大小，训练不同分辨率大小的 MFIFIN 模型。图 12.8 显示了输入图片分辨率与 AP 值的关系。从图中可以看出，任何模型随着输入图片分辨率的增加，检测效果都有相应的提升。MFIFIN 模型，在输入图片分辨率为

608 时，AP 值达到 93.2%，具有最好的检测效果。

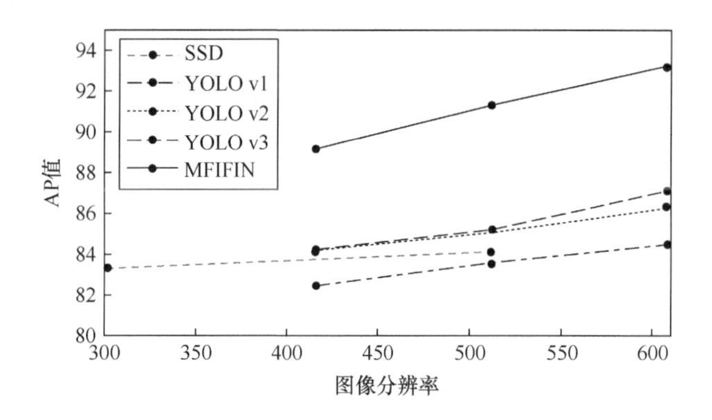

图 12.8　图像分辨率与 AP 值的关系

（3）与传统算法比较

MFIFIN 模型与经典传统算法以及文献[4]和文献[5]算法对绝缘子检测效果的比较见表 12.5。传统算法的特征提取使用了 HOG、SIFT（Scale-Invariant Feature Transform）和 SURF 特征，检测分类器使用了 SVM 和 Adaboost 算法。为了避免图像分辨率大小对结果的影响，所有算法都基于 608×608 的图像进行训练和测试。从表 12.5 中可以看出，MFIFIN 模型要远好于传统算法。

表 12.5　与传统算法比较

特征提取	分类器	AP/%
HOG	SVM	74.3
HOG	Adaboost	75.6
SIFT	SVM	80.1
SIFT	Adaboost	81.2
SURF	SVM	82.3
SURF	Adaboost	82.1
	文献[4]	79.8
	文献[5]	80.3
	MFIFIN	93.2

（4）损失函数有效性验证

为了验证本书提出的损失函数的有效性，将 MFIFIN 模型使用不同的损失函数进行训练，表 12.6 列出了定位损失和分类损失不同组合，以及对应的 AP 值。通过该表可以看出，当定位损失使用平滑 L1 损失函数、类别损失使用 Logistic 交叉熵损失函数时，模型的效果最好，AP 值最高。从而证明该损失函数对绝缘子检测有很好的适用性。图 12.9 展示了 MFIFIN 模型的部分检测结果。

表 12.6 MFIFIN 模型损失函数验证

损失函数	定位损失	分类损失	AP/%
MFIFIN_loss	均方误差损失	Softmax 交叉熵	85.6
	均方误差损失	Logistic 交叉熵	88.9
	平滑 L1 损失	Softmax 交叉熵	87.8
	平滑 L1 损失	Logistic 交叉熵	93.2

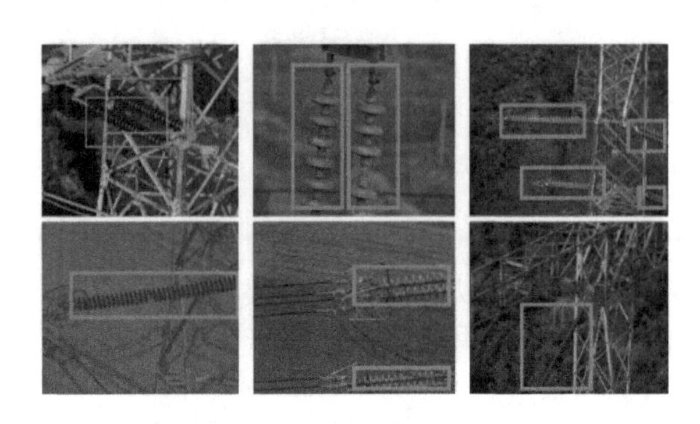

图 12.9 MFIFIN 模型的部分检测结果

12.5.2 绝缘子故障识别结果分析

（1）与普通分类模型对比

为了验证基于细粒度思想的 MFIFIN 模型的分类效果，本小节比较了常见的经典分类模型与 MFIFIN 模型在绝缘子数据集上的分类效果，比较结果见表 12.7。

表 12.7 各模型分类效果对比

模型	精确率/%	准确率/%	召回率/%	F1 值
AlexNet	76	73.10	64.30	0.68
VGG16	82	82.20	68.40	0.75
ResNet18	85	84.40	70	0.76
ResNet50	85.20	86.50	75	0.80
Inception	83.20	84.30	78	0.81
DesenNet201	85.60	86	79.10	0.82
Xception	84.20	84	78.40	0.81
MFIFIN	89.67	90.12	85.24	0.88

从表 12.7 中可以看出，随着网络模型的不断发展，对数据的拟合能力不断加强。MFIFIN 模型在测试集上的效果最好，可以达到 89.67%的分类精确率，F1 值达到 0.88。同时准确率和召回率也保持了较高的水平，表明该模型对绝缘子故障数据集有很好的拟合能力。

（2）与通用弱监督细粒度分类模型对比

常见的弱监督细粒度分类网络都是基于公开数据集上进行训练的，为了验证这些模型在绝缘子故障识别上的效果，在绝缘子故障数据集中进行训练，最后在测试集上进行测试，测试结果见表 12.8。可见，MFIFIN 在绝缘子故障数据集上的识别效果要远好于通用的弱监督细粒度分类模型。

表 12.8 通过弱监督细粒度分类模型与 MFIFIN 比较

模型	精确率/%	准确率/%	召回率/%	F1 值
Two Level Attention Model	82.1	79.2	69.7	0.74
Constellations	83	83.20	70.41	0.76
Bilinear CNN	83.2	82.40	73.2	0.77
MFIFIN	89.67	90.12	85.24	0.88

（3）MFIFIN 模型有效性验证

MFIFIN 模型在前向传播的过程中，图片会经过多网络特征提取和特征融合，然后送入分类器去判断绝缘子是否发生故障。为了验证网络结构对提升绝缘子故障识别能力的有效性，在实验的过程中，从最基础的单网络结构开始（以 CNN1 为例），每增加一个结构，就去验证当前模型在测试集上的效果，验证结果如表 12.9 所示。

表 12.9 有效性验证结果

实验	单网络（CNN1）	物体级特征	部位级特征	物体和部位结合	特征融合	精确率/%	准确率/%	召回率/%	F1 值
1	√	×	×	×	×	80.20	81.1	73.2	0.77
2	√	√	×	×	×	81.8	82.5	76.3	0.79
3	√	√	√	×	×	82.3	82.1	78.4	0.80
4	√	√	√	√	×	83.5	83.6	80.12	0.81
5	√	√	√	√	√	89.67	90.12	85.24	0.88

（4）同类研究比较

将本章提出的方法与同类研究方法进行对比，由于评价指标和方法的不同，部分文献提出的方法并不能与 MFIFIN 在同一个评价下进行对比，所以只选择了文献[17]、[19]、[21]、[22]进行比较。虽然在个别指标下文献方法能取得不错的结果，如文献[22]在召回率上达到 82.3%。但是总体来看，MFIFIN 网络对绝缘子故障识别的效果更好。

本章小结

本章提出了利用多尺度预测和深浅层网络特征融合的绝缘子检测模型MFIFIN。为了得到图像中更精确的绝缘子坐标信息和类别置信度，本章使用平滑L1作为定位损失函数，逻辑回归作为分类损失函数。实验结果表明，该模型的检测效果要优于通用深度学习单步骤目标检测模型和传统算法，具有较强的针对性，更适合完成绝缘子检测工作。

为了更好地区分正常和故障绝缘子，使用检测得到的绝缘子位置信息，将绝缘子从原始航拍图片中截取出来，作为训练数据，使绝缘子成为图像的主体部分，避免复杂背景对绝缘子故障识别的干扰。参考弱监督细粒度分类模型的设计思想，MFIFIN使用两组四个特征提取网络，分别从绝缘子的整体和细节提取特征，然后使用特征融合的方法，提取出可以代表图片中绝缘子整体和局部信息的特征向量，最终使用分类器判断绝缘子的状态。

参考文献

[1] 国家铁路局. 2020年铁道统计公报[R]. 2021.

[2] 杨辉金. 基于图像处理的接触网绝缘子裂纹和定位支座检测[D]. 成都：西南交通大学, 2017.

[3] 徐向军, 王生鹏, 纪青春, 等. 基于高斯尺度空间 GHT 的绝缘子红外图像识别方法[J]. 红外技术, 2014, 36(7): 596-599.

[4] 钟超. 航拍输电线图像的绝缘子识别[D]. 大连：大连海事大学, 2014.

[5] Zhao Z B, Liu N. The recognition and localization of insulators adopting SURF and IFS based on correlation coefficient[J]. Optik-International Journal for Light and Electron Optics, 2014, 125(20): 6049-6052.

[6] Zhao Z B, Liu N, Wang L. Localization of multiple insulators by orientation angle detection and binary shape prior knowledge[J]. IEEE Transactions on Dielectrics and Electrical Insulation, 2015, 22(6): 3421-3428.

[7] Ren S Q, He K, Girshick R, et al. Faster R-CNN: Towards real-time object detection with region proposal networks[C]//Advances in Neural Information Processing Systems, 2015: 91-99.

[8] Redmon J, Divvala S, Girshick R, et al. You only look once: Unified, real-time object detection[C]//Proceedings of the IEEE Conference on Computer Vision and Pattern Recognition, 2016: 779-788.

[9] Redmon J, Farhadi A. YOLO9000: Better, faster, stronger[C]//Proceedings of the IEEE Conference on Computer Vision and Pattern Recognition, 2017: 7263-7271.

[10] Redmon J, Farhadi A. Yolov3: An incremental improvement[J/OL]. arXiv: 1804.02767, 2018.

[11] Liu Wei, Anguelov D, Erhan D, et al. Ssd: Single shot multibox detector[C]// European Conference on Computer Vision. Cham: Springer, 2016: 21-37.

[12] 刘宁. 航拍图像中绝缘子定位与状态检测研究[D]. 北京：华北电力大学, 2016.

[13] Xu C F, Bo B, Liu Y, et al. Detection method of insulator based on single shot multiBox detector[C]//Journal of Physics: Conference Series. IOP Publishing,

2018, 1069(1): 012183.

[14] 苗向鹏. 基于图像处理的接触网绝缘子识别与破损检测[D]. 成都: 西南交通大学, 2017.

[15] 刘轩驿. 无人机图像中绝缘子的识别和故障诊断[D]. 北京: 华北电力大学, 2018.

[16] 高强, 孟格格. 基于卷积神经网络的绝缘子故障识别算法研究[J]. 电测与仪表, 2017, 54(21): 30-36.

[17] 崔克彬. 基于图像的绝缘子缺陷检测中若干关键技术研究[D]. 北京: 华北电力大学, 2016.

[18] Zuo D, Hu H, Qian R, et al. An insulator defect detection algorithm based on computer vision[C]//2017 IEEE International Conference on Information and Automation, 2017: 361-365.

[19] Zhao Z, Xu G, Qi Y, et al. Multi-patch deep features for power line insulator status classification from aerial images[C]//2016 International Joint Conference on Neural Networks, 2016: 3187-3194.

[20] Goodfellow I, Pouget-Abadie J, Mirza M, et al. Generative adversarial nets[C]//Advances in Neural Information Processing Systems, 2014: 2672-2680.

[21] Neubeck A, Van Gool L. Efficient non-maximum suppression[C]//18th International Conference on Pattern Recognition, 2006, 3: 850-855.

[22] 阳武. 基于航拍图像的绝缘子识别与状态检测方法研究[D]. 北京: 华北电力大学, 2016.

第13章

高速列车接触网状态巡检

13.1 研究背景意义

高速铁路运送量大，速度快，成本低，不受气候条件限制，在我国交通运输产业中占据重要地位。2021年，全国铁路运营总里程突破15万公里，高速铁路运营里程突破4万公里。如此规模庞大的高速铁路网络，对我国高铁运营管理提出了新的挑战，为确保运营安全，需要对接触网进行快速准确地巡检。

高速铁路接触网是沿着铁路线设计的电力传输线系统，用于向高速列车供电。高速列车输入电流是通过高速列车上端的接触网悬挂线传输的。接触网是电力传输不可缺少的一部分，接触网任何零件出现异常都会直接影响高速列车运行的安全。一旦接触网出现故障，将会严重影响高速列车的运行状态。

铁路接触网组成了完整的供电系统，是列车安全运营的关键部分。接触网线系统主要由悬挂装置和支撑装置组成，其中悬挂装置主要包括载流环和吊弦部分。接触线悬挂通过吊弦线承载电缆，通过调整其长度，确保导线的悬挂高度，接触线悬挂的松弛可以通过调节吊弦的高度来改变，保证接触线和受电弓滑动，提高电力机车受电弓的质量。高速铁路接触网系统如图13.1所示。

目前，接触网悬挂装置异常检测大都还是通过人工巡检来发现各个零件的异常，存在巡检效率低、检测时间长、容易发生漏检等问题，计算机视觉和图像处理技术的发展为接触网异常检测提供了更大的可能。接触网异常检测系统能够智能地对接触网悬挂装置的零件进行检测和分析，对代替人工检测有重要的意义。

图 13.1　高速铁路接触网系统

目前，对于铁路接触网的巡检工作主要分为接触式检测和非接触式检测两种。接触式检测主要是利用传感器采集弓网系统装置上不同类型的参数，继而分析装置或者零部件是否存在问题。由于铁路沿线状态复杂多变，引起接触网故障的原因也是多种多样的，如接触网支柱编号有异物附着、编号出现问题，绝缘子破损等安全隐患，目前的接触式检测就无能为力了。弓网巡检系统中的目标异常检测属于非接触式图像处理技术弓网检测的范畴[1]。接触网和受电弓的非接触式图像检测主要是利用安装在列车或铁路上的拍摄装置对待识别目标进行图像采集，利用图像处理技术及机器学习等算法对视频中的目标进行异常检测。

为了保障高速铁路的安全运行，我国制定了覆盖多方面的高铁供电检测系统——6C 系统。通过 6 个方面，利用不同的装置和方法对铁路系统进行全方位的监测。6C 系统的主要组成如图 13.2 所示。

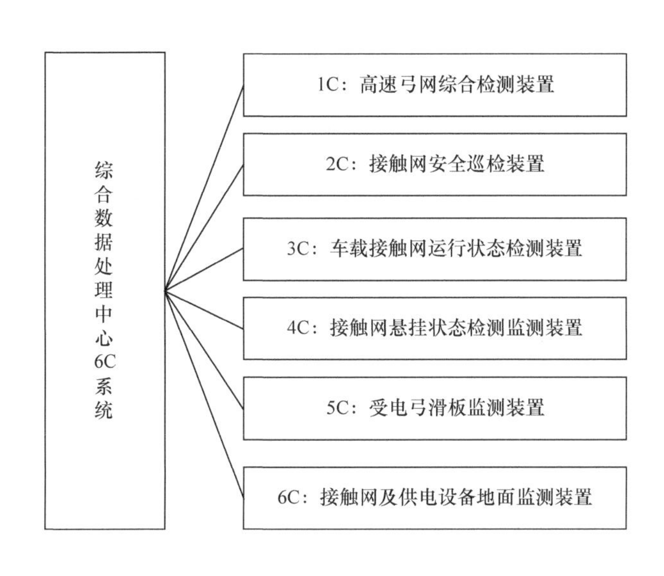

图 13.2　6C 系统的主要组成

其中，接触网安全巡检装置（2C）、接触网悬挂状态检测监测装置（4C）和受电弓滑板监测装置（5C）都是利用高清摄像机对目标区域进行图像采集，对采集到的图像利用图像处理技术对弓网系统设备进行状态监测和故障分析。2C 装置的主要功能是接触网状态巡检，通过设置拍摄列车运行方向的前方图像，判断接触网设备是否出现断裂、脱落的情况；判断接触网之间的绝缘子是否有异常磨耗出现及接触网支柱的异物侵入及编号是否异常。4C 装置的主要功能是判断接触网悬挂部件状态及接触网几何参数。5C 装置的主要功能是监测动车组受电弓滑板技术状态，通过架设多台高清摄像机对车顶受电弓和车体侧面的列车编号进行拍摄，完成对受电弓磨耗、滑板磨损异常检测和车号识别等工作。

13.2 项目研究目标

接触网安全是高速铁路系统级安全的重要组成部分。但由于功能和结构所限，接触网系统暴露于开放性自然环境中，直接面临着各种复杂和恶劣的环境因素的挑战。这些影响接触网系统安全的复杂性因素，一方面来自开放环境中的动植物侵入和气候灾害侵蚀，另一方面来源于接触网系统自身随着时间而产生的消耗磨损及老化蜕变。我国幅员辽阔，地形复杂，且在高铁“走出去”的战略形势下，我国高速铁路的接触网系统安全保障工作将是高速铁路发展历史上一大技术挑战。实际应用中，接触网监测关注的内容复杂多样，如接触网异物侵入检测、关键零部件服役状态估计和吊弦松脱等故障。在不同线路和不同地域的故障特征也各有差异。但无论故障多么特殊或者风险多么难以预料，也不能容忍任何一种危及接触网系统安全的缺陷和隐患存在。其需求的特殊性决定了该问题技术难点的深度和广度。

本项目研究目标是：以海量的接触网监测视频作为大数据方法的实现基础，结合铁路场景的结构化先验信息，通过半监督的计算机自主学习和深度学习，建立接触网图像的状态和特征表达，以数据驱动的模式获取接触网关键基础设备的状态感知，最终实现对接触网关键零部件的异常状态监测。

针对复杂恶劣的运营环境下接触网系统面临的风险难料且故障多变的问题，研究基于图像的接触网关键零部件异常检测技术，既是对传统接触网故障检测技术的重要补充，更是接触网系统智能化监测未来发展方向的积极探索，可为接触网安全服役的控制决策、健康维护方案、故障监测评价以及相关政策调整提供重要的信息基础支持和技术管理手段。

13.3 主要研究内容

对铁路巡检图像进行异常检测作为后期识别的重要基础，是整套系统能否正常运行的前提。本项目结合视频技术和机器自主学习实现对接触网关键部位的异常检测。首先，利用 CNN 的迁移学习能力和一种一分类的异常检测算法，对铁路巡检图像的异常检测提出了针对 C2 装置采集得到的接触网支柱编号图像和接触网绝缘子图像实现异常检测方法。其次，针对接触网支柱编号数据和绝缘子数据，为了实现接触网支柱编号和绝缘子的异常检测，提取其 HOG 特征，将这些特征作为输入，结合 SVDD（Support Vector Data Description）算法训练待检测图像目标的超球体模型，研究一种自适应的参数优化方法，通过网格搜索的方法寻找到最优解，实现待检测目标的异常检测。最后，针对在非平衡数据中异常检测问题的误检和漏检的影响不同，采用漏检风险大于误检风险的思想，使用合理的 P（准确率）、R（召回率）及 F-score 值对结果进行了评价。

13.4 项目研究方法

在列车运行系统中，接触网支柱编号位于接触网图像数据的位置及异常状态编号的具体示例如图 13.3 所示，对编号图像放大后可以清楚地看到，在“1984”字样编号的下一个编号“1982”字样编号上半部分被标志牌遮挡。因此，如何避免人工巡检时对异常情况的遗漏，如何在海量的列车运行拍摄图像中利用计算机准确判断接触网支柱编号是否正常，是接触网状态智能监测的关键步骤。

图 13.3 接触网支柱编号所在位置和异常状态的编号示例

从图 13.3 中可以看出，位于司机室的车载相机拍摄到的接触网图像数据包含了整个前向路面的区域，包含支柱编号的图像只占很少一部分，因此本节首先对支柱编号部分进行截取。如果截取区域过大，会导致除编号外背景区域过多而影响后期训练的准确性；截取区域过小，会导致截取部分可能未包含完整编号的 4 个数字。因此，需要在合适的区域进行截取后筛选出正常样本。另一个问题在于，实际中只能获得少量的支柱编号异常样本，如何利用非平衡数据进行异常检测是问题的关键。

13.4.1 支持向量数据描述算法

由于实际拍摄到的接触网支柱编号数据中的异常情况很少出现，导致获取异常样本很困难，而人工标定异常样本代价高、耗时长，不利于海量视频中接触网图像的异常检测和实时监测，因此只能利用大量正常样本和少量异常样本进行异常检测。为了解决这个问题，采用只用正常数据进行训练的分类算法——支持向量数据描述算法（Support Vector Data Description，SVDD）。支持向量数据描述算法最早是由 Tax 等提出的，主要用于异常检测和图像分类等问题[2]。不同于传统 SVM 二分类，SVDD 属于 one-class SVM 算法，其主要思想是通过训练正常数据样本构造正常域的超球体，从而判断新样本是否属于正常数据的正常域内，判断样本是否异常[3-5]。在实际提取的接触网支柱编号数据样本特征中，数据的特征不是集中分布的，往往存在奇异的数据分布。因此，引入 SVDD 异常检测算法对支柱编号进行状态检测。对于给定的正样本集 X 包含 N 个正样本（i=0,1,2,⋯,N），在构造超球体时，为了降低异常数据点被纳入正常域的影响，引入了惩罚因子 C 和松弛变量 ξ_i，设正样本被完全包围时的超球体球心为 a，半径为 R，则对应的优化方程如下：

$$\begin{cases}\min\left| R^2+C\sum_{i=1}^{N}\xi_i \right| \\ \text{s.t.} R^2+\xi_i-(x_i-a)(x_i-a)^{\mathrm{T}}=0\end{cases} \tag{13.1}$$

对于式（13.1）这一典型二次规划问题，引入拉格朗日乘子并对相应函数进行求解，可将式（13.1）改写为

$$\begin{cases}\max L=\sum_{i=1}^{N}\alpha_i x_i x_j-\sum_{i=1}^{N}\sum_{j=1}^{N}\alpha_i\alpha_j x_i x_j \\ \text{s.t.}\sum_{i=1}^{N}\alpha_i=0, \quad \alpha_i \geqslant 0\end{cases} \tag{13.2}$$

式中，非零的 α_i 即支持向量。求解超球体半径和球心可知，半径和球心只由支持向量决定，与其他样本没有关系[6]。对于新的测试样本 z，当满足式（13.3）时，则测试样本为正常样本，否则为异常样本。

$$\|z-a\|^2 \leqslant R^2 \tag{13.3}$$

一般情况下，除去异常数据点后数据依旧不会呈球状分布，因此引入核函数 K，将低维空间中的非线性问题转化为高维空间中的线性问题。此时的优化方程变为

$$\begin{cases}\max L=\sum_{i=1}^{N}\alpha_i K x_i x_j-\sum_{i=1}^{N}\sum_{j=1}^{N}\alpha_i\alpha_j K x_i x_j \\ \text{s.t.}\sum_{i=1}^{N}\alpha_i=1, \quad 0\leqslant\alpha\leqslant C\end{cases} \tag{13.4}$$

对于待定点 z，有

$$f(z)=K(z,z)-2\sum_{i=1}^{N}\alpha_i Kzx_i+\sum_{i=1}^{N}\sum_{j=1}^{N}\alpha_i\alpha_j Kx_ix_j \tag{13.5}$$

最后再判断 $f(z)$ 与半径平方的关系即可。

图 13.4 所示为二维下的 SVDD 异常检测示意图。图中，红色星号点为正常数据，蓝色十字点为异常数据，包围红色点的是决策边界，在决策边界上的点即支持向量。可见，支持向量决定了决策边界的形状和大小，也就是模型的精度。

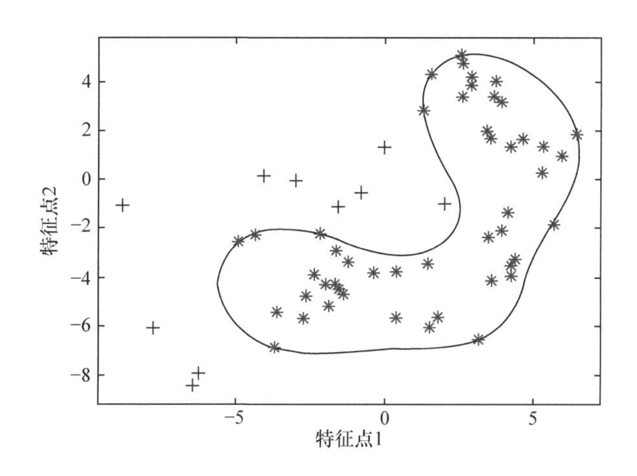

图 13.4 SVDD 二维模型示意图（见书后彩插）

13.4.2 卷积神经网络法

卷积神经网络（Convolution Neural Network，CNN）是近年来深度学习领域研究较热门、应用较广泛的模型之一。传统的浅层学习需要根据经验和算法人为确定特征，卷积神经网络不依靠设计者预先的知识和经验，自主逐层地学习特征，实现从原始数据到目标函数直接的端对端学习，特别是在图像识别领域取得了很好的效果，卷积神经网络能够很好地提取图像深度特征[7]。从 20 世纪 80 年代末，Lecun 等[8,9]将反向传播算法引入卷积神经网络，并在手写字符的识别上取得了巨大的成功，近年来，各种图像识别竞赛中，研究者利用多层深度卷积神经网络取得了优异表现，特别是该方法具有很强的自主学习和并行能力，因而在图像处理和语音识别等领域受到广泛的关注。

一个卷积神经网络一般由输入层、卷积层、池化层、全连接层及输出层组成，部分卷积神经网络中间可能包含线性整流层。图 13.5 所示为一个典型的卷积神经网络结构示意图。

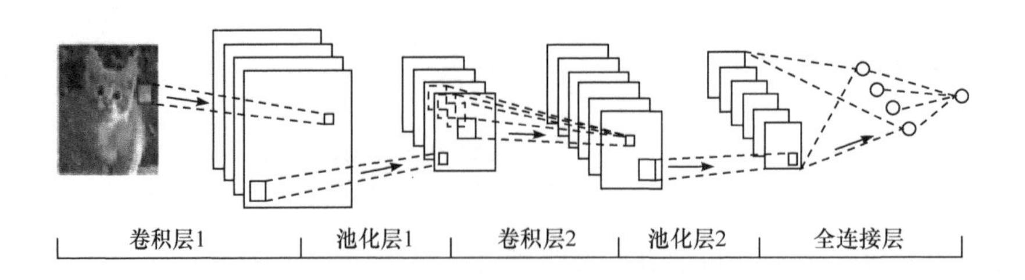

图 13.5　一种卷积神经网络结构

图 13.5 中包含的层分别是卷积层 1、池化层 1、卷积层 2、池化层 2 及全连接层。其最左端和最右端也可以分别看作输入层和输出层，中间部分为隐含层。与其他神经网络相比，卷积神经网络的不同之处在于卷积过程中的两大核心思想。

第一个核心思想是局部感知，普通的神经网络模型把输入层与隐含层全连接。这种设计的劣势在于计算较大的图像（如 96 像素×96 像素的图像）时，要通过全连接的方式来学习整幅图像的特征，需要设计 10000 个输入单元，如果要学习 100 个特征，将会学习 100 万个参数，从计算角度来看，这是非常耗时的。而卷积神经网络通过卷积层解决这一问题的方法就是对输入单元和隐含单元的连接加以限制，每个隐含单元只能与输入单元的一部分进行连接，而不是全连接。相当于每个隐含单元只能连接输入图像的一部分区域，叫作神经元的感受野（Receptive Field）。这种方式叫作局部感知。图 13.6 所示为局部感知原理的示意图。

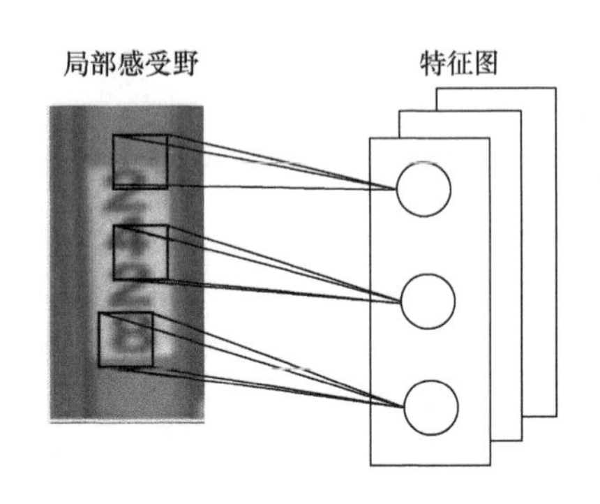

图 13.6　局部感知原理示意图

在这个过程中，神经元作用于感受野，类似于卷积核对局部图像进行卷积，图中的每个神经元与局部感知区域连接的直线相当于连接权值，而多个不同权值的神经元相当于多个卷积核，从而实现对整幅图像的卷积，故称之为卷积神经网络。

卷积神经网络的第二个核心思想就是权值共享。权值共享可以进一步减少神经网络需要训练的参数个数。如图 13.7 所示，卷积核大小为 3×3，共有 9 个神经元，输入图像中每次卷积 3×3 大小的部分区域，通过每次卷积操作得到一个小区域的特征图，卷积操作依次以从左到右、从上到下的顺序遍历整幅图像，直至完成对图像的卷积操作，得到完整的特征图。在此过程中，数据窗口滑动导致输入的变化，但是中间的卷积核种类和权重是没有变化的，这个权重不变就是所谓的权值共享机制。

在 CNN 完成卷积操作后，下一操作是池化，也即下采样，其目的是减少特征图的大小。池化操作对每个切片区域独立。池化层的运算一般有以下几种方式：

① 最大池化（Max Pooling）：取区域中所有像素的最大值。这也是最常用的池化方式。

② 均值池化（Mean Pooling）：取区域中每个像素点的均值。

③ 高斯池化：其思想是借用高斯模糊的方法。该方式不是很常用。

④ 可训练池化：具体方法是训练函数 ff，接受区域内所有像素点为输入、输出一个点。该方式不常用。

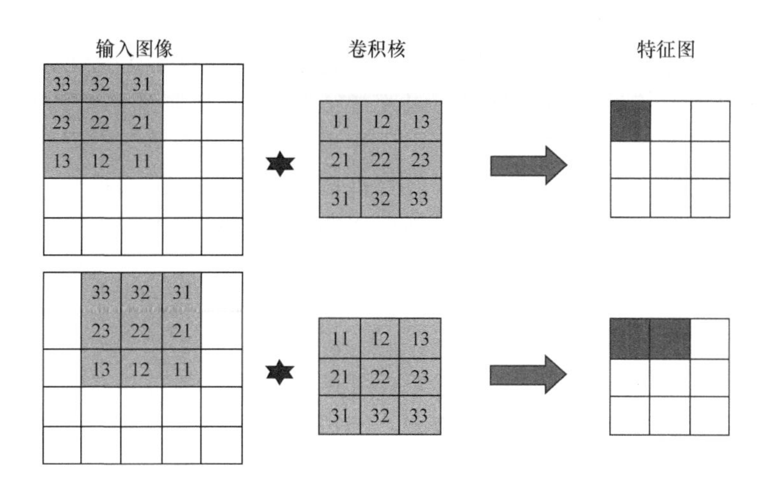

图 13.7　卷积过程

最常用的池化层是 2×2 大小的模型，步幅为 2，即对每个深度切片进行池化。如果池化层的输入单元不是 2 的整数倍，将采取边缘补零（zero-padding）的方式补齐后再进行池化。

在通过一个卷积神经网络卷积和池化操作后，最后通过全连接层将前面映射提取到的特征进行保存，以待分类或者回归使用。对于卷积神经网络的训练目的是特征提取器，将训练得到的特征图转化为特征向量输出，用来作为 SVDD 分类器的输入进行训练。

13.4.3　基于改进 Lenet-5 的特征迁移学习法

由于目前关于深度学习的可解释性研究还没有定论，对于迁移学习这种方式的实用性、分类及研究意义放在当前的深度学习背景下意义不明，很多涉及迁移学习的方式都是根据先验知识进行的。从字面意义来说，迁移学习就是将已经训练好的模型参数迁移到新的模型进行训练。考虑到任务之间的关联性，即可通过迁移学习将已经学到的模型参数通过某种方式传递给新模型并对模型进行优化，而不用像其他网络做任务时需要从零开始。这样既能增加学习到完整特征的机会，又能提高开发效率。Pan 等[10]对迁移学习进行了归纳总结，提出可以将迁移学习分为几个不同的分支。表 13.1 总结了根据数据标签和任务的不同对迁移学习的分类情况。

表 13.1　迁移学习的分类

迁移学习设置	相关领域	源域标签	目标域标签	任务类型
归纳迁移学习	多任务学习	可获得	可获得	回归、分类
	自主学习	不可获得	可获得	回归、分类
直推式迁移学习	领域适应性、采样选择偏差、有限元变换	可获得	不可获得	回归、分类
非监督迁移学习	—	不可获得	不可获得	聚类、降维

这里应用的迁移学习方式属于第一类，也就是归纳迁移学习，可以理解为学习适用于进行异常检测的接触网图像数据的深度特征表达，主要表现形式为对模型的迁移。

由于对接触网图像数据的获取有限，还达不到一般深度学习数据量的要求，因此本项目考虑利用 CNN 的迁移学习思想对数据进行训练并学习其特征。迁移学习的定义是“运用已存有的知识对不同但相关领域问题进行求解的一种机器学习方法”[11]，图 13.8 所示为卷积神经网络的迁移学习流程。迁移学习的目标是完成知识在不同但相关领域之间的迁移。对于卷积神经网络而言，迁移学习就是要把在特定数据集上训练得到的知识运用到新的领域中[12]。

基于卷积神经网络的迁移学习的一般流程是：首先，利用相关领域大型数据集进行训练；然后，对于特定应用领域的数据，利用训练好的网络模型进行特征提取；最后，通过提取后的特征再进行迁移学习，进行分类器的训练。

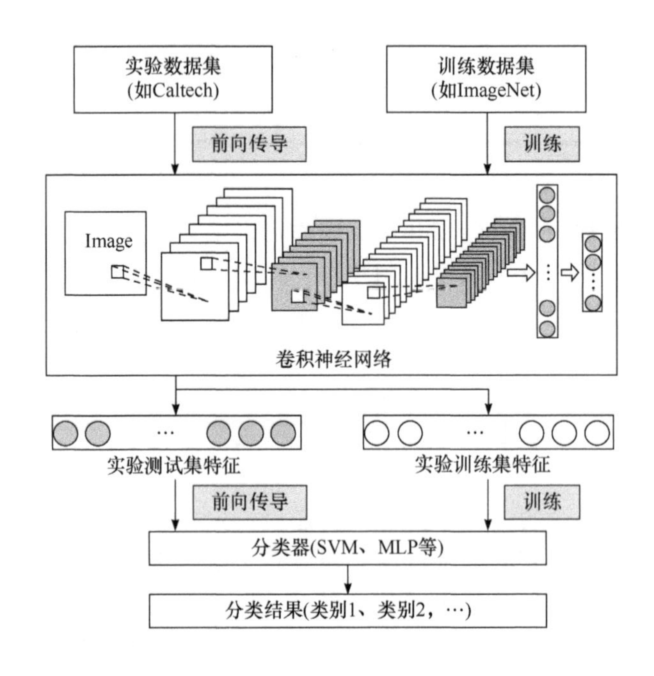

图 13.8　卷积神经网络的迁移学习流程

因为是接触网图像数据的异常检测，其中数据集 1 为接触网支柱编号图像数据，数据集 2 样本较少，因此采用文献[13]的思想，即先通过卷积神经网络 Lenet-5 在手写字符体数据集上进行预训练，获得相关的初始化参数，然后再用此网络在接触网图像数据中进行迁移训练和学习，最终提取深度特征。在利用此网络进行迁移训练时，需要对 Lenet-5 网络进行一定的微调。微调就是用已经训练好的手写字符体的网络模型，加上接触网图像数据，经过微调后来训练新的模型，实质上是使用 Lenet-5 网络的前几层来提取特征，最后归入自己的分类。微调的优点在于不用完全重新训练模型，减少了在 CNN 中训练所需的样本量，提高了开发效率。

13.4.4 接触网图像异常检测的网络结构设计

由于实验研究领域与手写字符体识别属于相关的领域，因此使用 Lenet-5 网络模型作为基础模型是非常合适的。此处通过对 Lenet-5 网络的模型迁移和特征迁移来进行微调。表 13.2 显示了此网络模型的部分训练参数解释，本项目也将使用这些参数对实验数据集进行训练，部分参数进行微调。下面分别对其中的重要参数进行解释。

首先是关于学习率的设置，只要是梯度下降算法进行优化，都会涉及相应的学习率，base_lr 用于设置基础学习率，lr_policy 用于控制其调整的策略。lr_policy 可以设置为以下一些方式：

① fixed：保持 base_lr 不变。

② step：如果设置为 step，则需要设置 stepsize，返回 base_lr*gamma^（floor/stepsize）。

③ exp：返回 base_lr*gamma^iter，其中 iter 表示当前的迭代次数。

④ inv：当设置为 inv 时，需要设置一个 power，返回 base_lr*（1+gamma*iter）^（–power）。

⑤ multistep：当设置为 multistep 时，则需要设置另一个参数 stepvalue，其影响 multistep 的变化。

⑥ poly：学习率进行多项式误差计算，返回 base_lr（1–iter/max_iter）^（power）。

⑦ sigmoid：学习率进行 sigmoid 衰减，返回 base_lr（1/（1+exp（–gamma*（iter–stepsize））））。

本项目采用原始的设置学习率 inv，其中 gamma 和 power 分别是返回值中的参数。Momentum 是上一次梯度更新的权重。这里采用的优化算法是默认的随机梯度下降（Stochastic Gradient Descent，SGD）算法。weight_decay 是权重衰减项，目的是防止过拟合。max_iter 是最大迭代次数，如果设置过小，会导致没有收敛，精确度很低；设置过大，会导致振荡，浪费训练时间。这里采用源数据手写字符训练集训练时总结的次数，避免了目标任务中重复训练引起的开发效率低的问题。

表 13.2 Lenet-5 网络的训练参数

参数名	功能解释
base_lr	设置基础学习率
lr_policy	控制其调整的策略，共有 7 种方式，本项目采用 inv
momentum	上一次梯度更新的权重
SGD	共有 6 种优化算法，本项目采用随机梯度下降算法
weight_decay	权重衰减项，防止过拟合
max_iter	最大迭代次数，通过调整此参数得到训练的精确模型

图 13.9 是提取 CNN 特征使用的改进后的 Lenet-5 网络结构。训练样本包括接触网支柱编号图像和绝缘子图像，图像输入大小均为 32×32，接触网支柱编号图像包括正常样本 3000 张和异常样本 500 张；绝缘子图像包括正常样本 715 张和异常样本 403 张。网络的详细参数如下：卷积层 1 采用 20 个 5×5 的卷积核，池化层 1 采用 20 个 2×2

的核，卷积层 2 采用 50 个 5×5 的卷积核，池化层 2 采用 50 个 2×2 的核，全连接层采用 20 个卷积核，最后输出层为两类。

下面对改进的网络的结构设计进行介绍。

（1）输入输出层的设计

由于最初截取到的数据集 1 中所包含的支柱编号的 4 个数字的样本长宽比接近 2∶1，样本大小为 32×64，而 Lenet-5 网络的输入数据样本大小为 32×32，通过实验证明，在训练样本准确率几乎相同的情况下，数据样本大小为 32×64 时耗费训练时间更长，而且当输入图像样本的长宽比不同时，也会对卷积和池化操作造成一定影响，如有时会出现自动补零的情况，这样会影响特征提取的完整性。表 13.3 给出了两种不同输入大小训练样本进行训练迭代 1000 次后的结果。

表 13.3　两种不同输入大小训练样本的训练结果

训练样本大小	训练时间/s	训练准确率/%
32×64	40	98.8
32×32	26	98.9

而当输入数据样本长宽比为 1 时，由于卷积核与池化操作中长宽比也均为 1，因此只用设置好相应的卷积核大小即可开始训练。此处采用与 Lenet-5 网络模型相同的输入样本大小，即 32×32。网络的输出层对应的是最终需要分类的类别数，由于最终要实现的是异常检测，因此可以大体上分为两类，即正常类别和异常类别，将原网络的输出层神经元节点由 10 改为 2。

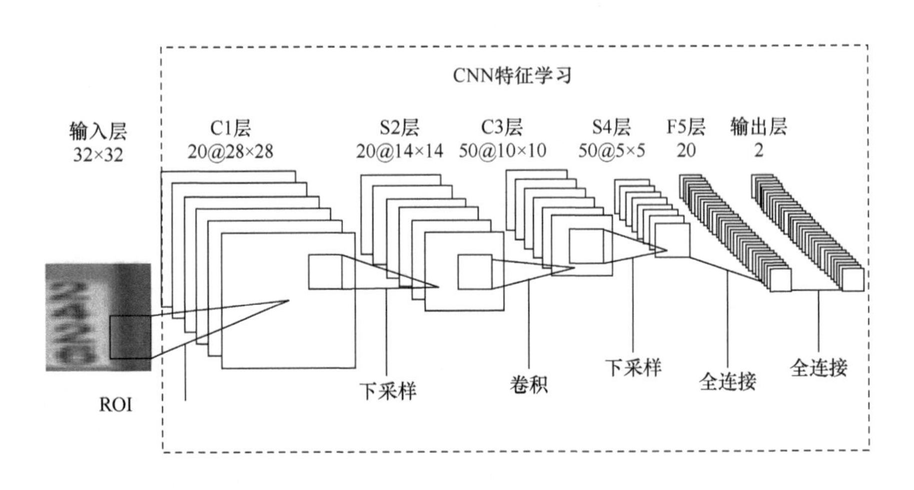

图 13.9　改进后的 Lenet-5 网络结构示意图

（2）隐含层的设计

本项目对隐含层的主要改进是对卷积层和全连接层中卷积核个数的修改，全连接层中的卷积核个数即最终提取的每张样本的特征维数。网络的深度取决于输入样本大小、每层卷积核大小及池化方式等，由于本项目中采用 32×32 大小的图像样本作为网络的输入，因此沿用了 Lenet-5 网络中前两层的卷积核大小 5×5 及步长为 2×2 的池化操作，最终采用 1 个输入层、2 个卷积层、2 个池化层、1 个全连接层和输出层的结构。在卷积过程中，卷积核个数多少决定了提取到的特征的多少，在很大程度上决定了对特征学习的准确性和完整性。太多的卷积核会导致提取到过多无用的特征，造成训练中的过拟合；太少的卷积核则会导致特征提取不完整，影响最后的分类准确率。通过迁移学习的思想，用之前预训练好的参数，采用迭代 20000 次进行训练相关模型，且对应的训练对象为接触网支柱编号的 4 个数字，比 MNIST 数据集中的单个字符具有更多的特征信息，所以对应的每一次卷积核的个数也会增加，此处两个卷积层中的卷积核个数分别选取 20 个和 50 个。最后是全连接层的卷积核个数，这也是直接决定最终提取到每张图片的特征维数。如果特征维数过高，将会在后续实验中增加时间复杂度，造成训练的过拟合；反之，如果特征维数过低，会影响特征提取的完整性。为了研究合适的全连接层的卷积核个数对训练结果的影响，进行了相关实验。表 13.4 对比了不同全连接层卷积核个数对测试样本识别率的影响[14]。

表 13.4　不同全连接层卷积核个数训练结果

全连接层卷积核个数	10	20	50	100	150
正常样本误检个数	5	1	1	0	1
异常样本误检个数	1	0	0	6	2

从表 13.4 中可以看出，当全连接层卷积核个数为 20 和 50 时，正常和异常样本的测试准确率最高，再增加卷积核个数会导致准确率下降。为了验证在 20 维下训练时的效果，本项目通过实验对测试集进行了准确率和损失变化的分析，如图 13.10 所示，选取了每 40 次统计一次准确率和损失结果，总共统计前 1000 次迭代时的准确率和损失变化。可以看到，当迭代到 200 次时准确率已经很高，可以达到 99%以上，而迭代到 400 次时损失也趋于稳定。

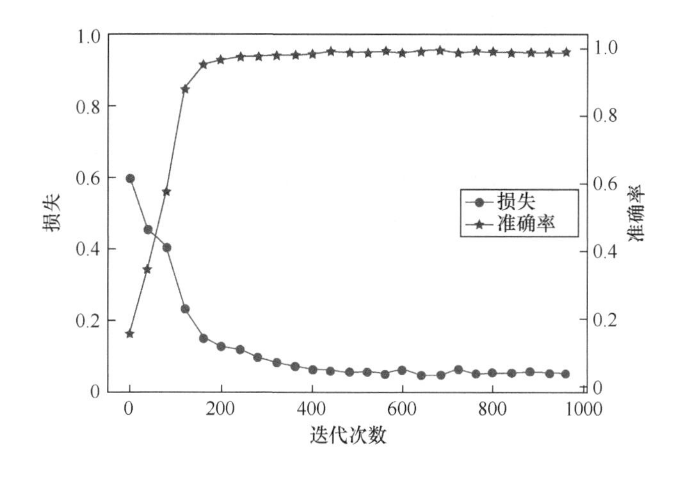

图 13.10　测试集准确率和损失变化曲线

由于卷积核个数对应后续提取特征的维数，因此对接触网图像数据的迁移训练均提取 20 维特征，和接触网支柱编号数据相比，绝缘子数据含有的信息相对更少，20 维作为输出层的特征维数也是足够的，过少则不足以学习到理想的特征，因此也采用 20 维作为特征维数。较少的特征维数也可以减少后续 SVDD 训练分类器的训练时间，提高算法效率。

另外，全连接层中的激活函数也对训练中的迭代次数及梯度下降产生影响，以前常用的激活函数为线性的 Sigmoid 函数，它的缺点在于假设输入神经元的数据全部为正，那么在反向传播过程中，梯度将会全为正或者全为负，这会在权重更新时出现梯度下降。因此，在网络中使用非线性的 ReLU 函数（Rectified Linear Unit）作为激活函数可以缓解这一问题，ReLU 激活函数的特点是下降速度更快，线性非饱和，可以使训练更快地收敛。实验均表明，通过 ReLU 作为激活函数具有更快的收敛速度和准确率[15]。

13.4.5 特征提取及可视化

通过 CNN 的迁移学习的特征提取实验是在 CAFFE（Convolutional Architecture for Fast Feature Embedding）深度学习框架下进行的[16]。这里以接触网支柱编号图像数据为例，详细地介绍特征可视化的过程。原始接触网图像经过归一化后，将 32×32 的图片作为输入层。图 13.11 显示了输入的原始接触网支柱编号图像，可以看出，编号的轮廓和大致内容为数字 2430。

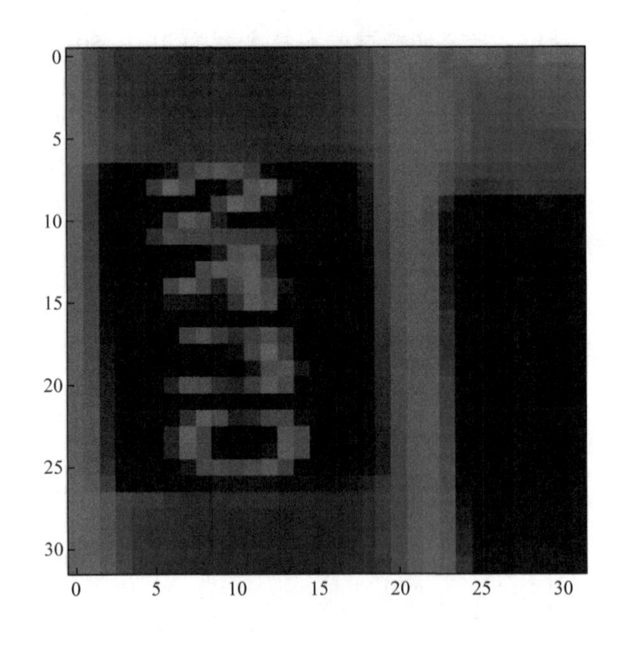

图 13.11　输入的接触网支柱编号图像

第一个卷积层使用了 20 个 5×5 大小的卷积核对输入层提取不同类型的特征，最终形成 20 个 28×28 的特征图。图 13.12 显示了接触网支柱编号数据 C1 层的权值参数。

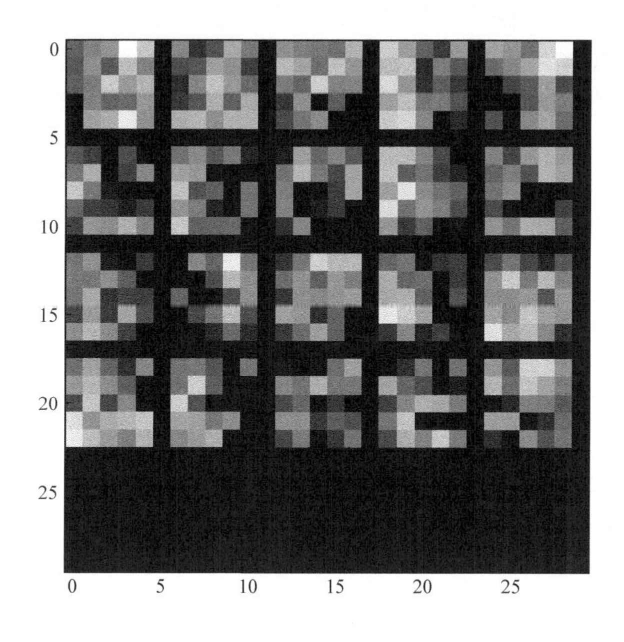

图 13.12 C1 层权值参数图

S2 层为池化层，C1 层经过最大池化方式对特征图进行筛选，最终形成 20 个 14×14 大小的特征图。C3 层为第二个卷积层，由 50 个 10×10 大小的特征图组成，这一层的权值参数共有 20×50 个卷积核，每个卷积核的大小同样为 5×5。图 13.13 显示了经过 C3 层后的权值参数。

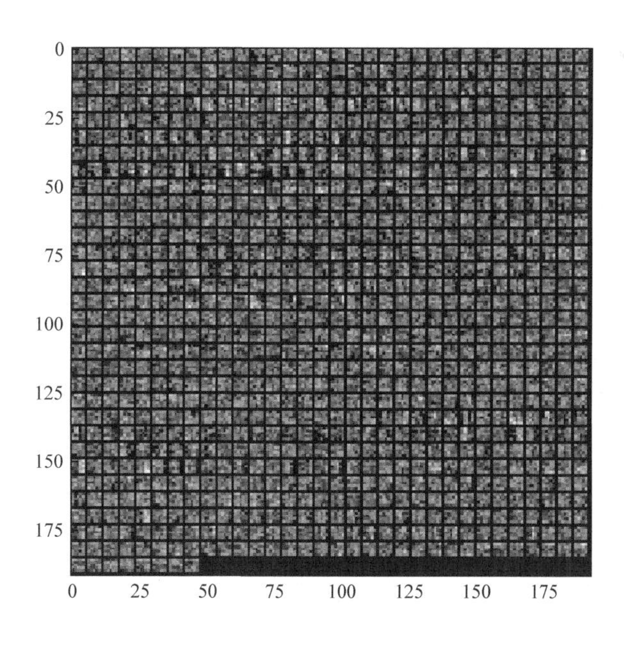

图 13.13 C3 层权值参数图

同样地，S4 层对 C3 层进行池化，产生 50 个 5×5 的特征图。最终，通过 S4 层与 F5 层进行全连接，形成 20 个 1×1 的特征矢量，这一层也将作为特征提取层，用其作为后续分类器的输入，最后输出层输出接触网图像的分类概率，根据概率判断图像属于正常类还是异常类。

13.5 实验结果分析

通过前面利用卷积神经网络的迁移学习对接触网图像进行特征学习，并提取接触网支柱编号数据和绝缘子数据的相关特征，将这些特征向量作为下一步 SVDD 的输入，进而训练分类器得到正常超球体模型，最后对测试样本进行检测。图 13.14 所示为 CNN+SVDD 异常检测流程示意图。

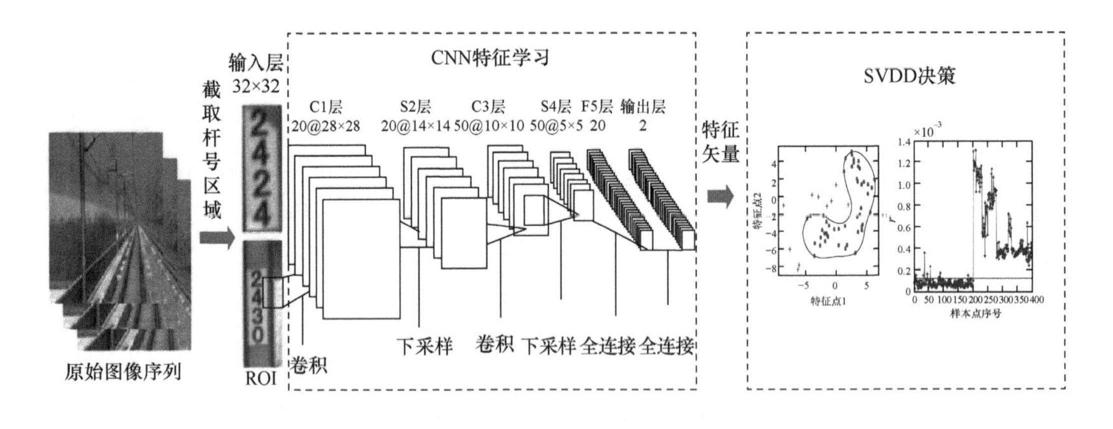

图 13.14 CNN+SVDD 异常检测流程

此处的异常检测实验包括两个数据集。数据集 1 为接触网支柱编号数据，其训练集中正常样本为 3000 张，异常样本为 500 张；测试集中正常样本为 200 张，异常样本为 200 张，训练集和测试集是在原始样本中随机选取的。数据集 2 为接触网绝缘子图像数据，由于大部分数据是由数据增强产生的，因此将增强后的数据作为训练样本，原始数据作为测试样本，这样得出的结果才能代表数据是否异常。其中训练集中正常样本为 715 张，异常样本为 403 张；测试集中正常样本为 55 张，异常样本为 31 张。图 13.15 给出了训练正常和异常的绝缘子数据样本示例。

异常检测算法的环境采用 MATLAB 语言。利用支持向量数据描述（SVDD）算法对数据进行异常检测，在参数设置中，同样根据每个步长的训练时间长短确定训练步长和参数范围，通过实验得到利用 CNN 提取的特征进行训练时间为 1min/步，因此惩罚因子 C 和核参数 σ 的初始设置是：C=0.01∶0.01∶0.99，σ=10∶10∶100。通过对惩罚因子 C 和核参数 σ 的参数寻优找到最优的参数组，再代入最优参数组算出测试样

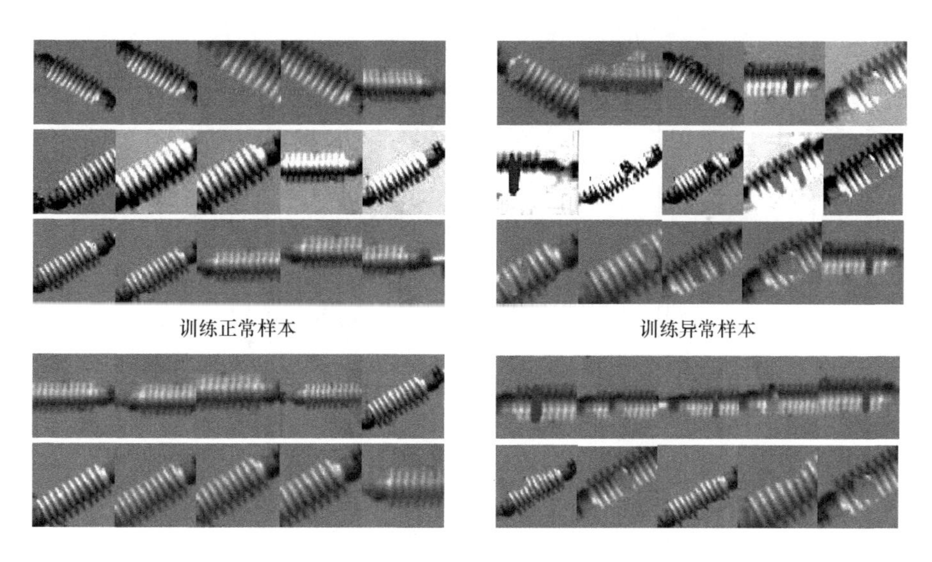

图 13.15 绝缘子正常和异常样本示例

本的检测准确率。图 13.16 展示了两个数据集的参数寻优结果和最终的异常检测结果，图中的参数寻优结果是当参数已经找到最佳的参数搜索范围和步长的训练结果。图 13.16（a）和（c）中，横坐标表示惩罚因子 C 的参数范围，纵坐标表示核参数 σ 的参数范围，竖坐标表示测试样本中整体的准确率。在异常检测结果图 13.16（b）和（d）中，横坐标表示测试的样本点序号，在数据集 1 中，分别是 200 个正常样本在前，200 个异常样本在后；在数据集 2 中，分别是 55 个正常样本在前，31 个异常样本在后；纵坐标是根据算法中设定的测试样本点到正常超球体球心距离的平方；图中的横线表示当前参数组下训练出的正常超球体半径的平方，每个测试样本点通过和横线比较即可判断该样本是否有异常情况。若测试样本点位于横线下方，则判定为正常样本；若位于横线上方，则判定为异常样本。表 13.5 是数据集 1 和数据集 2 的参数寻优过程。

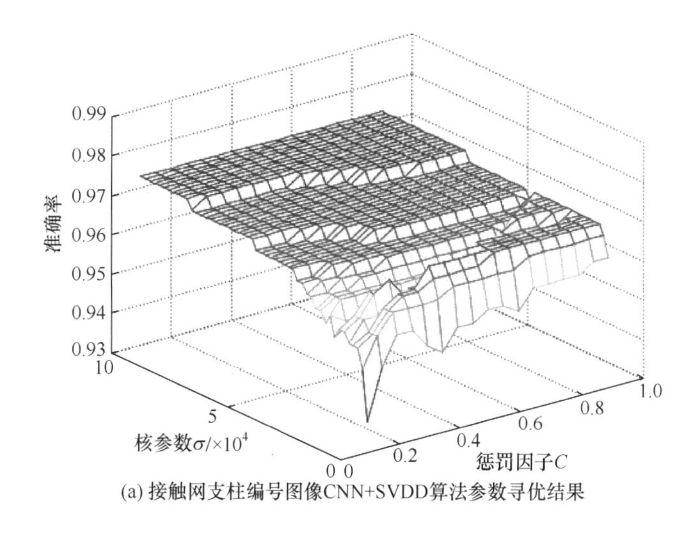

(a) 接触网支柱编号图像CNN+SVDD算法参数寻优结果

图 13.16

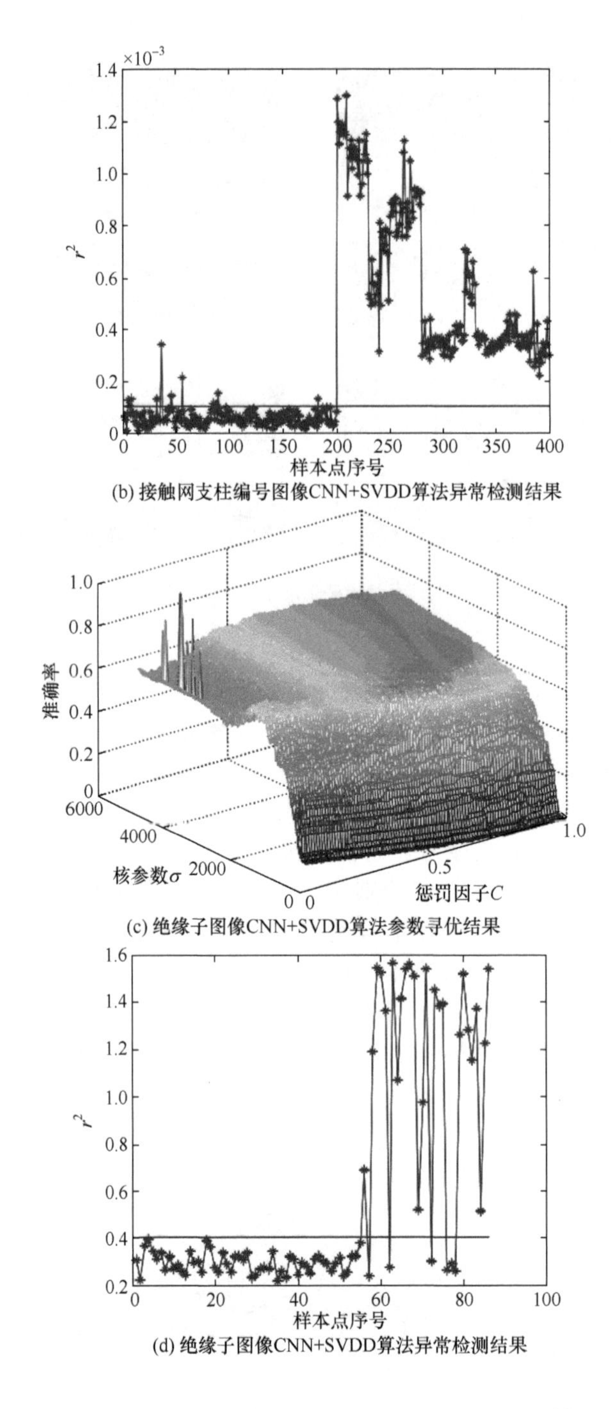

(b) 接触网支柱编号图像CNN+SVDD算法异常检测结果

(c) 绝缘子图像CNN+SVDD算法参数寻优结果

(d) 绝缘子图像CNN+SVDD算法异常检测结果

图 13.16 两个数据集的参数寻优结果和最终的异常检测实验结果（见书后彩插）

表 13.5 数据集参数寻优过程

数据集	最佳 C	最佳 σ	最佳准确率
1	0.18	100	93.3%
	0.21	1000	93.6%

续表

数据集	最佳 C	最佳 σ	最佳准确率
1	0.38	10000	94.3%
	0.75	62500	97.2%
2	C	100	0
	0.53	1000	61.6%
	0.03	3920	90.7%

从表 13.5 可以看出，数据集 1 的参数寻优过程中，σ 的上限值从 100 增加到了 100000，在 100000 的区间内找到最佳的 σ；数据集 2 的参数寻优中，σ 的上限值从 100 增加到 5000，找到了最佳的 σ。其中，数据集 2 的第一次参数设置中，由于当 σ 最大为 100 时，无论 C 取值为多少，其准确率都为 0，也就是说由于 σ 过小，导致学习到的模型完全不能适用于接触网绝缘子数据的分类。因此，只有逐步调大 σ 的范围，才能逐渐学到正常样本训练出的较好模型。

从两个数据集的参数寻优结果中可以看出，两个数据集的整体准确率都能达到 90%以上，其中接触网支柱编号数据的异常检测准确率可以达到 95%以上，有少量样本存在误检和漏检。同样的，对于实验结果，本章也采用相同的评价指标对误检率和漏检率进行了区分，即采用 P（准确率）、R（召回率）、F-score 对实验结果进行综合评价分析。为了比较第 12 章中的 HOG+SVDD 方法和本章算法，表 13.6 列出了 3 种算法对于数据集 1 的识别率对比及两种数据集的评价指标等。其中，CNN 算法是指通过改进的网络进行训练，并且用常用的方式通过 CNN 进行分类预测，比较其准确率。由于绝缘子数据较少，用 CNN 进行分类预测效果不理想，因此表中只列举了接触网支柱编号数据的训练和测试结果，最后与用 SVDD 作为后续分类器的算法相比较。

表 13.6　3 种算法的异常检测实验结果对比

数据集	算法	特征维数	bc[①]	bg[②]	P	R	F-score
数据集 1	CNN	20	—	—	86%	72%	75.8%
数据集 1	HOG+SVDD	144	0.3	20	74%	96.5%	88.2%
数据集 1	CNN+SVDD	20	0.75	62500	94.5%	100%	98.2%
数据集 2	CNN+SVDD	20	0.03	3920	100%	77.4%	83.2%

① bc 表示最佳惩罚因子 C。

② bg 表示最佳核参数 σ。

从表中可以看出，在数据较少的情况下，仅用 CNN 来分类并进行异常检测效果一般，对特征的学习完备性不强，没有完全获得理想的模型，最终 F-score 的值不高。对比两种利用 SVDD 作为分类器的算法，对于少量的数据进行异常检测实验，传统的特征提取方法 HOG 在算法复杂度上要简单于 CNN+SVDD 算法，实验时间少于后者，但是当其特征维数已达最佳时，其 F-score 值最高为 88.2%，在同一数据下，CNN+SVDD 方法在 20 维特征下即可达到 98.2%，准确率显著提高。可以看出，CNN+SVDD 的方法只用很低的特征维数提取图像特征便可做出更为准确的异常检测。对比两个数据集，随着数据的增加，基于深度学习的异常检测展现出其优势，因为数据越多，其学习到的样本特征越完备，准确率也就越高。在数据集 2 中，由于训练和测试样本的数量较少，负样本的人为仿真和真实样本的差异，且和源任务差异性更大，因此对于训练和测试都产生一定的影响，异常检测的 F-score 值不如数据集 1。对于实验中存在的误检和漏检图片，主要有以下几个原因：

① 误检的图片如图 13.17 所示，可以看出，在最初截取图片作为正常样本测试数据时，样本并未显示完整的 4 个数字，因此测试时被误检为异常数据。

② 在绝缘子数据中存在一定的漏检。一是因为大部分绝缘子图像数据都很类似，差别不大及数据量小，导致网络学习绝缘子数据的特征不完整，模型的纠错能力不强；二是每张负样本均为仿真得到，仿真的程度有较大差异，并且与真实情况的负样本存在差别，部分漏检绝缘子数据如图 13.18 所示，这些样本和正常样本没有很大差别，仿真磨耗程度不明显，因此提取到的相关特征会被误以为是正常样本，异常情况不容易分辨，导致最终识别为正常样本；三是由于绝缘子数据较少，训练样本均为数据增强后的样本，而没有原始样本，这可能导致了训练过程中对原始绝缘子图像某些特征的学习出现偏差。

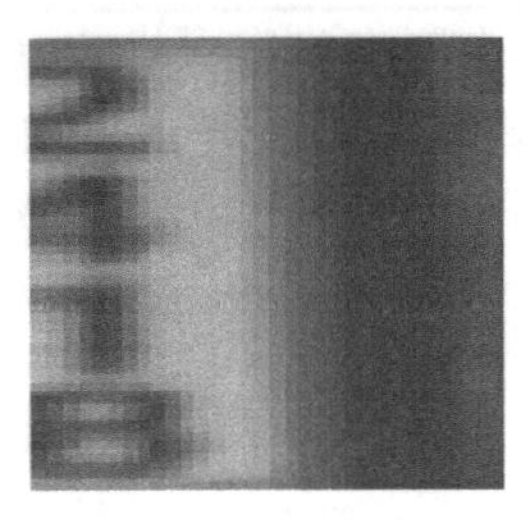

图 13.17　支柱编号误检样本示例

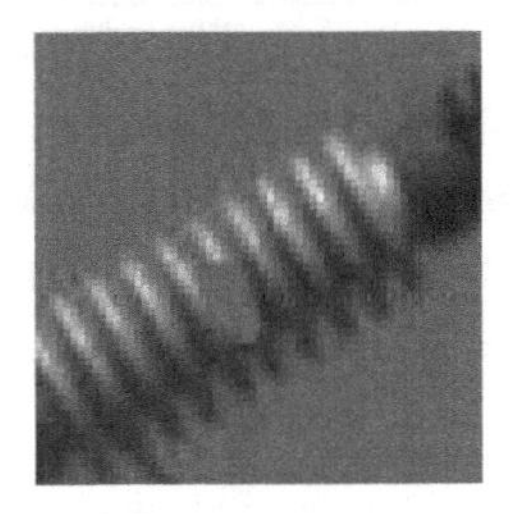

图 13.18　绝缘子漏检样本示例

本章小结

在基于视频数据的接触网图像的异常检测中，由于异常类数据稀缺，只能考虑利用大量正常类数据进行实验。本章研究了通过卷积神经网络的迁移学习思想，结合 SVDD 算法对接触网图像进行了异常检测。首先，分析了卷积神经网络的迁移学习概念，以已有的训练网络 Lenet-5 为基础，改进此网络并设计了适合接触网图像数据的训练网络，利用改进后的网络提取接触网图像的深度特征表达。然后，将这些特征作为 SVDD 算法的输入，训练了最后实现异常检测的分类器。最后，通过测试样本与正常模型的比较，实现了对接触网巡检图像的异常检测。通过实验表明，此方法具有较高的识别率和较强的鲁棒性，适用于当前非平衡数据条件下接触网安全巡检图像的异常检测。

但从实验过程中看，还是存在着一些问题：

一是实验中数据量较少，导致人为仿真出的绝缘子数据和真实绝缘子数据存在一定差异，后期利用卷积神经网络来训练可能无法获取很完美的训练模型，以至于影响了实验准确率。

二是通过 SVDD 算法将特征作为分类器的输入进行训练时，训练的复杂度和训练样本的特征维数有直接关系，针对背景较复杂、异常检测对象丰富的铁路图像数据，较少的特征维数就不能作为参考标准，这在一定程度上影响了算法的复杂度。

三是通过迁移学习对图像特征学习的研究还需要继续，包括训练样本数量对迁移学习效果的影响和各层次的迁移学习能力。

参考文献

[1] 韩志伟，刘志刚，张桂南，等. 非接触式弓网图像检测技术研究综述[J]. 铁道学报，2013，35(6)：40-47.

[2] Tax D M J, Duin R P W. Support vector data description[J]. Machine Learning, 2004, 54(1): 45-66.

[3] 陈斌，陈松灿，潘志松，等. 异常检测综述[J]. 山东大学学报(工学版)，2009，39(6)：13-23.

[4] 周胜明，王小飞，高峰，等. 基于在线 SVDD 的航空发动机异常检测方法[J]. 计测技术，2015(5)：20-22.

[5] Liu B, Xiao Y, Cao L. SVDD-based outlier detection on uncertain data[J]. Knowledge and Information Systems, 2013, 34(3): 597-618.

[6] 王靖程，曹晖，张彦斌，等. 基于最小化界外密度的 SVDD 参数优化算法[J]. 系统工程与电子技术，2015，37(6)：1446-1451.

[7] Krizhevsky A, Sutskever I, Hinton G E. ImageNet classification with deep convolution neural networks[C]//International Conference on Neural Information Processing Systems, 2012: 1097-1105.

[8] Lecun Y, Boser B, Denker J S. Backpropagation applied to handwritten zip code recognition[J]. Neural Computation, 2014, 1(4): 541-551.

[9] Lecun Y, Bottou L, Bengio Y. Gradient-based learning applied to document recognition[J]. Proceedings of the IEEE, 1998, 86(11): 2278-2324.

[10] Pan S J, Yang Q. A survey on transfer learning[J]. IEEE Transactions on Knowledge & Data Engineering, 2010, 22(10): 1345-1359.

[11] 庄福振，罗平，何清，等. 迁移学习研究进展[J]. 软件学报，2015，26(1)：26-39.

[12] 李彦冬，郝宗波，雷航. 卷积神经网络研究综述[J]. 计算机应用，2016，36(9)：2508-2515.

[13] Achanta R, Hemami S, Estrada F. Frequencytuned salient region detection[C]// Proceedings of the 2009 IEEE Conference on Computer Vision and Pattern Recognition, 2009: 1597-1604.

[14] 赵志宏，杨绍普，马增强. 基于卷积神经网络 LeNet-5 的车牌字符识别研究[J]. 系统仿真学报，2010，22(3)：638-641.

[15] Dahl G E, Sainath T N, Hinton G E. Improving deep neural networks for LVCSR using rectified linear units and dropout[C]//IEEE International Conference on Acoustics, Speech and Signal Processing, 2013: 8609-8613.

[16] Jia Y Q, Shelhamer E, Donahue J, et al. Caffe: Convolutional Architecture for Fast Feature Embedding[J/OL]. arXiv: 1408. 5093, 2014.

应用实例篇：其他领域

第14章 基于人脸识别的智能窗帘

14.1 研究背景意义

人脸识别是人机交互的重要技术。近年来，随着人工智能的迅速发展，人脸识别技术在人机交互安全、智能家居、自动化、医疗等领域取得了丰硕的成果。人脸识别技术因数据获取的便捷性和方法使用的高效性，得到智能家居领域，特别是智能窗帘行业的广泛关注。通过机器视觉的表情识别方法，能准确识别主人的心情状态，根据主人的表情控制智能窗帘的开合状态，解决了智能家居窗帘难以自动感知的问题，顺应了机器视觉与智能窗帘深度融合的发展趋势。

随着科技水平的不断发展，人们生活中也逐渐融入越来越多的科技元素。未来，人脸识别技术将进入人类工作、学习、娱乐等各种生活场景，智能化将成为科技发展的主要趋势，基于人脸识别的智能窗帘也将成为一种必然的社会需求[1-3]。如何最大限度地简单化操作、自动化控制，或者说如何进行智能控制，在窗帘行业是非常重要的理念。为了提高生活的舒适性和幸福感，智能窗帘产品的诞生毋庸置疑。同时，智能控制在一定程度上还可以很好地起到节能减排的作用。

14.2 项目研究目标

通过对国内外智能窗帘产品的研究发现，对于控制方面而言，主要以无线控制为主，如红外遥控、IoT（Internet of Things）联网控制、智能语音控制。在我国，有极少数方案通过使用人体体感和动作来实现窗帘的开合[4]。研究发现，智能窗帘在互联网领域有很成熟的方案，且科技感强、人性化足。但是，在网络覆盖不全面、网络信号不稳定的地区，也只能通过传统的遥控器或人力拉动窗帘来控制窗帘的开合。目前，市面上的大多数智能窗帘没有充分考虑残障人群，不能充分体现“智能”。本项目的研究目标就是打破传统窗帘模式，让智能窗帘充分覆盖到各种各样的家庭。

14.3 主要研究内容

为了提高控制方案的实用性、人机交互的便捷性、智能窗帘的覆盖面，本项目拟采用基于人脸识别来设计智能窗帘系统，通过识别人脸表情来控制窗帘的升降或开合宽度。

本项目主要研究内容有：程序编写、人脸检测、表情识别、控制器的选择等。

14.4 项目研究方法

本项目研究的系统工作流程为：当单片机通过摄像头检测到人脸时开始计时，在规定时间内用户可以调整自己的面部表情，计时结束，摄像头拍照采集人脸数据，将数据传递给控制器；控制器执行程序识别出属于具体某种表情，然后根据程序和表情结果发送指令给驱动器；驱动器控制电机正反转实现窗帘的开启与关闭；当再次检测到电机停止的表情信号时，电机制动，并结束此轮检测。在该系统中，位置传感器检测窗帘的左右极限位置，通过硬件中断传递信号给控制器实现急停限位；单片机通过ADC采集负载电流，实现负载保护；独立电源为各个模块单独提供所需电压。

在本研究中，首先要进行主程序的设计，然后进行人脸检测以及人脸表情分类，最后根据用户需要进行电机控制的设计。

14.4.1 主程序设计

在主程序设计中，需要实现人脸检测、表情检测、PWM（Pulse-Width Modulation）输出、LCD显示、GPIO（General-Purpose Input/Output）输入输出、光电限位保护、过载保护等功能，其主程序流程如图14.1所示。

14.4.2 人脸检测设计

在此设计中，算法路径默认将硬件内置的正脸Haar Cascade[5,6]载入内存，阶段数根据场景不同调试不同的值，阶段数越低，运行特征检测器速度越快，错误率越高。加载完毕，摄像头获取一帧图像，然后基于这幅图像运行正脸Haar Cascade算法，需

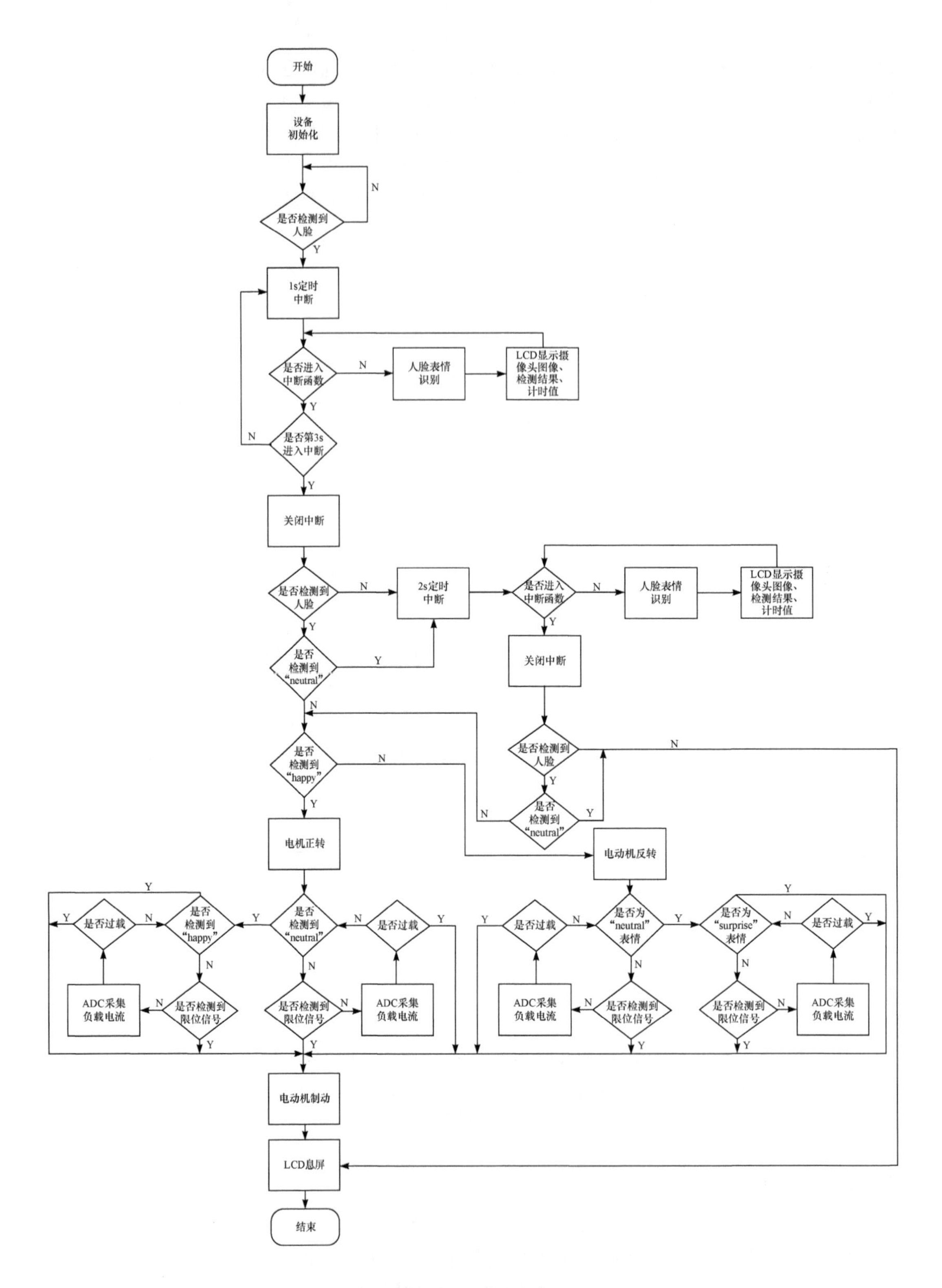

开始
设备初始化
是否检测到人脸
1s定时中断
是否进入中断函数
人脸表情识别
LCD显示摄像头图像、检测结果、计时值
是否第3s进入中断
关闭中断
是否检测到人脸
2s定时中断
是否检测到“neutral”
是否检测到“happy”
电机正转
电动机反转
是否过载
是否检测到“happy”
是否检测到“neutral”
ADC采集负载电流
是否检测到限位信号
是否为“neutral”表情
是否为“surprise”表情
电动机制动
LCD息屏
结束

图 14.1 主程序流程

要传入 Haar Cascade 对象、对比阈值、搜索比例因子。其中，对比阈值越低，运行特征检测器速度越快，错误率越高；比例因子越高，运行越快，但其图像匹配相应越差。如果检测到人脸，则将返回这些特征的边界框矩形元组的列表，否则返回一个空列表。如果返回结果不为空，将用白线框出特征框。其人脸检测流程如图 14.2 所示。

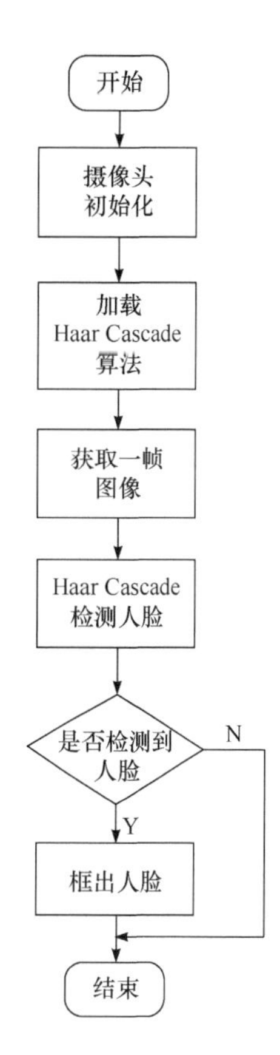

图 14.2 人脸检测流程

14.4.3 表情识别设计

Sipeed 的模型训练平台支持目标分类和目标检测两种训练。在本项目中，不需要对面部表情进行定位，所以采用目标分类方式训练表情检测模型。该平台的目标分类算法为 KPU（Knowledge Processing Unit）加速的 CNN 算法[7-9]，只需要当作黑盒使用即可。按照要求准备表情数据集并整理为规定目录格式。本项目中，数据集来源于 CK+（Cohn-Kanade）表情数据库，该数据库包含 123 个目标，近 600 张图像，包含了中性、悲伤、愤怒、恐惧、高兴、蔑视、厌恶、惊讶 8 种表情序列，选择中性、高兴、惊讶三种图片为数据集，从中选取合适的图片并设置分辨率为 224×224，同时从网上下载一些图片，每个类别的训练样本达到 350 张左右。准备好数据集，将其打包上传到 Sipeed 服务器，训练完成即可下载模型。表情识别设计训练结果的混淆矩阵、训练与验证的每轮精度和损失值如图 14.3 所示。

下载训练好的模型后，同用户编写的脚本程序一起传入 SD 卡（Secure Digital Memory Card）中，单片机上电后优先运行 SD 卡的程序。表情识别流程如图 14.4 所示。

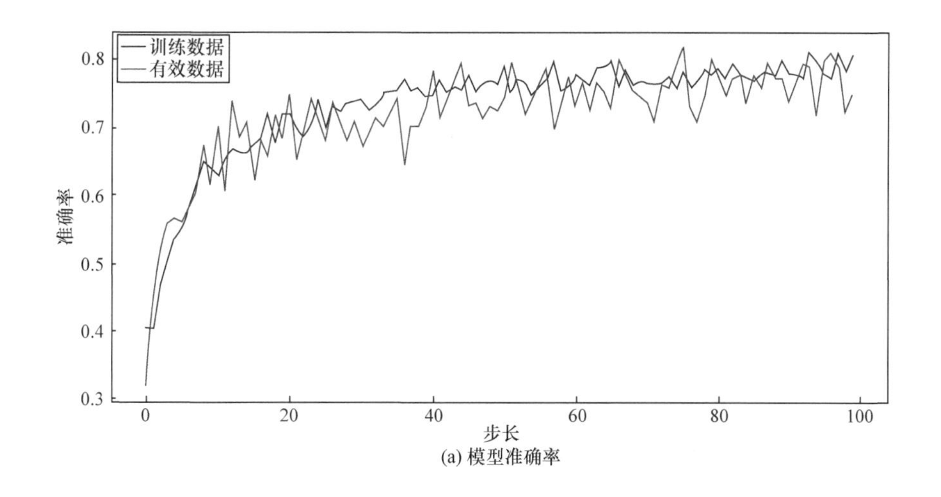

(a) 模型准确率

图 14.3

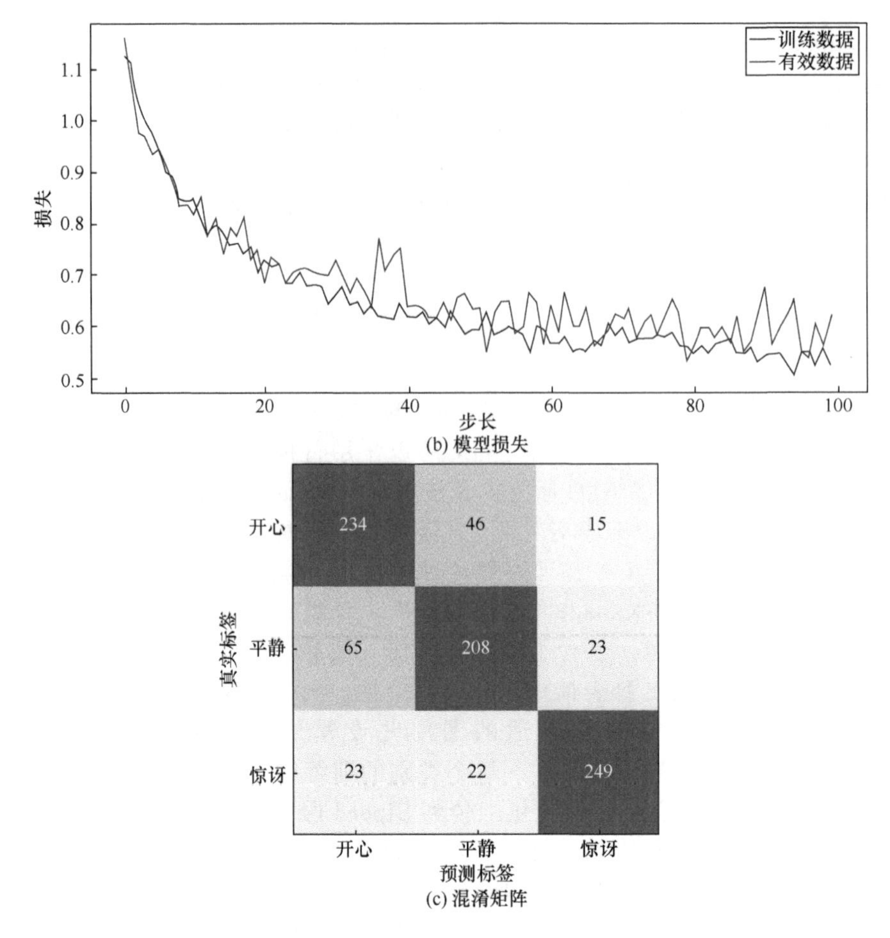

(b) 模型损失

(c) 混淆矩阵

图 14.3 训练结果

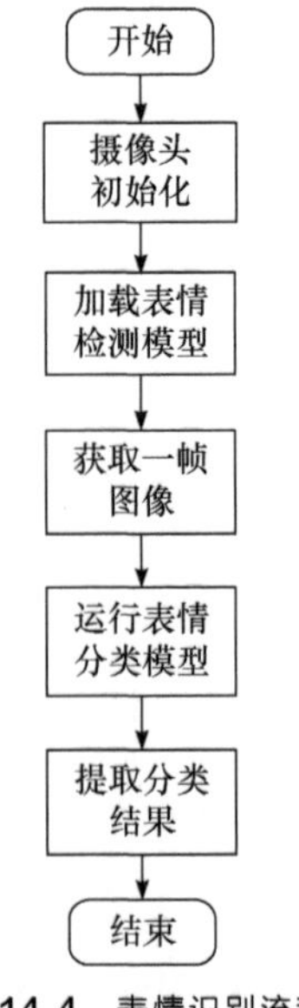

图 14.4 表情识别流程

首先，进行摄像头初始化，设置摄像头为 RGB565 格式、分辨率为 320×240，然后从 flash 或者文件系统中加载表情检测模型，此设计为从 SD 卡中加载模型，需要传入模型地址与文件名。然后，获取摄像头的一帧图像，将该图像数据与加载模型返回的值传入模型运行函数，计算已加载的网络模型到指定层数，并输出目标层的特征图。最后，从输出的结果中提取分类标签的结果。如果不再需要使用该模型，需要清除 SRAM（Static Random-Access Memory）中的模型。

14.4.4 电机控制设计

本项目在实物设计中采用的是一款高度集成的双 H 桥驱动器 L298N 模块，该模块接受 TTL（Transistor Transistor Logic）电平，适用于驱动继电器、直流电机和步进电机等感性负载。该模块正好能够实现窗帘电机的正转、反转、制动和 PWM 调速。

单片机能够通过三个引脚配制成驱动 L298N 所需要的两个方向引脚和一个 PWM 输出引脚。电机控制流程如图 14.5 所示。

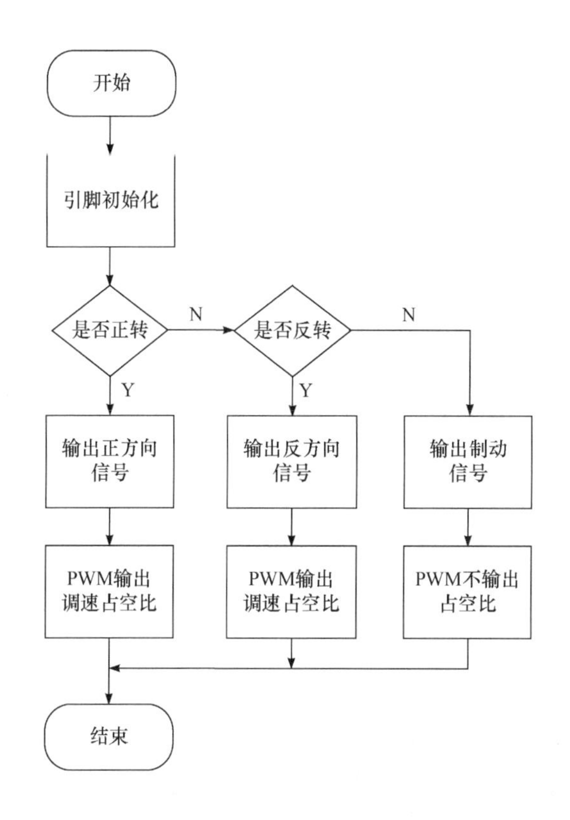

图 14.5 电机控制流程

K210 单片机每个 PWM 依赖于一个定时器，因为有 3 个定时器，每个定时器有 4 个通道，即最大可以同时产生 12 路 PWM 波形，可以指定任意引脚映射为 PWM 接口。该单片机有 8 个通用 GPIO 和 32 个高速 GPIO，同样是所有引脚可以随意映射为某硬件接口。初始化时，将空闲的引脚映射为一个 PWM 和两个通用 GPIO 接口，GPIO 设置为输出低电平。当检测到正转标志置位时，两个 GPIO 输出一正一负（取决于硬件连线），PWM 引脚输出需要的占空比；当检测到反转标志置位时，两个 GPIO 输出反向，PWM 引脚输出需要的占空比；当需要制动时，两个 GPIO 输出低电平，PWM 引脚不输出占空比。制动情况比较多，在两个光电开关产生 IO（Input/Output）中断、ADC（Analog-to-Digital Converter）检查到负载过流和表情控制制动时，需要制动。

14.5 实验结果与分析

本项目的硬件选择 Sipeed 的 Maix Dock 单片机模组，编程语言使用 K210 支持的

MicroPython 语法，支持调用官方模块，IDE（Integrated Drive Electronics）选择配套的 MaixPy IDE，该编辑器使用 MicroPython 脚本语法，所以不需要编译产生二进制文件，使用该 IDE 编写脚本可以实时查看串口消息和摄像头图像、保存文件到开发板等。在硬件模组的固件中内置了人脸识别算法 Haar Cascade，Haar Cascade 是一系列对比度检查，用于确定图像中是否存在对象。对比度检查分为几个阶段，其中只有在前一阶段已经通过时才运行下一阶段。对比度检查较简单，如检查图像的垂直中心是否比边缘亮。大面积检查首先在早期阶段执行，然后在后期阶段执行更多和更小的面积检查。Haar Cascade 通过对正、负标记图像训练生成算法。

14.5.1 实验系统组装

控制器为 Sipeed 的搭载 K210 和 ESP8285 的 Maix Dock 模组，模组驱动 L298N 模块，同时 L298N 的 5V 稳压电路给模组供电，L298N 的驱动电源为 6V 的锂电池。驱动模块的输出口连接额定电压为 6V 的 380 马达，额定工况时空载转速为（15000±10%）r/min。本项目设计的电机驱动板实物如图 14.6 所示。电机转动带动转轴转动，轴上的两个细绳随着轴的转动实现一收一放，从而完成窗帘的开合控制。智能窗帘实验场景如图 14.7 所示。

图 14.6 电机驱动板

图 14.7 智能窗帘实验场景

14.5.2 系统初始化

系统通电后启动 LCD 屏，显示“Loading completed!”之后进入息屏状态，此时系统处于工作状态，单片机一直在检测人脸。如果此时没有人脸，LCD 屏将一直处于息屏状态；如果此时摄像头识别到人脸，系统将会进行下一阶段的控制，即根据人脸表情进行窗帘的开合控制。

14.5.3 关闭窗帘演示

当系统检测到人脸，开始计时 3s，3s 后继续检测到人脸并且表情为“happy”，则电机正转，系统处于关闭窗帘状态（图 14.8）；3s 后如果没有检测到人脸或者表情为“neutral”，为了防止用户误操作或者系统误识别，将再延时 2s，2s 后如果仍然检测不到人脸或者表情为“neutral”，则此轮结束，否则将按照表情进行窗帘开合控制。

如果第二次检测到表情为“neutral”时，系统将进入预停止状态（图 14.9）；如果第二次检测到表情为“happy”时，电机将会停止转动、LCD 息屏，停止此轮检测，恢复到初始化状态。

图 14.8 关闭窗帘状态

图 14.9 预停止状态

14.5.4 打开窗帘演示

打开窗帘过程同关闭窗帘过程。当系统检测到人脸，开始计时 3s，3s 后继续检测到人脸并且表情为“surprise”，则电机反转，系统处于打开窗帘状态（图 14.10）；3s 后如果没有检测到人脸或者表情为“neutral”，为了防止用户误操作或者系统误识别，将再延时 2s，2s 后如果仍然检测不到人脸或者表情为“neutral”，则此轮结束，否则将按照表情进行窗帘开合控制。

如果第二次检测到表情为“neutral”时，系统将进入预停止状态；如果第二次检测到表情为“surprise”时，电机将会停止转动、LCD 息屏，停止此轮检测，恢复到初始化状态。

图 14.10 打开窗帘状态

本章小结

本项目完成了人脸检测设计、人脸表情识别设计，选择了来源于 CK+表情数据库里的近 600 张图像，以及网上下载的图片，设置了中性、高兴、惊讶三种表情图片为数据集，每种类型的样本达 350 张，完成了表情的训练和识别。此外，通过硬件设计，完成了电路板的焊接和整个实验硬件的搭建和软件的载入。实验结果显示，本项目设计的系统可以准确识别三种表情，完成窗帘的打开和关闭。

参考文献

[1] 卢洋. 人脸表情图像识别关键技术的分析与研究[D]. 长春: 吉林大学, 2019.

[2] Patil R A, Sahula V, Mandal A S. Features classification using geometrical deformation feature vector of support vector machine and active appearance algorithm for automatic facial expression recognition[J]. Machine Vision and Applications, 2014, 25(3): 747-761.

[3] Rapp V, Bailly K, Senechal T, et al. Multi-Kernel appearance model[J]. Image and Vision Computing, 2013, 31(8): 542-554.

[4] 罗伟, 梁世豪, 姜鑫, 等. 基于微软 Kinect 的体感控制智能窗帘系统[J]. 微型电脑应用, 2020, 36(3): 64-68.

[5] 黄华盛. 基于 Haar 特征的人脸识别算法[J]. 计算机光盘软件与应用, 2013, 16(23): 88-88.

[6] 糜元根, 陈丹驰, 季鹏. 基于几何特征与新 Haar 特征的人脸检测算法[J]. 传感器与微系统, 2017, 36(2): 154-157.

[7] 于浩文. 基于卷积神经网络的人脸表情技术研究[J]. 无线互联科技, 2021, 18(1): 108-109.

[8] 薛娇, 郑津津. 基于卷积神经网络的表情识别[J]. 工业控制计算机, 2020, 33(4): 49-50.

[9] 樊雷. 一种基于Keras和CNN的人脸表情识别系统设计[J]. 电脑知识与技术(学术版), 2018, 14(33): 178-179.

第15章

基于机器视觉的茶叶嫩芽识别方法

15.1 研究背景意义

中国是世界上最大的产茶国，茶文化有着悠久的历史，茶叶中的多种营养物质可以提供诸如抗辐射、消炎杀菌、提神解压和血脂调节等多种保健功能[1]，因此茶叶成为许多人生活中不可或缺的物品之一。目前，全国大约有 4500 万亩茶园，据中国茶叶流通协会在 2021 年最新发布的消息显示，2021 全年我国茶产业销售总额超过 3000 亿元，小球茶叶产量大约在 175 万吨，销售也呈现价稳量增的特点，可见茶叶在国内外拥有着很大的消费市场。

即便茶叶作为一项经济价值极高的作物，传统的茶叶生产仍然属于劳动密集型产业[2]，茶叶仍然大多依靠人工采摘。虽然目前国内外相继研究出往复切割式、钩刀切割式和螺旋滚切式的采茶机，但其仍需要人工参与并且对茶叶采摘没有选择性，易破坏茶叶嫩芽的完整性[2]。因此，实现茶叶采摘生产的自动化、机械化，不仅能解决采茶工人工作强度大、身体劳损问题，还能降低生产成本，提高生产效率。

茶叶自动化采摘的难点之一在于嫩芽识别。如何通过机器视觉技术和神经网络技术将茶叶嫩芽与背景和杂草区分开，成为目前研究的重点之一。良好的识别技术不仅需要提高识别准确率，同时还需要提高识别速度，以此提高识别效率。

茶叶嫩芽与其他农产品（如苹果、黄瓜等）不同，具有体积小、颜色不统一、边缘难分割等特点，基于传统的机器识别方法难以准确定位嫩芽。因此，有些学者采用了阈值分割法检测和识别茶叶嫩芽。唐仙等[3]研究了利用传统方法分割茶叶嫩芽，利用数码相机采集嫩芽图像，再运用多种阈值分割法进行分割，并将几种阈值分割方法所得到的结果进行了横向比较。汪健[4]结合颜色距离和边缘距离对自然条件下的茶叶嫩芽进行了分割，并较好地保存了嫩芽的轮廓信息。

15.2 项目研究目标

鉴于传统分割法受限于泛化能力低的缺陷，难以从复杂环境背景下识别相关对象，同时也受到拍摄光照、角度等因素的限制。因此，本项目基于机器视觉技术研究茶叶智能化采摘。其主要研究目标为：运用神经网络和深度学习技术进行更精确的茶叶嫩芽识别。

15.3 项目研究方法

自 2014 年 Girshick 等[5]首次运用 R-CNN 网络进行目标识别后，基于深度学习的目标检测算法迅速发展[6,7]，相继出现了 Fast R-CNN、Faster R-CNN 等目标检测模型[8-11]，以及 YOLO[12]、SSD[13]等优化算法，并在农业生产领域得到研究和运用[14,15]。本书项目将采用 YOLO v3 深度学习算法对茶叶嫩芽进行目标检测和识别。

15.3.1 YOLO v3 目标识别原理

YOLO（You Only Look Once）模型基于 R-CNN 深度学习技术而生，YOLO 模型是基于单个卷积神经网络的学习模型，经过 YOLO v1 模型、YOLO v2 模型迭代后，出现了 YOLO v3 改进模型。不同于其他如 Fast R-CNN、Faster R-CNN、Mask R-CNN 这类 Two-Stage 算法，YOLO v3 采用的是单步（One-Stage）检测的算法。单步算法和双步算法的区别在于，后者是将目标位置框的检测和分类预测分为两步进行，而 YOLO 这类单步算法是先提出候选框，然后再进行分类，以此将目标检测问题处理为回归问题，也就是使用一个神经网络就可以完成图像的边界框（Bounding Box）和类概率（Class Probabilities）的预测。因此，YOLO 可以实现端到端的物体检测性能优化。

（1）基本思想

YOLO 算法先将图像划分为 $S \times S$ 的网格，每个网格负责检测中心落入格子中的目标。每个网格都会输出边界框、置信度分数 c 和类概率。边界框中包含了 x、y、w、h 四个值，其中 x、y 表示边界框的中心点，w、h 表示边界框的宽和高。置信度分数 c 在形式上的定义如下：

$$c = Pr(\text{Object})\text{IoU}_{\text{pred}}^{\text{true}} \tag{15.1}$$

式中，$Pr(\text{Object})$ 为单元格中存在目标的概率，如果有目标落在其中划分的网格中，则其值为 1，反之则为 0；$\text{IoU}_{\text{pred}}^{\text{true}}$ 为预测框与实际框之间的 IoU 值，即预测框和真实值的交集和并集的比值。

物体的类概率在 YOLO v3 中采用的是二分类的方法。通过置信度分数定义得到每个网格中各类置信度得分，将低于阈值分数的预测框过滤掉，然后用非极大值抑制算法（Non-Maximum Suppression，NMS）处理剩下的预测框。

（2）特征提取网络结构与多尺寸检测

YOLO v3 算法的特征提取网络结构为 DarkNet-53 结构，它主要由卷积层和残差模块组成，没有池化和全连接层。YOLO v3 算法的网络结构如图 15.1 所示。其中，DBL（Darknetconv2D_BN_Leakyrelu）网络模块结构如图 15.2 所示。该网络结构采用残差网络（ResX）的思想，解决了当网络层数过多时出现的梯度消失问题。同时，为了使网络集中地学习输入和输出之间的残差，残差网络模块通过恒等映射（Identity Mapping）的方式，在输入和输出之间建立了一条直接关联的通道。其中，每个残差模块包含了两个卷积层（Conv）和一个快捷链路，如图 15.3 所示。YOLO v3 可输出三种尺寸的多维向量，分别为 13×13×255 的 Scale1、26×26×255 的 Scale2 以及 52×52×255 的 Scale3。

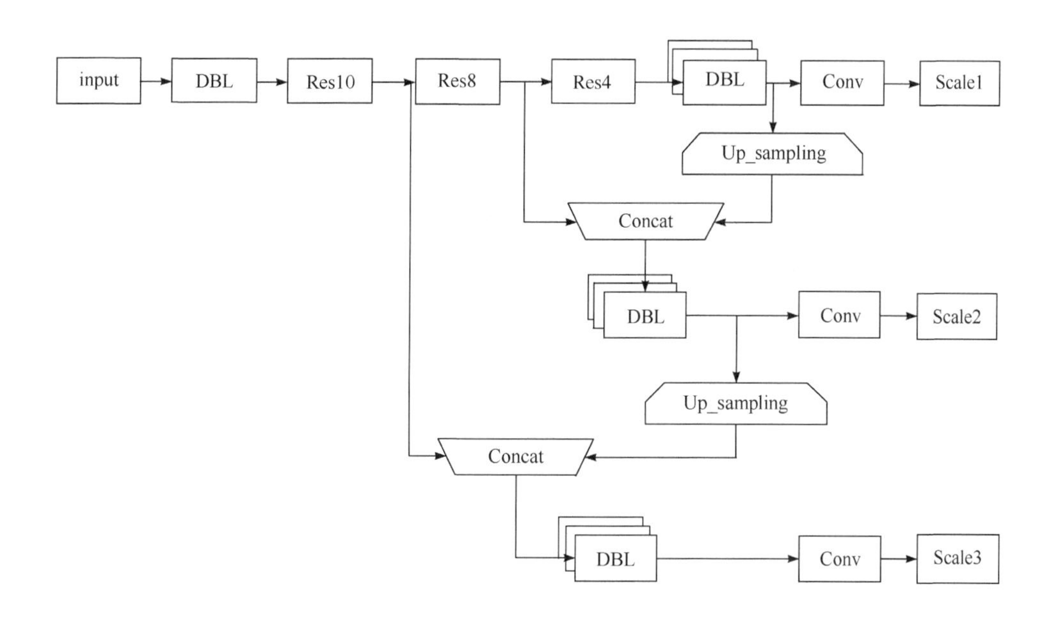

图 15.1 YOLO v3 算法的网络结构

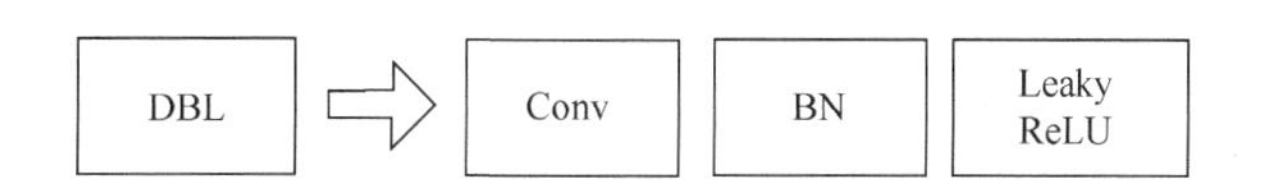

图 15.2 DBL 网络模块结构

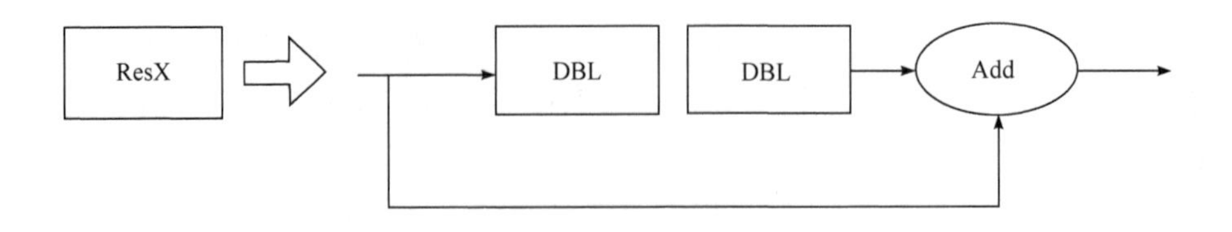

图 15.3 ResX 网络模块

Scale2 和 Scale3 分别从上一段多维向量中提取图像特征，通过上采样（Up_sampling）后再与 Res8 和 Res10 的网络输出进行拼接（Concat）操作，不同于相加（Add）操作的是，拼接操作可以扩充图像的张量维度。通过改变卷积核步长的方式，YOLO v3 实现了对图片张量尺寸的改变，其卷积的步长为 2，即使得每次卷积后图片边长缩小一半，而 DarkNet-53 一共有 5 次步长为 2 的卷积，这样就使得特征图缩小为原来的 2^{-5}，即 1/32，所以网络输入图片的尺寸为 32 的倍数，一般取 416×416。因此，YOLO v3 采用 13×13、26×26、52×52 三种尺寸的特征图，对输入的图像进行大、中、小的网络划分，以此对不同尺寸的目标物体进行检测和识别。

（3）损失函数

前面介绍到，YOLO v3 是将目标检测看作目标类别预测和区域预测的回归问题，因此损失函数是十分重要的。YOLO v3 沿用了 YOLO v1 中 Sum-square error 的损失计算思想，都包含了置信度（Confidence）损失、框（x、y、w、h）回归损失以及分类（Class）损失。其中，置信度损失用于判断预测框有无目标，判断的规则为如果一个预测框与所有真实框的 IoU 都小于某个阈值，即判断其为背景，否则其为前景（包括目标）；框回归损失仅在预测框中包含预测目标时计算；分类损失采用的是二分类交叉熵算法。不同于 YOLO v1 简单的总方误差算法，YOLO v3 采用 keras 框架的损失函数，对除 w、h 之外的损失函数采用二分类交叉熵算法，经过调整后再加在一起。二分类交叉熵函数的计算公式如下：

$$\text{Loss} = -\frac{1}{n}\sum_{i=1}^{n}(y_i \ln a_i + (1-y_i)\ln(1-a_i)) \tag{15.2}$$

如此便将多分类问题理解成为二分类问题，有益于排除类别的互斥性和解决因为多个类别物体重叠导致的漏检问题。

15.3.2 基于 YOLO 的茶叶识别模型建立

在建立模型前，首先要确定数据集所需收集的信息，包括光照环境、拍摄清晰度等。随着传感器技术和电子技术的发展，当前主流的手机后置摄像头成像效果足以满足实验需求，因此本项目采用手机摄像头对茶园茶叶进行拍摄。实验茶园选择地为四川省雅安市名山区万亩观光茶园，拍摄时间为 2021 年 8 月至 10 月，共计拍摄 532 张有效原始图像。对几种不同品种的茶叶进行拍摄，光照条件基本为多云与晴天天气下正午左右，因此训练结果有一定的泛化性和鲁棒性。拍摄的图像如图 15.4 所示。

(a) 晴天环境下茶园拍摄　　(b) 阴天环境下茶园拍摄

图 15.4　自然环境下茶园嫩芽样本

15.4　实验结果与分析

本项目实验的硬件条件为 Intel Core CPU i7-9750H，核心频率为 2.6GHz，16GB 内存，Nvidia GeForce Gtx1660 图形适配器，软件环境为 Windows 10 操作系统，开发环境为 Anacon，开发语言为 Python，使用 Pycharm 进行调试。

实验根据 YOLO v3 算法，采用 DarkNet-53 的网络结构，采用归一化处理将图片输入统一缩放到 416 像素×416 像素大小，运用 LabelImg 标注软件对图片进行标注生成数据集，得到相应的 XML（eXtensible Markup Language）文件。XML 中包括了标注框类别、大小等信息。将预测特征图的 anchor 框集合作为模型输入参数，并通过随机裁剪、旋转、镜像等方式进行增强处理。将预训练模型的权重及上述参数输入网络模型，模型通过 K-Means 聚类产生 3 个尺度的特征图，每个特征图具有 3 个 anchor 框（13×13、26×26、52×52），共计 9 个框。根据预测结果计算损失函数值。在训练过程中，不断保存每次训练完成后的模型权重，直到训练结束。

实验所用复杂自然背景及不同光照下茶叶嫩芽图像数据集信息如表 15.1 所示。

表 15.1　采集数据及测试数据信息

数据集数量/张	验证集/个	标注框/个	训练集数量/张	测试集数量/张
532	203	1682	475	236

实验过程中，通过 Anaconda 下载安装 LabelImg，并对处理过后的图片进行标注。标注结果如图 15.5 所示。

(a) 晴天环境下标注结果1

(b) 晴天环境下标注结果2

图 15.5

(c) 阴天环境下标注结果1

(d) 阴天环境下标注结果2

图 15.5　LabelImg 标注结果（见书后彩插）

实验测试环境选用上述配置笔记本电脑，实验代码适用于 Windows 系统。将测试集中的茶叶嫩芽图像输入训练好的网络中，即可得到每张检测图像。图 15.6 所示为不同光照条件下的检测结果。

(a) 晴天环境下检测对比图1　(b) 晴天环境下检测对比图2

(c) 阴天环境下检测对比图1　(d) 阴天环境下检测对比图2

图 15.6　不同光照条件下检测结果（见书后彩插）

模型的性能采用准确精度 P 和召回率 R 两个指标进行衡量。准确精度 P 和召回率 R 的定义分别如下：

$$P = V_{TP} / (V_{TP} + V_{FP}) \tag{15.3}$$

$$P = V_{TP} / (V_{TP} + V_{FN}) \tag{15.4}$$

式中，V_{TP} 为正类被判定为正类的数量，即模型正确检测的目标数；V_{FP} 为负类被判定为正类的数量，即模型误检的目标数；V_{FN} 为正类被判定为负类的数量，即模型漏检的目标数。

准确精度 P 表示样本中被正确判定为正类占预测为正类的比例，召回率 R 表示样本中被正确判定为正类占实际为正类的比例。在深度学习网络中，一般采用平均精度均值（mean Average Precision，mAP）作为检测精度的指标[16]，即先计算每一类的平均精度（Average Precesion，AP），然后计算所有类的平均精度 AP 的均值。由于本实验只针对一种茶叶嫩芽进行识别，所以 mAP 值即 AP 值。

从检测结果图中来看，晴天光照较好的情况下，检测准确度会略高于阴天环境。在光照条件较好的环境下，模型对于茶叶嫩芽的识别较为准确；在阴天环境下，嫩芽特征不够突出，会影响模型的检测，如图 15.6（d）右侧图中嫩芽没有与背景区分出来。为了能更清楚地显示训练网络中的 AP 值及其变化，在训练过程中每隔 5000 次输出一次权值文件，经过 5 万次训练后，得到模型的 mAP 值，其结果如图 15.7 所示。

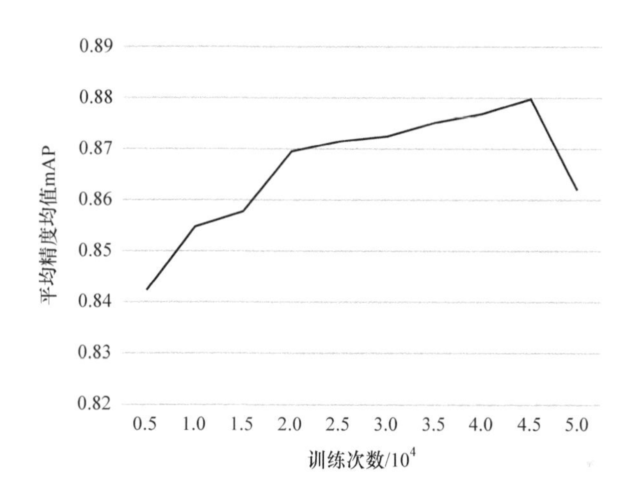

图 15.7　YOLO v3 模型的 mAP 值随训练次数变化曲线

从图 15.7 中可以看出，在前 0.5 万次训练模型中，模型的 mAP 值较好，能达到 84%。随着训练次数的不断增加，mAP 值几乎稳定在 87%～88%之间，且 mAP 值在 4.5 万次训练前总是保持上升趋势，mAP 值达到近 88%。但是超过 4.5 万次训练后，准确度表现出明显的下降。这是由于训练次数过多而导致的过拟合现象，因此在训练网络时也不可一味追求提高训练次数，而应寻找训练效果最好的点。

表 15.2　YOLO v3 训练模型的性能

训练模型	平均精度均值 mAP/%	召回率/%
YOLO v3	86.2	69.8

通过表 15.2 可以看出，经过训练的 YOLO v3 模型能达到 86.2%的 mAP 值，召回率为 69.8%。影响召回率的因素较多，如天气光照情况、图片拍摄角度以及人为标注

情况下难免产生遗漏等问题。因此，实验得到的召回率较为一般，但 mAP 值已达到较好的水平。

本章小结

本章中介绍的研究项目，通过智能手机的摄像头，采集四川省雅安市名山区万亩观光茶园中茶叶样本，共 532 张原始图像；然后通过图片裁剪、归一化处理将图片统一处理为 416 像素×416 像素大小；再通过 LabelImg 对处理过后的图片集进行人工标注及分类；最后将生成的 XML 文件和图片集归类形成数据集，并通过 Pycharm 软件运用 YOLO v3 算法进行网络训练。

实验设定训练次数为 5 万次，且每 5000 次输出一次权重值作为模型精准度的参考。分析数据可知，随着模型训练次数增加，mAP 值出现了上升后又下降的趋势，这是由于训练次数过多所导致的过拟合现象。通过实验结果可知，经过训练的 YOLO v3 模型对自然光照环境下的茶叶识别平均精度均值可达到 86.2%，但召回率一般，为 69.8%。

YOLO v3 模型能够达到较好的准确度，但召回率有待提高，后续工作也许可以通过更精准的摄像技术和更精确的标注数据集来提高召回率。同时，也可以在 YOLO v3 算法中加入类似池化模块来提高平均精度均值。

参考文献

[1] 黄藩，王云，熊元元. 我国茶叶机械化采摘技术研究现状与发展趋势[J]. 江苏农业科学, 2019, 47(12): 48-51.

[2] 韦佳佳. 名优茶机械化采摘中嫩芽识别方法的研究[D]. 南京：南京林业大学, 2012.

[3] 唐仙，吴雪梅，张富贵. 基于阈值分割法的茶叶嫩芽识别研究[J]. 农业装备技术, 2013, 39(6): 10-14.

[4] 汪建. 结合颜色和区域生长的茶叶图像分割算法研究[J]. 茶叶科学，2011, 31(1): 72- 77.

[5] Girshick R, Donahue J, Darrell T. Rich feature hierarchies for accurate object detection and semantic segmentation[C]//2014 IEEE Conference on Computer Vision and Pattern Recognition, Columbus, OH, USA, 2014: 580-587.

[6] Lecun Y, Bengio Y, Hinton G. Deep learning[J]. Nature, 2015, 521(7553): 436-444.

[7] 郭丽丽，丁世飞. 深度学习研究进展[J]. 计算机科学, 2015, 42(5): 28-33.

[8] Girshick R. Fast R-CNN[C]//2015 IEEE International Conference on Computer Vision (ICCV 2015), Santiago, Chile, 2015: 1440-1448.

[9] Ren S Q, He K M, Girshick R, et al. Faster R-CNN: towards real-time object detection with region proposal net-works[J]. IEEE Transactions on Pattern Analysis and Ma-chine Intelligence, 2017, 39(6): 1137-1149.

[10] 房靖晶，成金勇. 基于改进的 Faster R-CNN 的目标检测与识别[J]. 图像与信号处理, 2019, 8(2): 43-50.

[11] Gu J X, Wang Z H, Kuen J, et al. Recent advances in convolutional neural networks[J]. Pattern Recognition, 2018, 77: 354-377.

[12] Shinde S, Kothari A, Gupta V. YOLO based human action recognition and localization[J]. Procedia Computer Science, 2018, 133: 831-838.

[13] Liu W, Anguelov D, Erhan D, et al. SSD: Single shot MultiBox detector[M]. Cham: Springer, 2016.

[14] 林君宇，李奕萱，郑聪尉，等. 应用卷积神经网络识别花卉及其病症[J]. 小型微型计算机系统, 2019, 40(6): 1330-1335.

[15] 刘小刚，范诚，李加念，等. 基于卷积神经网络的草莓识别方法[J]. 农业机械学报, 2020, 51(2): 237-244.

[16] 周云成，许童羽，郑伟. 基于深度卷积神经网络的番茄主要器官分类识别方法[J]. 农业工程学报, 2017, 33(15): 219-226.

第16章 基于机器视觉的车牌识别系统

16.1 研究背景意义

随着公路交通的建设日益完善,机动车的数量急剧增长。根据公安部公布的数据，截至 2021 年 3 月，全国机动车保有量达 3.78 亿辆，其中汽车 2.87 亿辆。而近几年来，我国经济已经高速发展，人民的生活水平、经济水平也在提高，将会有越来越多的人拥有汽车。机动车数量增加对城市交通造成了不小的负担，因此需要一个信息化、智能化、高效化的交通管理系统来管理，而车辆牌照作为车辆重要的身份标识之一，从车牌中提取的信息可以用于多个目的，如通道和流量控制、监控城市道路和高速公路收费站等。通过智慧交通技术，可以使道路网络达到更高的运行效率，既节省了人们的时间，又减少了资源的消耗。

在国外的智能车辆管理系统技术方面，1987 年，ETC（Electronic Toll Collection）技术最早是由挪威从理论到实际进行转变的，部分道路实行智能化管理。技术核心是利用 856MHz 频段范围将车载单元（On board Unit，OBU）和路边单元进行信号对接。1997 年，最具有代表性的智能收费系统为美国的 E-Zpass，通过实行混合车道方法提高车辆的通行效率。葡萄牙以 Viavarde 为代表将开放式和封闭式收费模式相结合，没有设置自动栏杆，评定车辆以不低于 75km/h 的速度通过葡萄牙 Viavarde 车道过收费站。全球最大规模的 ETC 智能收费系统是日本在 1999 年建立的,硬件设施由 CPU 卡、两片式 OBU、双 ETC 天线组成。因为智能化的技术日益成熟，国外停车场管理系统都开始采用相关的智能停车 APP 系统，为用户实时提供目的地附近的停车情况。

国内对 LPR（License Plate Recognition）系统的研究起步稍晚，到 20 世纪 90 年代才开始[1]。在 2000 年以前，中国汽车牌照识别技术的发展处于起步阶段，能够应用于生活中的系统并不多，而且其中大多数还是模仿的国外智能停车场技术，到 2005 年之后才有所改善和提高。当前，国内用得较多的有汉王公司的“汉王眼”、浙江大学的“车牌通”和香港 Asia Vision Technology 公司的 VECON 等。车牌自动识别的理念自进入中国以来，20 多年一直都有人在进行这方面的研究。

16.2 项目研究目标

本项目的研究目标是基于机器视觉的车牌识别。基于数字化的图像车牌识别方法是一种直接法，与间接法的车牌号码识别相比，其采用了更为高端的计算机技术，所以在很大程度上提高了识别速度。同时，它所用设备少且相对简单，节约了成本。还有非常重要的一点就是，由于它是依据图像来进行车牌号码识别的，随着深度学习概念的提出和发展，在车牌识别中引入神经网络，可以自动识别车辆位置，再进行车牌位置识别，这样就能处理大角度、车牌小、变形的问题，在非限定环境中也能有较高的识别率[2]。

16.3 主要研究内容

车牌检测是车牌检测识别系统的基础,车牌检测准确是整个系统高效准确的前提。如果检测到的车牌有偏差或者错检，就会导致最后识别结果出现各种问题。在车牌检测领域，为了提升检测的准确率和召回率，大致形成了以下几种方法：基于水平灰度变化特征的方法、基于边缘检测的检测方法、基于车牌颜色特征的检测方法、基于 Hough 变换的车牌检测方法、基于数学形态学的车牌检测方法、基于特征的车牌检测算法、基于 CNN 神经网络的车牌检测方法。

对于车牌识别，目前的很多研究都是将之前车牌检测得到的区域进行文字切分，然后分别对每一位进行识别。常用车牌识别方法有：基于模板匹配、特征分析匹配、SVM、神经网络的字符识别。同时，由于 CNN、RNN 的发展，基于神经网络的 OCR 识别有了更大的发展，如 R-CNN 算法广泛适用于文本识别领域，在车牌识别领域也有应用[3]。

本项目的主要研究内容包括：基本硬件设计、基于 R-CNN 的物体定位、基于 SSD 的物体定位、基于 Hough 变换的车牌校正、基于 YOLO v2 的车牌检测以及通过实验验证系统的可行性。

16.4 项目研究方法

车牌检测识别系统主要由车牌检测和车牌号码识别两个部分组成，分别负责图片中车牌位置的定位和根据定位的车牌部分图像得到车牌号码。这两部分近年来的发展主要得益于 2015 年之后神经网络的高效应用。从 ImageNet 图片分类比赛中涌现出了很多分类网络，这些网络也被广泛应用于其他复杂的任务中。还有 COCO 比赛，其中通用目标检测方面展现了巨大的进步，从 R-CNN 系列算法（R-CNN、Fast R-CNN、Faster R-CNN）、SSD 系列算法、YOLO 系列算法（YOLO v1、YOLO v2、YOLO v3）到现在众多 Anchor Free（如 FCOS、CenterNet、CornNet）的检测算法，精度和速度都有了极大的发展。同时，文本检测方面也有了很多进步，从 CTPN（Connection Text Proposal Network）、EAST（Efficient and Accuracy Scene Text）到后面更加复杂场景下任意形状的文本检测算法[4]。

16.4.1 基本硬件设计

当车辆要经过门禁时，用某种方式进行车辆的车牌识别，将识别到的车牌号码传输到门禁管理模块，系统控制栏杆升起使车辆进入并且开始计时，在液晶显示屏上显示出车牌号；同时在计算机系统中通过控制系统将车辆进行自动分类，区分车辆是外来车辆还是系统中已经登记过的车辆；在车辆完全进入后，系统控制栏杆放下[5]。

当车辆驶出时，同样通过车辆识别模块识别并将车牌号传输至计算机，计算出进入的时长，根据时长按照收费标准进行计算费用，并在液晶显示屏上显示出车牌号和当前车辆的费用；收费后系统会自动抬起栏杆，车辆驶出停车区域后栏杆自动放下。

系统构成如图 16.1 所示。

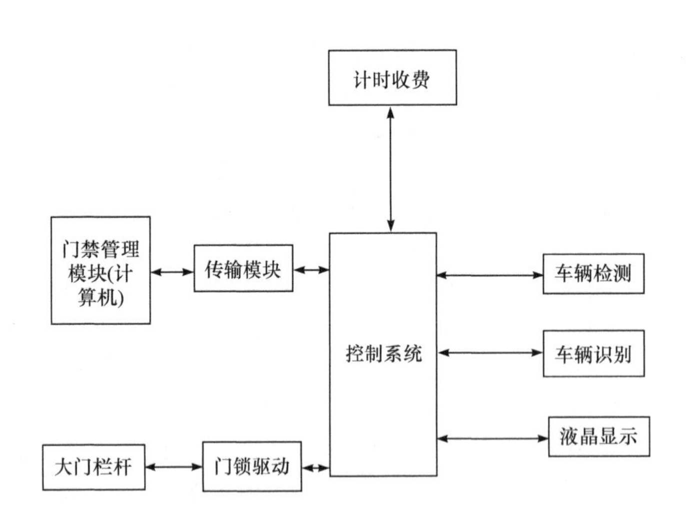

图 16.1 系统构成

在识别车牌之前，首先检测是否有车辆要进入。检测到有车辆要进入摄像机才拍照进行图像采集和之后一系列的识别。摄像机一直处于开启状态，等感应区域有信号传输过来即开始拍照。

在车辆检测方面，现在可以采用地感式感应线圈，其作用原理是：埋于地表的长方形电感线圈和电容组成振荡电路，当有大的金属物（如汽车）通过或静止在感应线圈的检测域时，金属材料将会改变感应线圈内的磁通，引起感应线圈回路电感量的变化，便可感知有汽车经过。

车辆检测器包括感应线圈和检测器。感应线圈用于数据采集，检测器用于实现数据判断，并输出相应的逻辑信号。系统的技术关键是与线圈施工质量、感应线圈的稳定可靠与汽车经过时频率变化度密切相关的。工作流程是当有车辆经过地感线圈时会产生电感量传输给车辆检测器，车辆检测器就会发出两组继电器信号，一组是进入地感线圈信号，一组是离开信号，每组都有开启和关闭两种信号。其原理如图 16.2 所示。

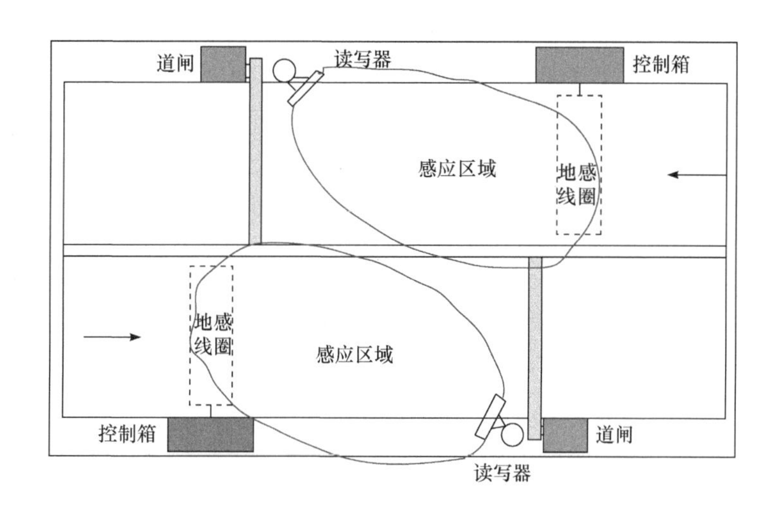

图 16.2　地感式感应线圈工作原理图解

车牌自动识别系统的工作原理是：先用 CCD 摄像机采集视频，然后将 CCD 摄像机与视频解码器连接起来，并通过 A/D 转换器（Analog to Digital Converter）将 CCD 摄像机采集到的模拟视频信号转换成计算机认识的数字信号，接着再用软件对采集到的数字图像进行处理，经过预处理、车牌区域定位、字符分割、字符识别等处理过程后提取出车牌的字符串，最后将该字符串存入车牌数据库。

系统工作步骤分为车辆图像采集、图像信息处理和存入数据库，如图 16.3 所示。

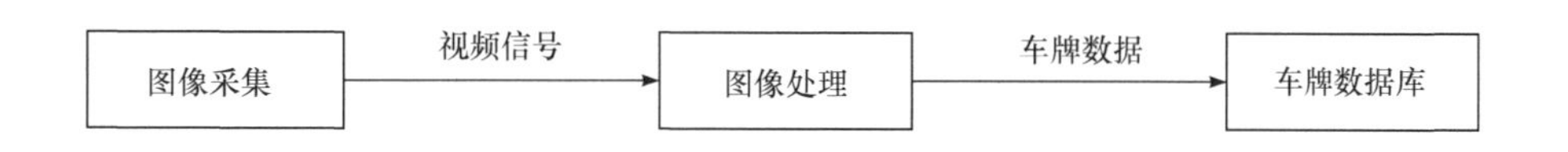

图 16.3　车牌自动识别结构

图像采集是整个车牌识别系统的第一步，也是整个系统非常关键的一个环节，图像采集质量的好坏对后期图像处理结果有着决定性作用。该模块主要包括视频输入和

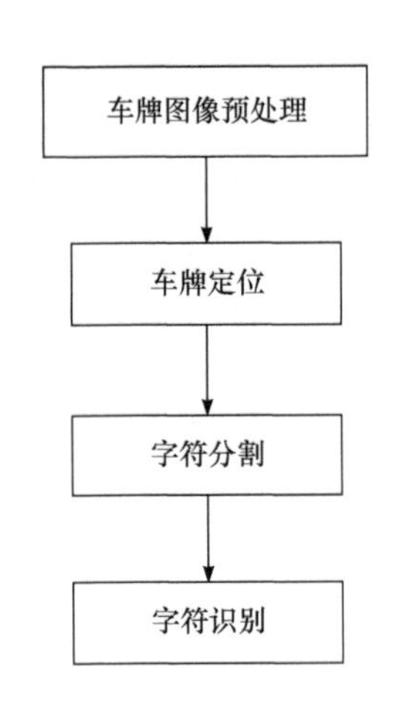

图 16.4 图像信息处理流程

视频解码两部分。视频输入质量的好坏主要由摄像机性能指标来决定，因此为了采集到良好的图像信息，就需要配置参数性能较高的摄像机。JVC 公司的 RF-DV30 摄像机可满足本系统对摄像机的要求。视频解码原理就是进行模拟信号 A/D 转换。车辆图像采集的清晰度以及像素、尺寸等取决于摄像机的选型。

图像信息处理流程如图 16.4 所示[6]。

16.4.2 基于 R-CNN 的物体定位

R-CNN 的重要理念是采用 Selective Search 的方法在输入图片上生成候选框，然后再利用 CNN 提取图像特征，最后选用 SVM（支持向量机）分类特征映射。如图 16.5 所示，具体来说，R-CNN 使用以下几步完成目标检测任务：在图像中生成约 2000 个候选框；将每个候选框归一化到合适的大小，使用深度网络对每个候选框图像块抽取特征映射；抽取的特征映射被输入至 SVM 感知机判断类别；利用回归器输出边界框的位置并对其进行调整。R-CNN 利用 Selective Search 算法代替传统的利用滑动窗口算法获取候选区域，这大大提升了区域提取算法的速度。但是 R-CNN 需要对大量的候选框进行处理，这需要很大的计算量。在网络训练以及测试过程中，R-CNN 并不是端到端的框架，区域提取、特征抽取、特征分类、目标位置预测都是分开的过程[7]。

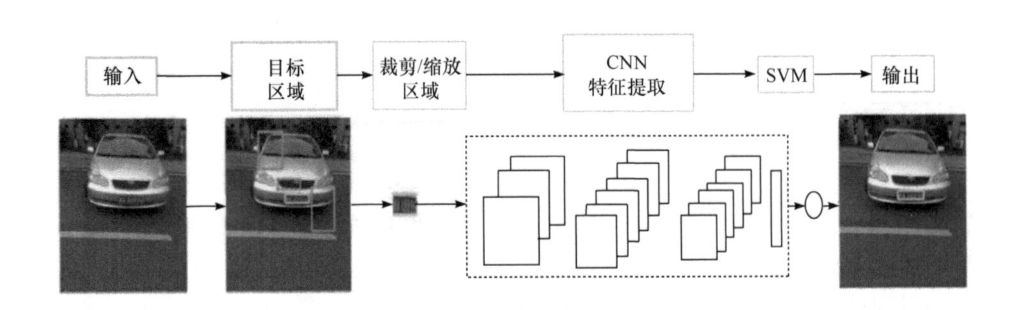

图 16.5 R-CNN 识别框架

Fast R-CNN 是两阶段（Two-Stage）检测的代表性网络。所谓两阶段，是指先提取候选区域，然后在候选区域上进行校准和分类，改善了大量提取框计算冗余造成的效率低下问题。如图 16.6 所示，同样选取了选择性搜索算法在图像中提取候选框，CNN 直接对输入的图片抽取特征映射，在卷积层之后增添了感兴趣区域池，对特征图中对应候选框的部分进行池化操作。网络使用了两个分支，其中一个分支使用 Softmax 代替 SVM 负责区别特征映射，另外一个分支负责回归物体所在的区域。

Faster R-CNN 可看作区域生成网络与 Fast R-CNN 的结合。Faster R-CNN 采取区域提取网络并结合了 Anchor 机制生成候选框，使得区域提取、特征分类、目标回归共享卷积特征，从而使得网络进一步加速。

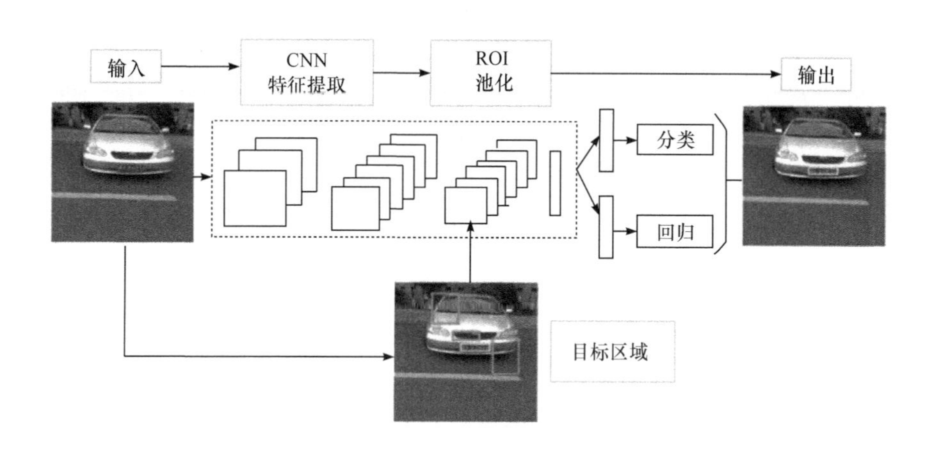

图 16.6 Faster R-CNN 识别框架

16.4.3 基于 SSD 的物体定位

图 16.7 所示为 SSD 的框架，分为两个部分：前一部分是采用 VGG-16 作为网络的主体架构，丢弃了末尾的一些网络结构；剩下的部分架构是额外的卷积特征层，能够产生一系列边界框，以定位不同规格尺度的物体，同时汲取了回归的理念以及 Faster R-CNN 中提出的锚盒设计，对图像中大小不一的固定尺度的卷积特征进行回归。SSD 在每个图像单元设定了一系列固定尺度的边界框，称为 Default Box，用于框定目标物体的位置，预测这些固定边界框的类别、坐标偏移，在保持速度的前提下，提升了检测的准确性。

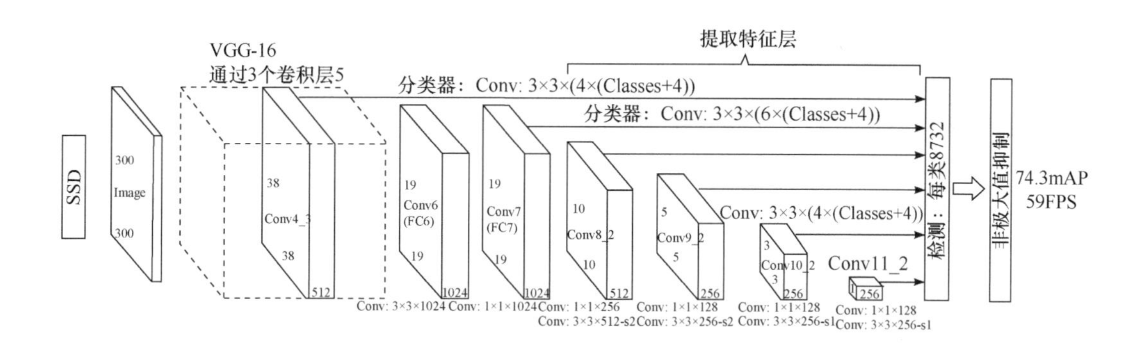

图 16.7 SSD 物体定位框架

SSD—单点多检测网络；VGG—视觉几何组

16.4.4 基于 Hough 变换的车牌校正

Hough 变换使得图片所在的坐标空间中具有形状的曲线或者直线映射到 Hough 空间中，利用两个坐标空间的关系来检测图像中的直线。在图片上建立直角坐标系，如果图片中存在直线，那么就可表示为

$$y = kx + b \tag{16.1}$$

式中，x、y 代表未知数，斜率 k 以及截距 b 为参数。而在 Hough 空间中的斜率 k 和截距 b 则作为未知数，x、y 被当成参数，在 Hough 空间中一条直线表示为

$$b = -xk + y \tag{16.2}$$

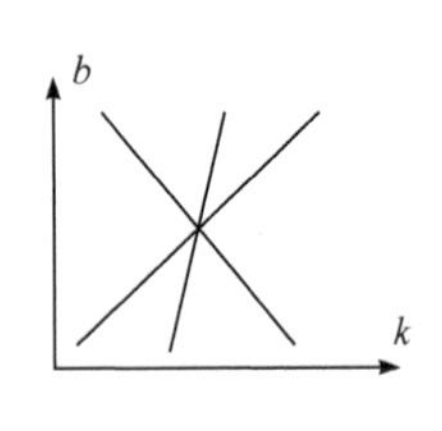

图 16.8 Hough 空间

如果图像中存在一条直线，肯定是由许多像素点构成的，对于这条直线来说，斜率 k 和截距 b 是固定的。如图 16.8 所示，在映射到 Hough 空间后，（k, b）是一个固定的点，而像素点不同，因此在 Hough 空间中就出现许多条线交汇于一个点。在车牌校正过程中，只需要在 Hough 空间中统计多个（k, b），对每个（k, b）上的直线条数进行统计，得到峰值最高的那个（k, b），就是需要检测到的直线。得到直线倾斜的角度，进而对车牌旋转校正[8]。

Hough 变换对带有明显边框的车牌校正效果较好，但是其计算量较大。在进行图像旋转校正后带有更多的背景部分，需要对车牌进行进一步的精确定位，实时性受到较大影响。

16.4.5 基于 YOLO v2 的车牌检测

与两阶段检测网络不同，YOLO 对输入图像进行计算，直接输出物体的位置和类别。YOLO 没有显式地提取候选区域，是物体检测领域的经典之作，它也有很多改进版本，能够实现实时检测。很多车牌检测方法在 YOLO 及其变体上进行改进，达到了车牌检测的目的。图 10.4 展示了 YOLO 的具体思路。预先用 $S×S$ 的网格把图像等分，对其中一个网格来说，如果某个物体的中心落在这个网格中，那么这个网格就负责预测这个物体。每个网格会预测 B 个边框，预测每个边框的同时还要预测一个置信度。置信度由两部分组成：边框包含物体的概率和边框预测的准确程度。虽然每个网格会预测 B 个边框，但只预测一个物体类别，在一个网格包含多个物体时，效果变差。随后，采取借鉴 Anchor 的思想、用卷积层替换全连接层、改进训练策略等方法进一步提出了 YOLO9000 等方法。

相较于物体检测，文本检测有其特殊性。不同于物体检测中物体都有变化明显的封闭边界，文本检测任务中文本区域往往不具有这种明确的封闭边界。此外，文本检测的目的是识别文本的具体内容，那么就要考虑文本在图像中的变化。例如，在复杂场景中，由于在图像采集过程中存在摄像机倾斜、拍摄角度不同和路面倾斜等情况，采集到的文本也是倾斜或者产生错切的。而 Faster R-CNN 和 YOLO 都采用水平边界框，并不能捕捉图像中文本产生的旋转，也不能充分利用文本的序列化特性[9]。

为了利用序列化特性定位文本，Tian 等[10]提出了基于连接的文本提取网络（Connectionist Text Proposal Network，CTPN）。CTPN 结合了 Anchor 和递归神经网络（Recurrent Neural Network，RNN）的思想，在提取的 Anchor 上用 RNN 进一步提取特征，通过基于图像的文本行构造算法将文本合并成文本行。但 CTPN 只能处理水平文本，不具有检测倾斜文本的能力。如果能在预测边界框时预测倾斜角度，就可以检测倾斜文本。EAST 和 TextBoxes++正是这种思路下的方法。

尽管给边界框加上了旋转信息，但还是不能处理形状复杂多变的文本，如弯曲的文本、错切的文本等。而基于像素级分割的检测具备这种能力，能够检测任意形状的物体。PixelLink 和 PSENet 就是使用像素级分割进行文本检测的方法。不同类型检测方法的结果如图 16.9 所示。

(a) 原始图像

(b) 基于水平边界框的检测结果

(c) 基于旋转边界框的检测结果

(d) 基于像素级分割的检测结果

图 16.9　变换结果

研究人员对各种物体检测方法与文本检测方法进行改进，使这些方法可以用于车牌的检测。Laroca 等[11]先用 YOLO 进行车辆的检测，再用 YOLO 进行车牌的检测。Zhang 等[12]受 CTPN 的启发，利用文本的横向序列性对车牌进行检测。基于卷积神经网络的检测方法主要有基于边界框的检测方法和基于像素级分割的方法，而现有车牌检测方法几乎都采用边界框来预测车牌。本章受 PixelLink、PSENet 等文本检测方法的启发，提出了基于像素级分割的车牌检测方法。像素级的预测具有能够精确地描述车牌形状的优点，可以在拍摄角度发生变化时，不仅能在图像中定位到车牌位置，还可以刻画车牌的形变[13]。

借鉴 Faster R-CNN 中的锚盒设计方法，预先设定一系列不同宽高比的框，用于框定不同大小的目标位置。使用 Anchor 机制后，YOLO v2 能够预测上千个边界框，使得网络更容易学习，召回率得以提升。

YOLO v2 采取直接预测网格相对位置的方法，如图 16.10 所示，t_x 和 t_y 代表回归

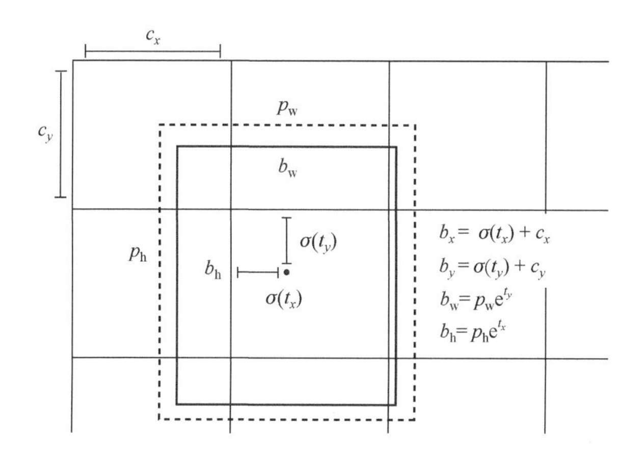

图 16.10　边界框位置与大小示例

的边界框中心点相对于所在网格左上角位置的相对偏移值，c_x和c_y代表该网格的左上角坐标，边界框的中心位置b_x和b_y通过σ函数的处理，便可约束在当前网格的内部，防止偏移过多。按照图中的公式得到约束边界框的位置预测值，使得网络更容易稳定训练，提升更多的召回率。

YOLO v2 引入批量正则化，以提升网络训练的收敛速度，起到正则化的效果，降低模型的过拟合。批量正则化使得每一层网络的输入保持独立分布，在每个卷积层之后添加了批量正则化层后，不再使用 dropout，减轻了网络误差偏微分弥散的现象。

此外，YOLO v2 还采用了多种分辨率的输入图像的训练策略，可以适应不同大小的图像，预测出更好的检测结果。YOLO v2 采用高分辨率的图像作为输入，使得检测精度得到提升，但同时速度略有下降。

为了完成车牌检测任务，修改了 YOLO v2 网络的一些参数。改变了检测类别 Class（使用 Class=1），即只检测车牌一类目标。令锚盒数量 A=5，因此输出的 filter 数量为

$$\text{filter} = A(\text{Class} + 5) \tag{16.3}$$

令 filter 的数量为 30，5 代表预测边界框的 4 个位置信息以及目标置信度。在训练过程中，调整了网络的学习率，使得网络能更好地检测车牌。默认情况下，在测试时 YOLO v2 返回置信度高于 0.5 的检测对象。当在同一车牌的位置上定位到多个候选框时，使用非极大抑制（Non-Maximum Suppression，NMS）算法，保留最可靠的检测框。通过大量的实验测试，对于 NMS，设定 IoU 的阈值为 0.45，以消除冗余的边界框。

16.5 实验结果分析

利用本项目设计的简单硬件设备采集到的车牌图像如图 16.11 所示。

图 16.11 车牌图像

读取原图像，大致可以确定车牌的区域是位于图像下方的蓝色像素点区域，同理，再对其进行列方向上的逐像素点扫描来统计列方向上每一列的像素点值之和。不过与上面不同的是，这里以 PX1 和 PX2 分别作为向右向左扫描的基准点进行交叉扫描来确定车牌区域的左右边界 PX1 和 PX2，最后再以 PX1 和 PX2 为边界对图像进行裁剪，从而得到粗略定位的车牌区域图像，如图 16.12 所示。

图 16.12 粗略定位车牌的结果

车牌区域粗略定位后，那些在数字形态处理后留下来的杂质部分就已经被去除了，此时得到的图像可能会带有一部分边框。为了保证后面字符分割工作的顺利进行，先对粗略定位后的图形进行一些图像处理，再用投影法实现对车牌区域的精准定位。精准定位后的图像如图 16.13 所示。

图 16.13 精准定位结果

图像预处理主要分为三个环节：第一个环节是彩色图像的灰度化处理，第二个环节是边缘检测，第三个环节是形态学处理。将采集到的车牌彩色图像进行灰度化后的图像如图 16.14 所示。

使用 Robert 算子对前面处理后的图像（见图 16.14）进行边缘检测处理，处理后的图像如图 16.15 所示。

图 16.14 车牌图像及灰度图

图 16.15 Robert 算子边缘检测图

对找到边缘的车牌图片进行倾斜校正处理，如图 16.16 所示。

将校正后的图片转换为二值图像，即使用黑白两种颜色显现图像信息，以方便对车牌信息的读取。白色区域经闭运算后就变成了大小不一的连通区域，接着对图片进行连通处理，去除图片中 H 连接、毛刺（噪声），通过图像的腐蚀与膨胀去掉其中比较小的闭合区域，并移除小对象。其最终处理后的结果如图 16.17 所示。

通过二值图取反和精确剪切使车牌信息表现得更加突出，效果如图 16.18 和图 16.19 所示。

接着进行字符分割，结果如图 16.20 所示。

由基于模板匹配的算法计算出的车牌字符识别结果如图 16.21 所示。

字符识别之后，系统自动将车牌号码存入名为“jieguo”的 txt 文件中，如图 16.22 所示。

图 16.16　车牌倾斜校正结果

图 16.17　形态学处理结果

图 16.18　二值图取反结果

图 16.19　最精确剪切结果

图 16.20　字符分割结果

图 16.21　车牌字符识别结果

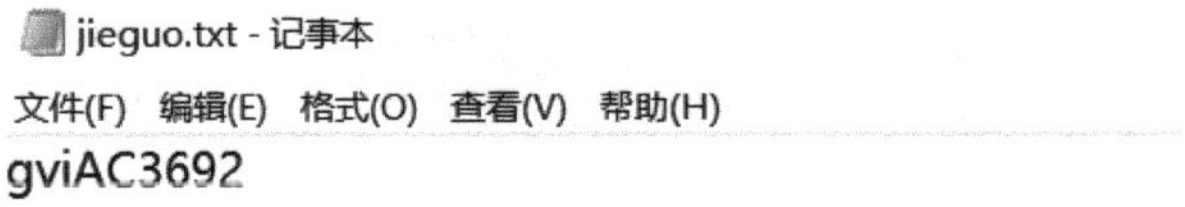

图 16.22　字符串存入 txt 文件的效果图

数据传输模块的作用是把上一步得到的 txt 文件中的车牌号码传输到单片机，以进行下一步显示模块的运作，设计的开始运行界面如图 16.23 所示。

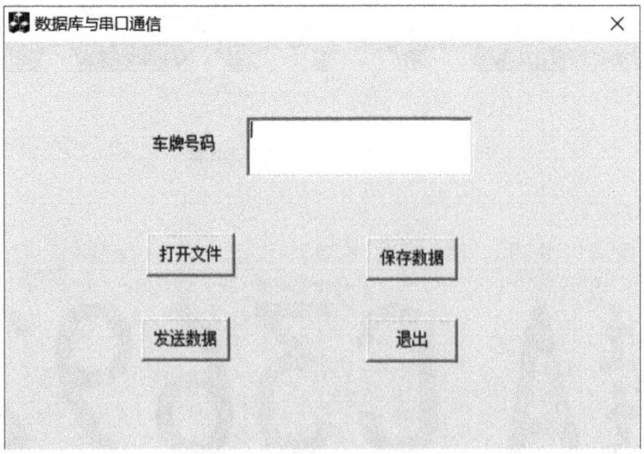

图 16.23　开始运行界面图

操作过程界面如下：

① 单击“打开文件”按钮，如图 16.24 所示。

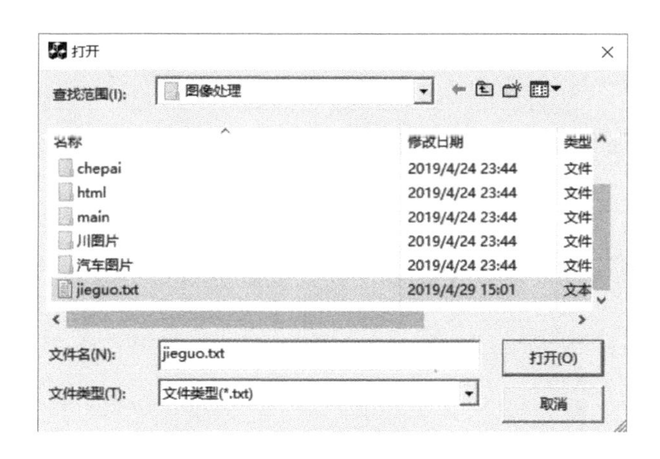

图 16.24　打开文件

② 选择名为“jieguo”的 txt 文件，获得车牌号码，如图 16.25 所示。

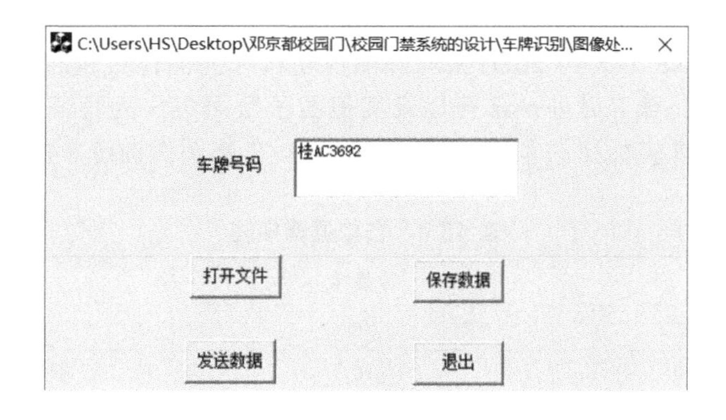

图 16.25　获得车牌号码

③ 单击“保存数据”按钮，进入数据库界面，进行数据保存与搜索比对，其结果如图 16.26 所示。

在检测完硬件系统能正常使用后，利用识别算法，选择 2018 年发布的免费深度学习库 PyTorch0.4.1 版本以及开源的图像处理库 OpenCV。YOLO v2 框架是采用 DarkNet 框架实现的。在实验时，将两个框架结合起来，使用计算机脚本程序将两个深度学习框架连接起来形成一个实时的 ALPR（Automatic License Plate Recognition）解决方案。

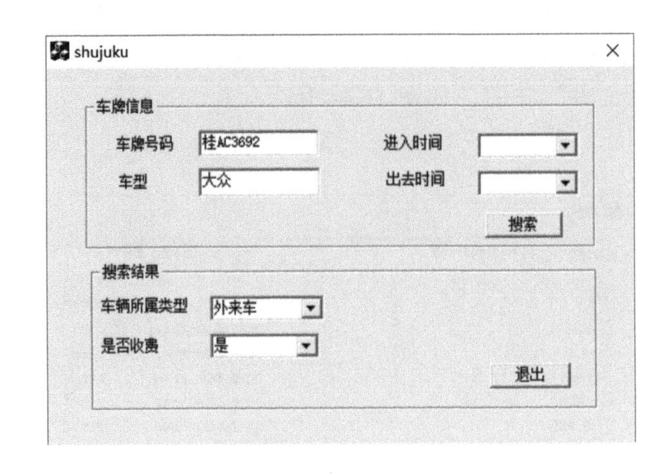

图 16.26　数据库界面

本项目在 3 个数据集上评估了提出的 ALPR 解决方案。这 3 个数据集车牌所在的主要背景为公路、停车场，包含在不同的天气、时间、地区以及不同的拍摄距离、角度下的车牌图像，其中不同地区的车牌有不同的车牌规格。第一个数据集是 CCPD 数据集（Chinese City Parking Dataset），该数据集是 2018 年由中国科技大学科研人员提出的一个车牌数据集基准，包含不同距离、光线、倾斜、天气等多种复杂条件下的车牌图像。该数据集共包含 28 万多张中国车牌图像，中国车牌字符由汉字、大写英文字母以及数字所构成，每张图像的大小为 720mm×1160mm。其分类如表 16.1 所示。将子数据集 CCPD-Base 中大约 20 万张车牌图像随机分为图像数量相同的两个部分，一部分作为网络的训练集，另外一部分以及其他的子数据集作为验证集。从大约 10 万张训练图像中分割出真实标注的车牌图像，利用这些车牌图像训练车牌识别网络。

表 16.1　各数据集描述

CCPD	数量/k	描述
CCPD-Base	200	常规特征车牌
CCPD-Challenge	10	最有挑战性的车牌
CCPD-DB	20	阴暗甚至极端光照下的车牌
CCPD-FN	20	距离拍摄点较远的车牌
CCPD-Rotate	10	轻微角度旋转车牌
CCPD-Tilt	10	较大角度旋转车牌
CCPD-Weather	10	雨天、雪天或者雾天的车牌
CCPD-NP	5	无车牌图像

对于车牌检测网络，采用物体定位中常用的估计指标 IoU。当检测到车牌时，仅当 IoU 的值超过设定的临界值后才认为定位结果为准确。IoU 表示检测出来的边界框与原本标注的边界框之间的重合程度。

在本研究中，根据正确识别的百分比来评估整个 ALPR 的性能，识别准确率的定义如式（16.4）所示。字符序列有效的车牌指的是人眼可识别的有效车牌。仅当所有的车牌字符都被准确地识别时，才认为此车牌识别结果为正确。

$$\text{识别准确率} = \frac{\text{识别正确的车牌数}}{\text{有效车牌总数}} \times 100\% \tag{16.4}$$

表 16.2 中的结果显示了在 CCPD 数据集上每种方法所达到的整个 ALPR 的最大准确度百分比。为简单起见，将两阶段训练方法定义为“Two-Stage”。对于 CCPD 数据集，定义评价标准为：当且仅当 IoU 大于 0.6 且车牌的每个字符都被识别正确时，ALPR 的结果被认为是正确的。由于训练集中没有包含丰富的倾斜扭曲的车牌，网络模型学习不到数据集的全局特征，从而在其他有挑战性的子数据集上验证出的车牌识别性能没有突出的提高。为了使训练出的模型更加具有鲁棒性，本项目应用了随机旋转数据增强策略对网络进行训练。从表 16.2 可以看出，不论在何种网络上，使用的两阶段训练算法与一阶段训练方法进行对照，两阶段训练算法明显更具备稳健性，识别效果更好，这证明了两阶段训练算法是可行的。

表 16.2　运行结果

方法	ALPR/%							
	CCPD-Base（100k）	CCPD-Challenge	CCPD-DB	CCPD-FN	CCPD-Rotate	CCPD-Tilt	CCPD-Weather	平均
YOLO v2+CRNN	97.72	66.24	91.52	91.50	82.65	87.90	93.74	92.99
YOLO v2+CRNN（Two-Stage）	98.68	74.88	94.31	94.21	92.32	94.57	95.64	95.63
YOLO v2+STN-CRNN	97.87	66.96	91.38	92.26	84.66	89.61	93.95	93.40
YOLO v2+STN-CRNN（Two-Stage）	98.90	77.00	95.11	95.13	93.38	95.57	96.24	96.21

对比分析不同规模以及不同地区数据集的表现结果，确定了识别车牌图像性能最佳的网络模型。在 3 个数据集下的实验结果表明，相比使用 CRNN 网络直接对车牌进行识别，采取 STN-CRNN 算法识别车牌序列效果更佳。对比一些先进算法的实验结果，本项目所提的 ALPR 解决方案对于存在几何形变的车牌具有更高的识别准确率和鲁棒性。

本章小结

本章中的研究项目用 CCD 摄像机来采集视频，搭建了机器视觉的车牌识别系统硬件，再对采集到的数字图像进行处理，经过预处理、车牌区域定位、字符分割、字符识别等处理过程后提取出车牌的字符串，最后将该字符串存入车牌数据库。本章具体介绍了基于 R-CNN 的物体定位、基于 SSD 的物体定位、基于 Hough 变换的车牌矫正、基于 YOLO v2 的车牌检测，最后进行了实验验证，结果表明本项目设计的系统可取得良好的效果。

参考文献

[1] 邓京都. 校园门禁控制系统的设计说明书[D]. 成都：西华大学，2021.

[2] 贾迪. 特定环境下新能源汽车车牌识别算法研究[D]. 长春：吉林大学，2018.

[3] 彭鹏. 基于 CNN 卷积神经网络的车牌识别研究[D]. 济南：山东大学，2020.

[4] 郝春雨. 复杂场景下的车牌检测识别系统研究与实现[D]. 北京：北京邮电大学，2020.

[5] 战荫伟，朱百万，杨卓. 一种车脸识别算法的研究与应用[J]. 电子科技,2021, 34(08): 1-7.

[6] 陈振宇. 双行车牌识别技术研究[D]. 兰州：西北师范大学，2021.

[7] 王宁. 非受限场景下的车牌识别系统的研究与实现[D]. 南京：南京邮电大学，2020.

[8] 张璐. 基于深度学习的车牌识别算法研究[D]. 长沙：湖南大学，2020.

[9] 胡逸龙,金立左.基于深度学习方法的中文车牌识别算法[J].工业控制计算机，2021, 34(05): 63-65.

[10] Tian Z, Huang W L, He T, et al. Detecting text in natural image with connectionist text proposal network[C]//European Conference on Computer Vision, 2016: 56-72.

[11] Laroca R, Zanlorensi L A, Gonçalves G R, et al. An efficient and layout-independent automatic license plate recognition system based on the YOLO detector[J]. Computer Science ArXiv, 2019(15): 483-503.

[12] Zhang Z, Shen W, Yao C, et al. Symmetry-based text line detection in natural scenes[C]//IEEE Conference on Computer Vision and Pattern Recognition, 2015: 2558-2567.

[13] 孔浩. 复杂场景下端到端车牌识别方法研究[D]. 南京：南京大学，2020.

展望篇

第17章

机器视觉的发展展望

制造业是支撑国家经济增长、影响社会进程的主体产业，是我国综合国力的重要体现。当前，计算机、人工智能、5G互联网等高新技术正在与制造业深度融合，新的信息技术革命为制造业的生产方式、产业模式等带来了深远改变。世界主要国家都在本轮制造业的产业变革中意识到了这一空前的发展机遇，纷纷提出国家层面的发展计划，力争在新一轮工业革命中形成竞争优势（如 Oztemel 等[1]，2020；陶飞等[2]，2018；李清等[3]，2018；周佳军等[4]，2015；姚锡凡等[5]，2014）。我国提出的以“两化融合”为主线的“中国制造 2025”（周济[6]，2015），以信息化为支撑驱动工业化进一步发展，再以工业化促进信息化升级。在国内外复杂的经济环境下，由原先依靠廉价劳动力、依靠资源消耗的粗放式发展模式向依靠高生产效率、对资源环境友好的可持续发展模式转型（王田苗等[7]，2014），实现制造业的智能制造，将我国从制造大国转变为制造强国。

智能传感器是智能制造中具备环境感知能力的核心模块，在多种外部传感器融合的研究与应用中，机器视觉传感器相较于其他传感器能够为智能制造提供更加完整的环境信息，同时机器视觉系统便于与机器人集成，具备非接触测量方式，以上优势使机器视觉传感器与智能制造的结合具备显著的实用性，机器视觉感知已逐渐成为智能制造中最重要的感知能力[8]。机器视觉使自动化装备具备了像人一样观察事物的能力。在一套完整的机器视觉系统中，视觉传感器从工作场景中采集客观事物的图像，智能处理单元模拟人脑完成重要信息的提取并加以分析，实现对目标物体的识别、定位甚至是对工作场景进行理解，从而提升自动化装备面对外部变化环境的自适应能力，增强智能装备面对工业复杂制造环境的感知和决策能力。

17.1 面临的挑战与解决方案

尽管机器视觉取得了巨大的进展，也得到广泛的应用，但仍存在许多期待解决的挑战问题。因此，解决目前还存在的问题，是机器视觉跨越瓶颈期蓬勃发展的关键。

（1）准确性不足问题

机器视觉需要区分背景以实现目标的可靠定位与检测、跟踪与识别，机器视觉硬件精度是机器视觉技术的基础，需要不断提高测量精度。然而，实际应用场景往往复杂多变，工业视觉上的算法存在适应性与准确性差等问题，机器视觉的准确性远低于实验的测试结果，尤其是当测量的环境发生改变后，得出的结果会发生较大偏差，对环境的适应性较差。为此，需要研究与选择性能最优的图像特征来抑制噪声的干扰，增强图像处理算法对普适性的要求，同时又不增加图像处理的难度。可以综合计算机视觉的算法，研发出更多能满足我们目前需求的机器视觉系统，以降低成本，提高性价比[9]。

（2）产品通用性问题

目前，工业机器视觉产品的通用性和智能性不够好，一套设备往往只能应用于单一行业，或者一套设备中的配件只能使用单一厂商的产品，需要结合实际需求选择配套的专用硬件和软件，从而在布局新的机器视觉系统开发时会导致成本过高与时间过长，这也为机器视觉技术在中小企业的应用带来一定的困难。因此，加强机器视觉设备的通用性至关重要，从而提升机器视觉系统的识别能力，从更加广泛的角度、更快的速度识别各类零部件和物品，引导机器人或自动化设备以更快的速度进行处理[10]。

（3）图像处理速度问题

图像和视频具有数据量庞大、冗余信息多等特点，图像处理速度是影响视觉系统应用的主要瓶颈之一。因此，要求视觉处理算法必须具有较快的计算速度，否则会导致系统明显的时滞，难以提高工业生产效率。期待着出现高速的并行处理单元与图像处理算法的新突破来提高图像处理速度。

机器视觉大多数都是模仿人眼和大脑的信息处理模式，也可以转向动物的神经网络的处理方式。动物仅仅依靠没有色彩信息的灰度信息就能完成目标的捕捉和识别，可以将神经网络扩展加入动物的神经系统来降低处理量并且获得更多更精确的图像信息。

（4）多传感器融合问题

由于使用视野范围与成像模式的限制，单一视觉传感器往往无法获取高效的图像数据。多传感器融合可以有效地解决这个问题，通过融合不同传感器采集到的信息来消除单传感器数据不确定性的问题，获得更加可靠、准确的结果。但实际应用场景存在数据海量、冗余信息多、特征空间维度高与问题对象的复杂性大等问题，提高信息融合的速度，解决多传感器信息融合的问题是目前的关键。因此，需要提高机器视觉底层算法在应用和技术方面研究的重视程度[11]，从机器视觉的深度学习网络入手，找到最适合机器视觉深度学习的方式，解决深度学习中出现的无法有效解决的应用问题。

17.2 未来技术发展趋势

随着智能制造产业的进一步升级，以及机器人技术、计算机算力与图像处理等相关理论的不断发展，机器视觉将会在工业生产、医疗和航天等领域发挥日益重要的作用，与此同时也涌现了一些新的发展趋势[11]，如图 17.1 所示。

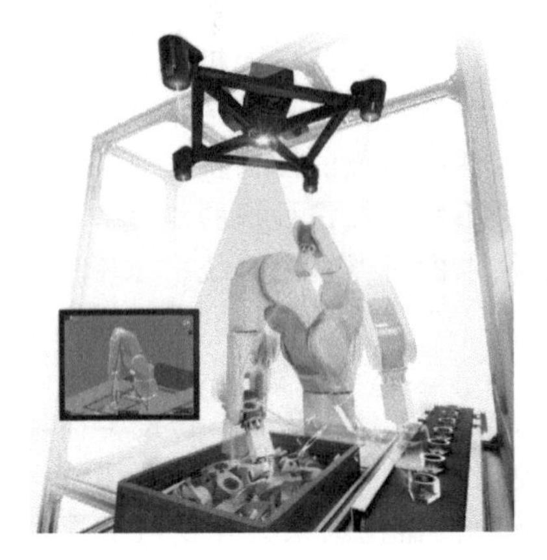

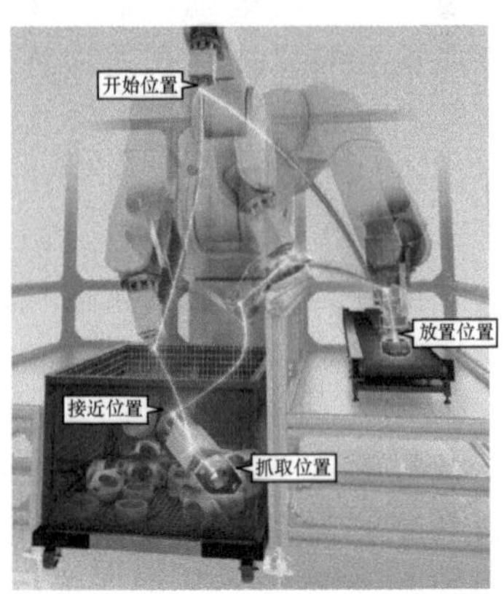

图 17.1 未来机器视觉场景

（1）三维视觉将成为未来趋势

二维机器视觉系统将客观存在的三维空间压缩至二维空间，其性能容易受到环境光、零件颜色等因素的干扰，其可靠性逐渐无法满足现代工业检测的需求。随着三维（3D）传感器技术的成熟，三维机器视觉已逐步成为制造行业的未来发展趋势之一。未来，机器人可以透过三维视觉系统从任意放置的物体堆中识别物体的位置、方向以及场景深度等信息，并能自主地调整方向来拾取物体，以提高生产效率并减少此过程中的人机交互需求，使产品瑕疵检测以及机器人视觉引导工作更加顺畅。

例如，在工厂要求提高生产效率的背景下，针对零件供给工序，有 3 种典型作业方式，如图 17.2 所示。

① 纯人工零件供给作业：其速度参差不齐，容易发生人为疏忽，人力成本高，重物搬运时负担大。

② 自动进料作业：虽具有一定的自动化程度，但如果品种数多，则自动进料器的数量也随之增加，另外也难以应对较大尺寸、易损的工件。

③ 一体型三维机器视觉辅助作业：包括含 4 台相机和 1 台投影仪，采用 4 台相机从不同角度进行拍摄以生成无死角的稳定三维图像，通过高亮度 LED 及高像素投影元件生成高精度三维图像。该作业系统搭载了高像素、高精度、低噪声的 CMOS 传感器，实现卓越的检测性能；采用路径生成工具，自动计算回避障碍物的路径，计算不会成为特异点的姿势，大幅缩短机器人程序编写工时。

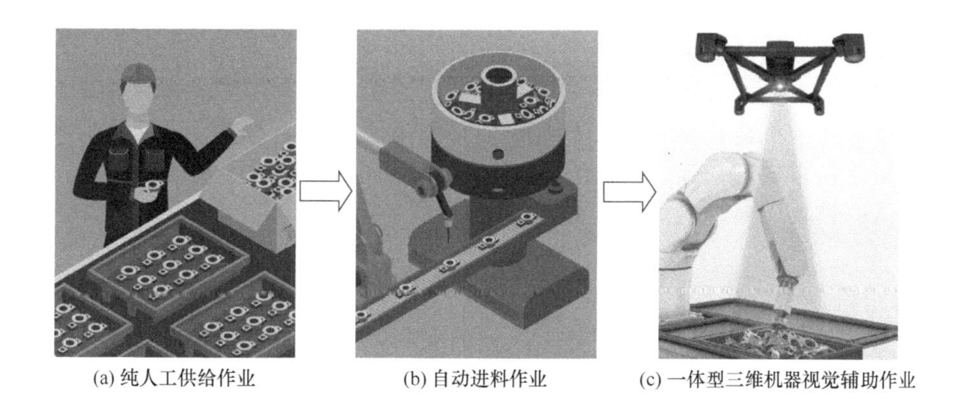
(a) 纯人工供给作业　(b) 自动进料作业　(c) 一体型三维机器视觉辅助作业

图 17.2　典型作业方式

（2）嵌入式机器视觉前景广阔

嵌入式系统具有开发周期短、成本低、能耗低、升级维护容易等优点，嵌入式视觉系统具有简便灵活、成本低、可靠、易于集成等特点，小型化、集成化产品将成为实现“芯片上视觉系统”的重要方向。嵌入式机器视觉系统中最核心的模块 CPU 主要使用 FPGA 或 DSP，从而建立微型化的视觉系统。小型化、集成化产品系统几乎可以植入任何地方，不再限于生产车间内。趋势表明，随着嵌入式微处理器的不断优化，以及存储器集成度增加与成本降低，嵌入式机器视觉系统能更快地处理图像信息、能更好地满足生产需求，将由低端的应用覆盖到 PC 架构应用领域。未来将有更多的嵌入式系统与机器视觉整合，嵌入式机器视觉系统前景广阔。

图 17.3 所示为采用 DSP+CPU 模式的机器视觉，基于 12 核心进行平行处理。其中，7 核心运算用、2 核心显示用、3 核心控制用可实现稳定高速处理。即使连接多台高像素 2100 万像素彩色相机、线型扫描相机或 3D 检测用相机，仍可轻松进行处理。该系统配备大容量图像存储器，VGA 彩色相机（非压缩图像）可保存约 28300 张，即使是 2100 万像素彩色相机（非压缩图像）仍可保存约 290 张。

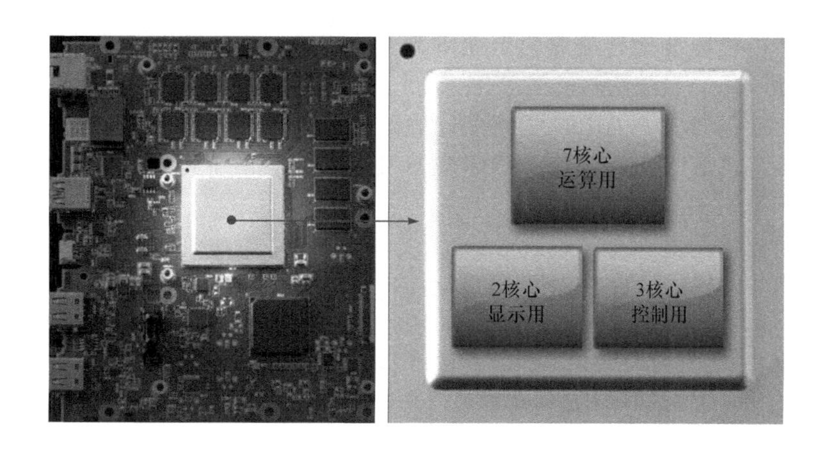

图 17.3　DSP+CPU 模式机器视觉

（3）标准化或模块化视觉方案

机器视觉所集成的大量软硬件部件是智能制造的核心子系统。为降低开发周期与成本的需要，要求机器视觉相关产品尽可能采用集成化、标准化、模块化技术，用户可以根据应用需求实现快速二次开发。但现有机器视觉系统大多是专业系统，于是出现了集成化的模块，典型的如智能相机，如图 17.4 所示。

图 17.4 集成化的智能相机

智能相机配备高等级像素的 CMOS 拍摄元件，可对 3D/2D 图像进行高精度大视野拍摄；配备高精度远心镜头，可抑制视角的影响，拍摄以“实际尺寸”正确捕捉的无死角图像，不会因位置变化导致数值偏差。其发展预示了集成产品增多的趋势，智能相机是在一个单独的盒内集成了处理器、镜头、光源、输入/输出装置及以太网，电话和 PDA 推动了更快、更便宜的精简指令集计算机（RISC）的发展，这使智能相机和嵌入式处理器的出现成为可能。同样，现场可编程门阵列（FPGA）技术的进步为智能相机增添了计算功能，并为 PC 嵌入了处理器和高性能帧采集器，智能相机结合处理大多数计算任务的 FPGA、DSP 和微处理器则会更具有智能性。另外，机器视觉传感器会逐渐发展成为光电传感器中的重要产品。

因此，软硬件标准化已经成为企业所追求的解决方案，机器视觉供应商几年内应能逐步提出标准化的系统集成方案。目前，多数机器视觉系统仍作为独立的智能单元集成应用于工业机器人，随着视觉感知能力逐渐成为工业机器人智能化的重要体现，将视觉系统作为机器人功能模块深度集成于机器人控制系统将是智能化的发展趋势，也是下一步阶段工作的研究目标。

（4）智能化视觉更具有挑战性

图像采集与传输的数字化是机器视觉在技术方面发展的必然趋势。更多的数字摄像机、更宽的图像数据传输带宽、更高的图像处理速度，以及更先进的图像处理算法将会推出，得到更广泛的应用。目前，机器视觉在非接触在线检测、工业图像采集处理及实时监控等方面得到了广泛的应用，成为现代检测和自动化技术中最活跃的领域之一，包括机器视觉扫码系统、仓储搬运机器人系统、监管卡口车底检测管理系统等。

由于视觉系统能产生海量的图像数据，随着深度学习、智能优化等相关人工智能技术的兴起，以及高性能图像处理芯片的出现，机器视觉融合人工智能（Artificial Intelligence，AI）成为未来的一大趋势，AI技术将使机器视觉具有超越现有解决方案的智能能力，更像人类一样自主感知环境与思考，从大量信息中找到关键特征，快速做出判断，如视觉引导机器人可根据环境自主决策运动路径、拾取姿态等以胜任更具有挑战性的应用。

（5）5G与机器视觉的融合发展

在智慧工厂等领域，5G+机器视觉正逐渐成为行业共性需求。对于制造企业而言，质检一直面临人工检测质量不稳定、招工难、留人难、培训难、成本高等痛点。融合5G的机器视觉可广泛推广到流程制造行业，前期投资部署融合5G的机器视觉系统，后期按照生产需求购买算法，商业模式初具雏形。未来，这类应用将逐渐平台化，与边缘计算技术（Mobile Edge Computing，MEC）等云计算能力结合。例如，中国电信基于5G MEC的分布式通用机器视觉平台，就充分利用5G网络的低时延和高带宽特性，将原来的视觉检测识别算法任务调整到MEC上执行，通过边缘云计算能力，简化检测识别现场的工控机方案和现场设备，加快视觉算法的优化，实现工厂智能化。

17.3 未来市场发展前景

随着我国各行各业对采用机器视觉技术的工业自动化、智能化需求开始广泛出现，机器视觉逐步开始了工业现场的应用。在政策的利好驱动下，国内机器视觉行业快速发展，中国正在成为世界机器视觉发展最活跃的地区之一，预计到2025年我国机器视觉市场规模将达246亿元。

（1）行业发展驱动因素

近年来，中国劳动力质量和成本逐渐升高，企业也不断尝试转型，逐渐淘汰落后的生产方式，企业的生产方式日趋智能化。相对于人工视觉检验，机器视觉检测拥有效率高、精度高、检测效果稳定可靠、信息集成方便等优势。在企业成本控制与效率提升的要求下，产业链的智能化生产、自动化产线改造为企业迎来新的发展机遇，推动了中国机器视觉行业的发展。机器视觉与人工视觉检测对比情况如表17.1所示。

表17.1 机器视觉与人工直觉检测对比情况

项目	机器视觉检测	人工视觉检测
效率	效率高	效率低
速度	速度快	速度慢
精度	高精度	受主观影响，精度一般
可靠性	检测效果稳定可靠	易疲劳，受情绪波动
工作时间	可24小时不停息工作	工作时间有限
信息集成	方便信息集成	不易信息集成
成本	规模化后成本降低	人力和管理成本不断上升
环境	适合恶劣、危险环境	不适合恶劣、危险环境

（2）政策推动快速发展

近年来，中国制造业逐渐走向全球化、信息化、专业化和服务化，国家十分重视高端装备制造业的发展，不断发布各项政策推动行业发展，充分支持高端装备行业的产品研发和市场扩展。而高端装备制造行业是机器视觉技术的主要应用，高端装备制造行业对于精准度的严格要求需要机器视觉技术的支持，因此，国家各项政策推动着机器视觉行业的发展。2013—2020 年中国机器视觉行业相关政策分别如表 17.2 所示。

表 17.2　2013—2020 年中国机器视觉行业相关政策

时间	政策	内容
2013 年 8 月	《信息化和工业化深度融合专项行动计划（2013—2018 年）》	提出智能制造生产模式培育行动，明确要加快工业机器人在生产过程中的应用
2015 年 5 月	《中国制造 2025》	通过“三步走”实现制造强国的战略目标，重点发展新一代信息技术产业、高档数控机床和机器人、航空航天装备等十大领域
2015 年 7 月	《“互联网+”行动指导意见》	以智能工厂为发展方向，开展智能制造试点示范，加快推动云计算、物联网、智能工业机器人、增材制造等技术在生产过程中的应用，推进生产装备智能化升级、工艺流程改造和基础数据共享
2016 年 8 月	《“十三五”国家科技创新规划》	指出要在基于大数据分析的类人智能方向取得重要突破，实现类人视觉、类人听觉、类人语言和类人思维，支撑智能产业的发展
2016 年 9 月	《智能硬件产业创新发展专项行动（2016—2018 年）》	提出高性能智能感知技术，重点支持运用生物传感器等新型基础技术，开展智能硬件人机交互、环境感知系统软硬件方案的创新，如智能机器人视觉系统、人体生理数据采集系统等
2016 年 11 月	《信息化和工业化融合发展规划（2016—2020）》	加快推动高档数控机床、工业机器人、增材制造装备、智能检测与装配装备等关键技术装备的工程应用和产业化。优先支持新材料等重点领域智能制造成套装备的研发和产业化，加快传统制造业生产设备的数字化、网络化和智能化改造
2016 年 12 月	《智能制造“十三五”发展规划》	提出十大重点任务，加快智能制造装备发展，并且推动重点领域智能转型，促进中小企业智能化改造，引导中小企业推进自动化改造，建设云制造平台和服务平台
2017 年 1 月	《信息产业发展指南》	确定了集成电路、基础电子、基础软件和工业软件、关键应用软件和行业解决方案、智能硬件和应用电子、计算机与通信设备、大数据、云计算、物联网 9 个领域的发展重点
2017 年 7 月	《新一代人工智能发展规划》	到 2020 年，人工智能总体技术和应用与世界先进水平同步；到 2025 年，人工智能基础理论实现重大突破，部分技术与应用达到世界领先水平；到 2030 年，人工智能理论、技术与应用总体达到世界领先水平

续表

时间	政策	内容
2017 年 10 月	《高端智能再制造行动计划（2018—2020 年）》	到 2020 年，突破一批制约我国高端智能再制造发展的拆解、检测、成形加工等关键共性技术，智能检测、成形加工技术达到国际先进水平；发布 50 项高端智能再制造管理、技术、装备及评价等标准；初步建立可复制推广的再制造产品应用市场化机制
2017 年 12 月	《促进新一代人工智能产业发展三年行动计划（2018—2020 年）》	以信息技术与制造技术深度融合为主线，以新一代人工智能技术的产业化和集成应用为重点，推动人工智能和实体经济深度融合，加快制造强国和网络强国建设
2019 年 8 月	《国家新一代人工智能开放创新平台建设工作指引》	要求支撑全社会创新创业人员、团队和中小微企业投身人工智能技术研发，促进人工智能技术成果的扩散与转化应用，使人工智能成为驱动实体经济建设和社会事业发展的新引擎
2019 年 10 月	《加快培育共享制造新模式新业态促进制造业高质量发展的指导意见》	提出要支持平台企业积极应用云计算、大数据、物联网、人工智能等技术，发展智能报价、智能匹配、智能排产、智能监测等功能，不断提升共享制造全流程的智能化水平
2019 年 11 月	《关于推动先进制造业和现代服务业深度融合发展的实施意见》	提出要大力发展智能化解决方案服务，深化新一代信息技术、人工智能等应用。加快工业互联网创新应用。推动制造业全要素、全产业链连接，完善协同应用生态，建设数字化、网络化、智能化制造和服务体系
2020 年 3 月	《关于科技创新支撑复工复产和经济平稳运行的若干措施》	要求大力推动关键核心技术攻关，加大 5G、人工智能、量子通信、工业互联网、高端医疗器械、新材料等重大科技项目的实施和支持力度，突破关键核心技术，促进科技成果的转化应用和产业化，培育一批创新型企业和高科技产业，增强经济发展新动能
2020 年 10 月	《中共中央关于制定国民经济和社会发展第十四个五年规划和二〇三五年远景目标的建议》	加快壮大新一代信息技术、新材料、高端装备等产业；推动互联网、大数据、人工智能等同各产业深度融合，推动先进制造业集群发展；促进平台经济、共享经济健康发展；鼓励企业兼并重组，防止低水平重复建设

（3）行业标准规范制定

随着机器视觉行业的发展，机器视觉技术得到广泛的应用，这也对机器视觉执行标准提出了更高的要求。近年来，我国在不断制定机器视觉相关标准，其中机器视觉产业联盟于 2020 年 8 月发布的《工业镜头 术语》及《工业数字相机 术语》两项团体标准进一步推动了国内机器视觉标准的制定。

同时，《智能制造 机器视觉在线检测系统 通用要求》国家标准已发布，《智能制造 机器视觉在线检测 测试方法》国家标准也在起草中。中国机器视觉行业部分现行标准如表 17.3 所示。

表 17.3 中国机器视觉行业部分现行标准汇总情况

性质	标准	标准编号	发布时间
国家标准	《智能制造 机器视觉在线检测系统 通用要求》	GB/T 40659—2021	2021/10/11
团体标准	《基于工业物联网的智能建造机器视觉技术要求》	T/TMAC 029—2020	2020/12/16
企业标准	《机器视觉检测设备》	Q/NBXF001—2020	2020/9/8
团体标准	《工业镜头 术语》	T/CMVU 002—2020	2020/8/20
团体标准	《工业数字相机 术语》	T/CMVU 001—2020	2020/8/20
团体标准	《定焦机器视觉镜头技术规范》	T/HB 0001—2020	2020/4/10
企业标准	《机器视觉检测设备》	Q/YTL 2—2019	2019/12/27
企业标准	《视觉导航机器人》	Q/GS CP001—2019	2019/12/13
团体标准	《基于机器视觉技术的有害生物控制水平等级 鼠类》	T/GDFCA 031—2019	2019/12/11
企业标准	《机器视觉检测》	Q/LXP00102—2018	2019/11/22
企业标准	《机器视觉工业镜头》	Q/HLGD 001—2019	2019/8/12
企业标准	《机器视觉检测设备》	Q/320411 BMV 001—2018	2018/12/30
企业标准	《基于机器视觉靶向喷雾设备》	Q/J/KW-0001—2016	2018/9/26
企业标准	《机器视觉激光检测机》	Q/GZCH	2018/1/15
企业标准	《机器视觉检测设备》	Q/LXP008—2017	2017/7/10
企业标准	《MGVC 型机器视觉控制器》	Q/3201 WCKJ 007—2017	2017/6/9

（4）专利技术与日俱增

从我国机器视觉专利技术总体申请量的变化趋势来看，机器视觉相关技术研发与日俱增。经相关专利检索工具查询，截至 2021 年 12 月 31 日，我国与机器视觉相关的专利总数为 7972 件，其中，发明专利公开 4387 件、授权实用新型专项 2172 件、授权外观设计专利 78 件、授权发明专利 1335 件。2012 年发明专利公开 217 件、授权实用新型专项 104 件、授权外观设计专利 2 件、授权发明专利 132 件。2012—2021 年中国机器视觉专利申请汇总情况如图 17.5 所示。

从我国机器视觉技术的申请人构成来看，高校是机器视觉技术研发的主力军。截至 2021 年 12 月 31 日，广东工业大学居首，拥有发明专利公开 87 件、授权实用新型专项 21 件、授权发明专利 26 件。企业中，广东奥普特科技股份有限公司实力较强，拥有发明专利公开 50 件、授权实用新型专项 50 件、授权外观设计专利 11 件。2012—2021 年中国机器视觉专利申请人汇总情况如图 17.6 所示。

以专利的第一发明人核计，尚佐旭拥有发明专利公开 65 件、授权实用新型专项 9 件；王巧华拥有发明专利公开 16 件、授权发明专项 12 件。2012—2021 年中国机器视觉专利第一发明人汇总情况如图 17.7 所示。

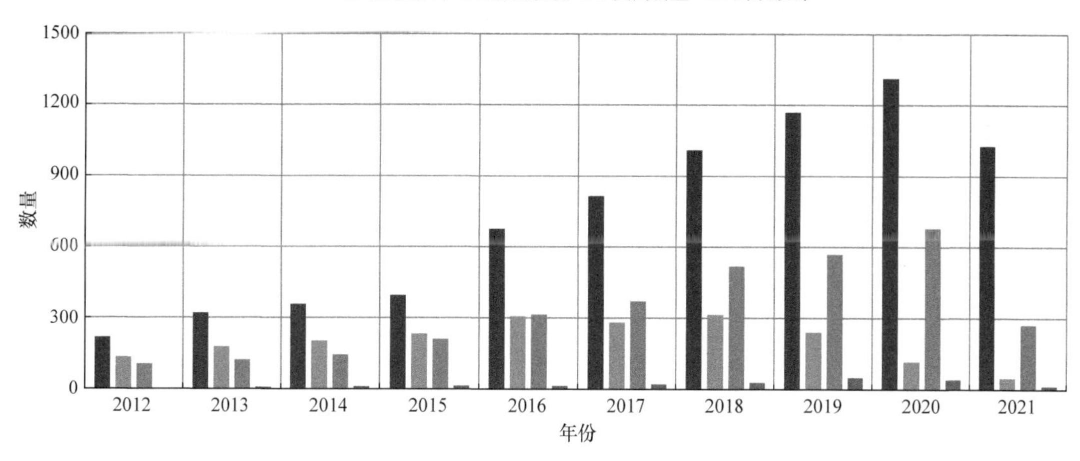

图 17.5 2012—2021 年中国机器视觉专利申请汇总情况（见书后彩插）

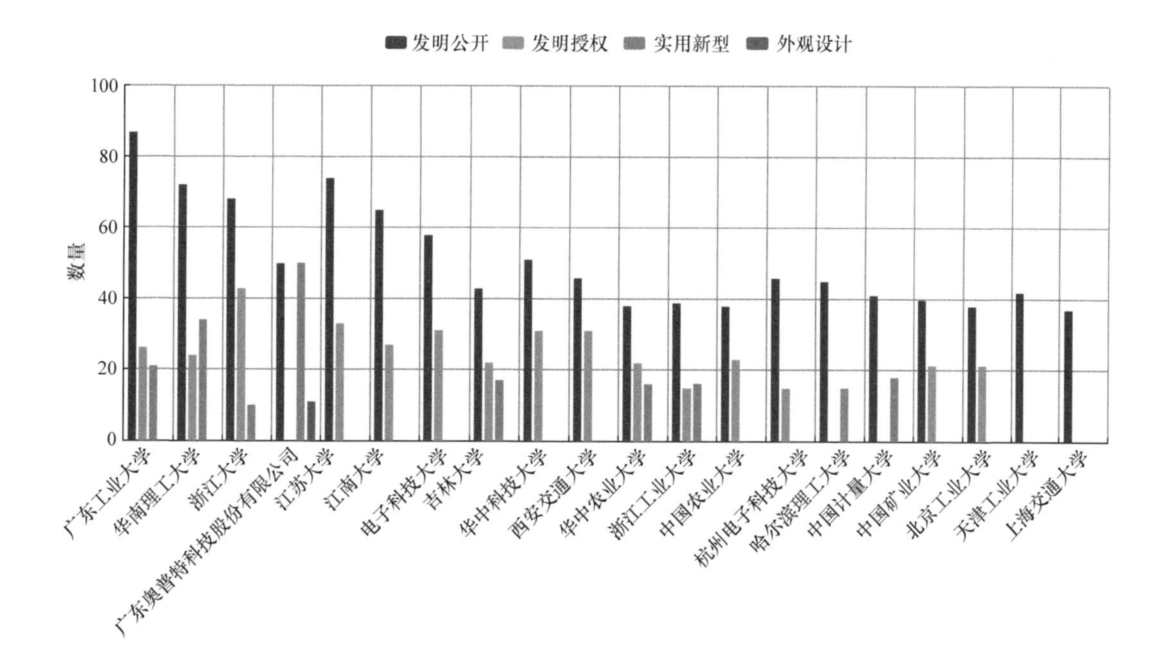

图 17.6 2012—2021 年中国机器视觉专利申请人汇总情况（见书后彩插）

从我国机器视觉部类构成来看，截至 2021 年 12 月 31 日，以发明公开数量统计，G（物理）部类是机器视觉技术的主要类别，共 5474 件，占比 64.23%；其次为 B（作业、运输）部类，共 1691 件，占比 19.84%；H（电学）、A（农业）部类共 469 件，占比 5.50%。2012—2021 年中国机器视觉专利按部分类情况如图 17.8 所示。

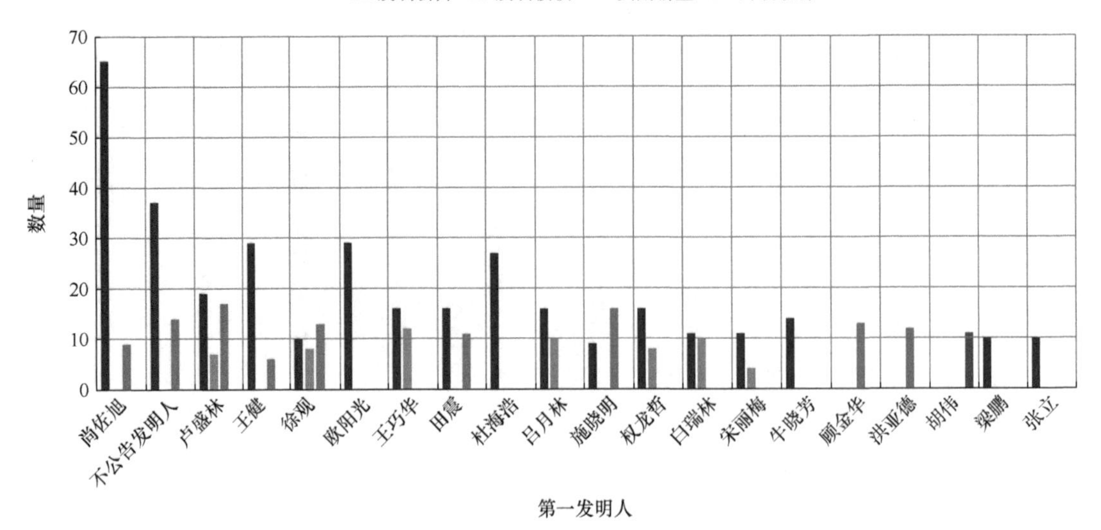

图 17.7　2012—2021 年中国机器视觉专利第一发明人汇总情况（见书后彩插）

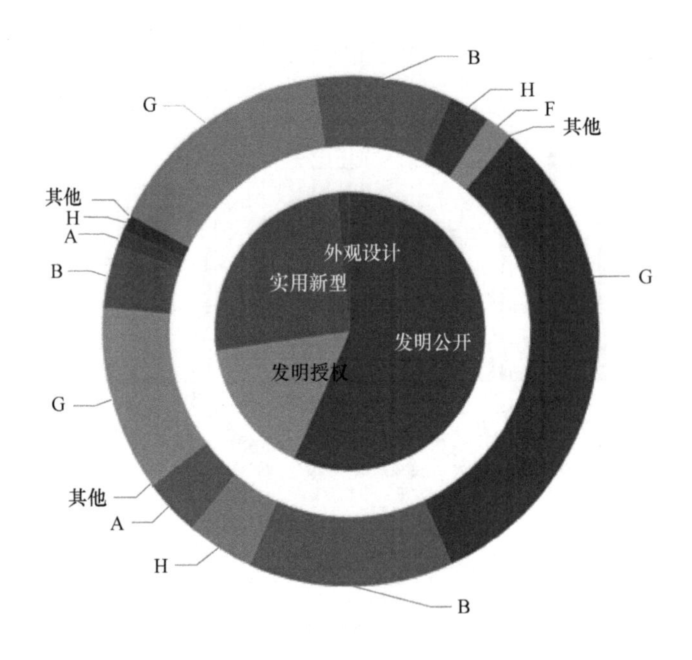

图 17.8　2012—2021 年中国机器视觉专利按部分类情况

（5）行业发展前景分析

目前，随着配套基础建设的完善，技术、资金的积累，各行各业对采用图像和机器视觉技术的工业自动化、智能化需求开始广泛出现，国内有关大专院校、研究所和企业近两年在图像和机器视觉技术领域进行了积极思索和大胆尝试，逐步开始了工业现场的应用。2020—2025 年中国机器视觉行业市场规模预测情况如图 17.9 所示。

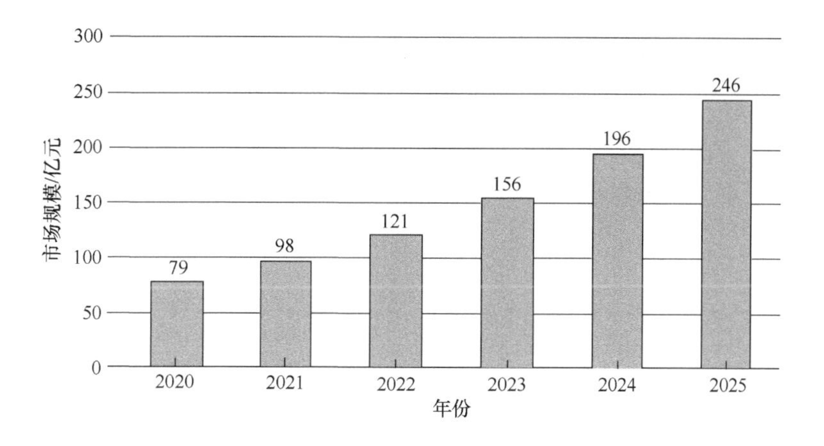

图 17.9 2020—2025 年中国机器视觉行业市场规模预测情况

本章小结

当下机器视觉技术已渗透到工业生产、日常生活以及医疗健康等多个领域中，如工业生产线机器人准确抓取物体、无人商店、手术机器人靶区准确定位等。机器视觉技术的广泛应用极大地改善了人类生活现状，提高了生产力与自动化水平。随着人工智能技术的爆发与机器视觉的介入，自动化设备将朝着更智能、更快速的方向发展，同时机器视觉系统将更加可靠、高效地在各个领域中发挥作用。

机器视觉系统较为复杂，涉及光学成像、图像处理、分析与识别、处理执行等多个环节，每个部分会出现大量的方案与方法，都各有优缺点和其适应范围。因此，如何选择合适的机器视觉解决方案来保证系统的准确性、实时性和鲁棒性等，将一直是研究人员与应用企业关注与努力的方向。

参考文献

[1] Oztemel E, Gursev S. Literature review of Industry 4.0 and related technologies[J]. Journal of Intelligent Manufacturing, 2020, 31(1): 127-182.

[2] 陶飞，戚庆林. 面向服务的智能制造[J]. 机械工程学报, 2018, 54(16): 11-23.

[3] 李清，唐骞璘，陈耀棠，等. 智能制造体系架构、参考模型与标准化框架研究[J]. 计算机集成制造系统, 2018, 24(3): 539-549.

[4] 周佳军，姚锡凡. 先进制造技术与新工业革命[J]. 计算机集成制造系统，2015, 21(8): 1963-1978.

[5] 姚锡凡，练肇通，杨屹，等. 智慧制造——面向未来互联网的人机物协同制造新模式[J]. 计算机集成制造系统, 2014, 20(6): 1490-1498.

[6] 周济. 智能制造——“中国制造 2025”的主攻方向[J]. 中国机械工程，2015, 26(17): 2273-2284.

[7] 王田苗，陶永. 我国工业机器人技术现状与产业化发展战略[J]. 机械工程学报，2014, 50(9): 1-13.

[8] 王诗宇. 智能化工业机器人视觉系统关键技术研究[D]. 沈阳：中国科学院大学(中国科学院沈阳计算技术研究所), 2021.

[9] 宋春华，彭泫知. 机器视觉研究与发展综述[J]. 装备制造技术，2019(6): 213-216.
[10] 杨东. 5G+人工智能机器视觉探索[J]. 通信与信息技术, 2021(1): 60-63.
[11] 朱云，凌志刚，张雨强. 机器视觉技术研究进展及展望[J]. 图学学报，2020, 41(6): 871-890.

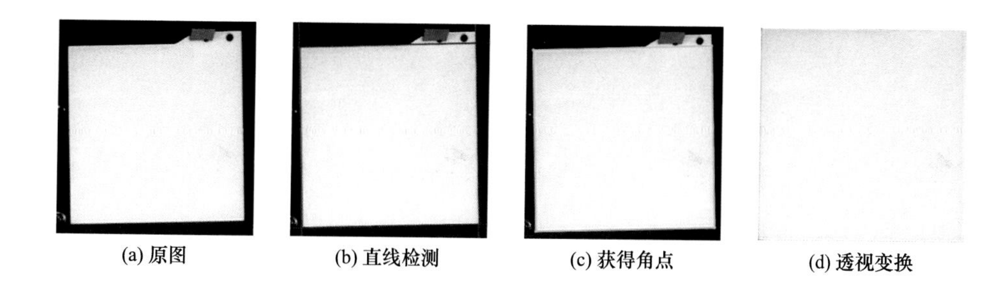

(a) 原图　(b) 直线检测　(c) 获得角点　(d) 透视变换

图 7.7　检测图像预处理

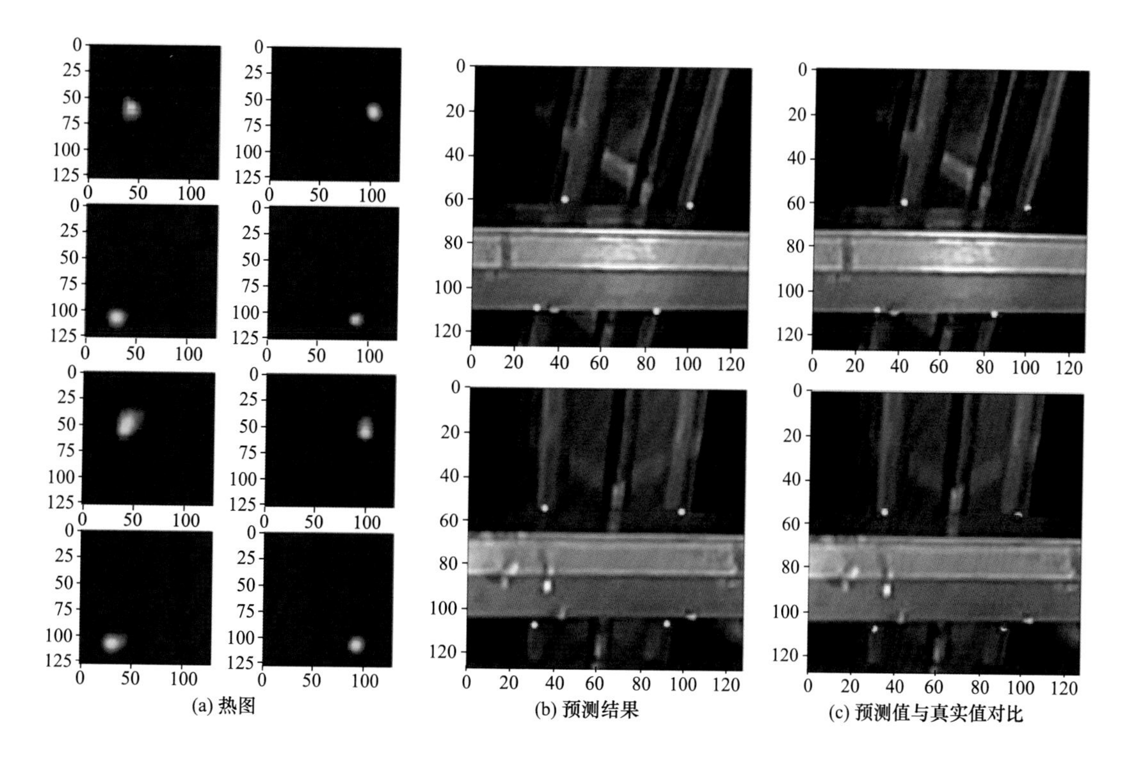

(a) 热图　(b) 预测结果　(c) 预测值与真实值对比

图 10.25　无雾图像预测结果

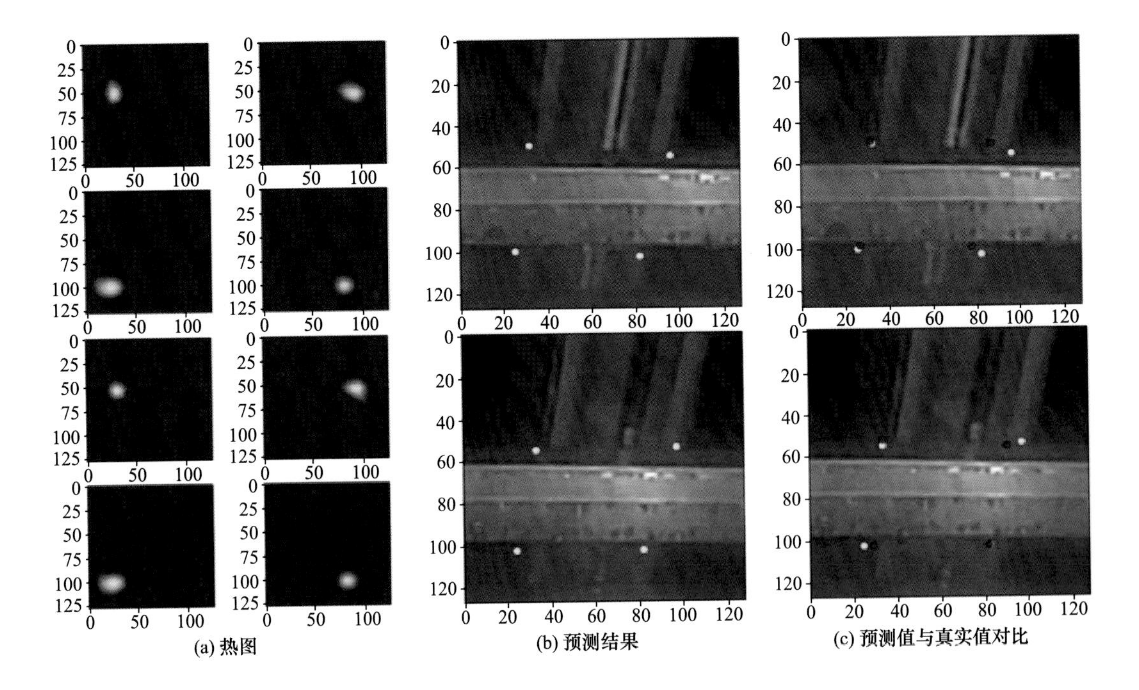

(a) 热图　(b) 预测结果　(c) 预测值与真实值对比

图 10.26　有雾图像预测结果

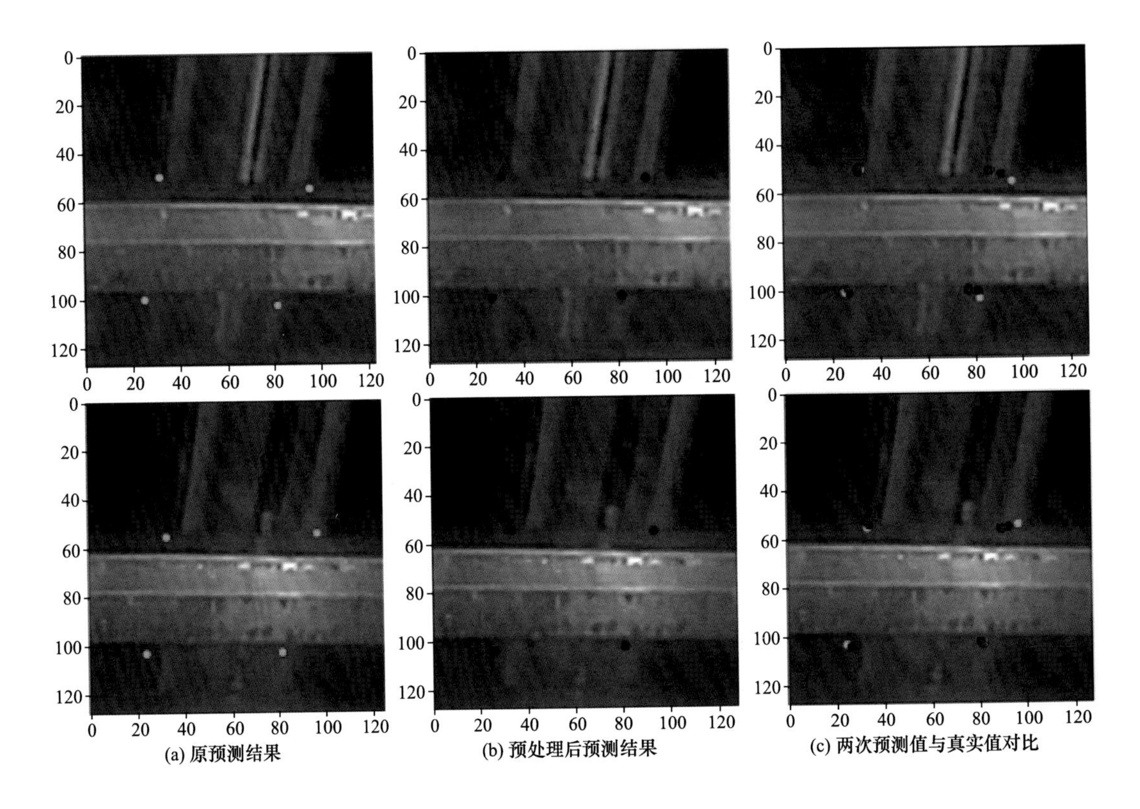

(a) 原预测结果　(b) 预处理后预测结果　(c) 两次预测值与真实值对比

图 10.27　有雾图像预处理后预测结果

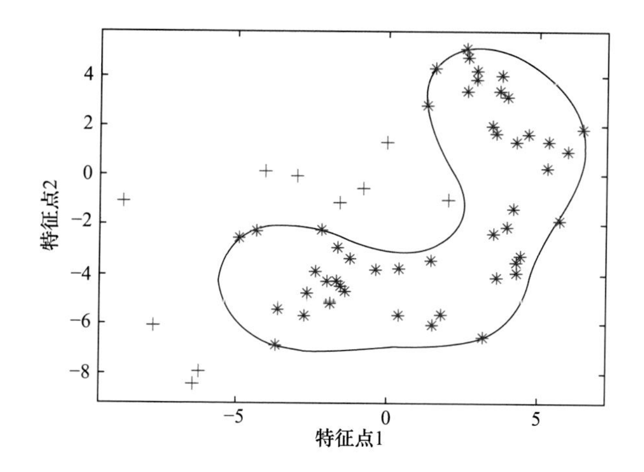

图 13.4　SVDD 二维模型示意图

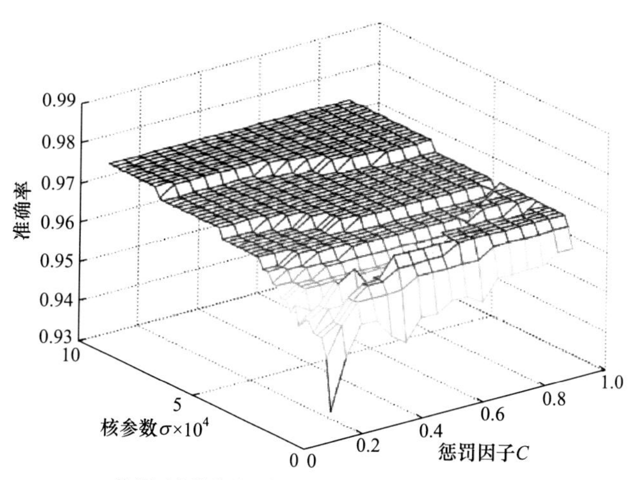

(a) 接触网支柱编号图像CNN+SVDD算法参数寻优结果

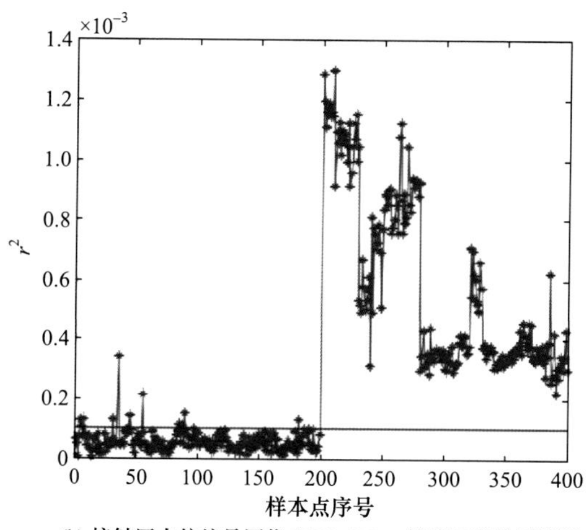

(b) 接触网支柱编号图像CNN+SVDD算法异常检测结果

图 13.16

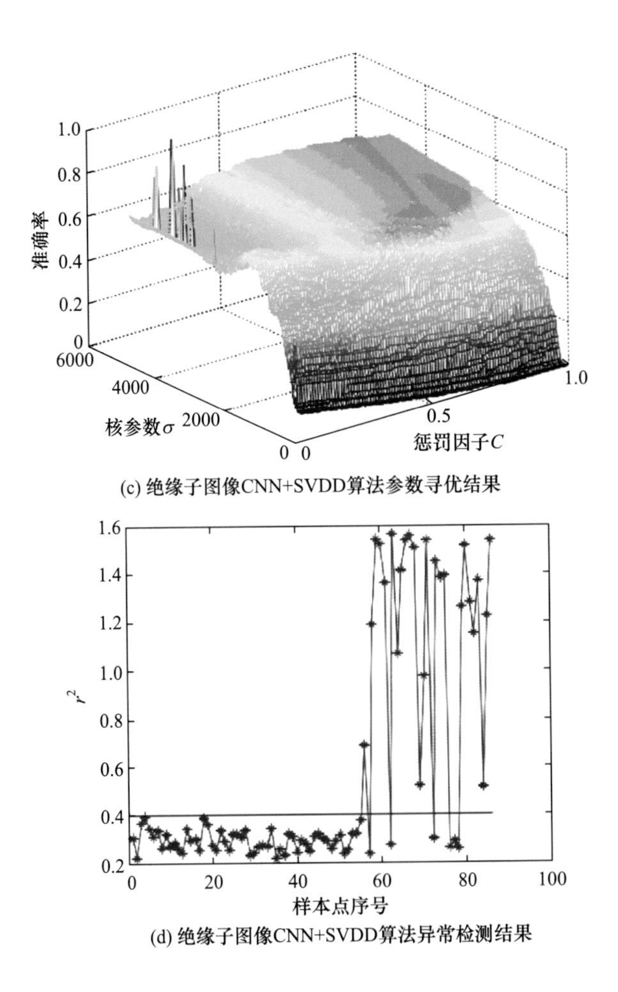

(c) 绝缘子图像CNN+SVDD算法参数寻优结果

(d) 绝缘子图像CNN+SVDD算法异常检测结果

图 13.16 两个数据集的参数寻优结果和最终的异常检测实验结果

(a) 晴天环境下标注结果1

(b) 晴天环境下标注结果2

(c) 阴天环境下标注结果1

(d) 阴天环境下标注结果2

图 15.5 LabelImg 标注结果

(a) 晴天环境下检测对比度图1

(b) 晴天环境下检测对比图2

(c) 阴天环境下检测对比图1

(d) 阴天环境下检测对比图2

图 15.6 不同光照条件下检测结果

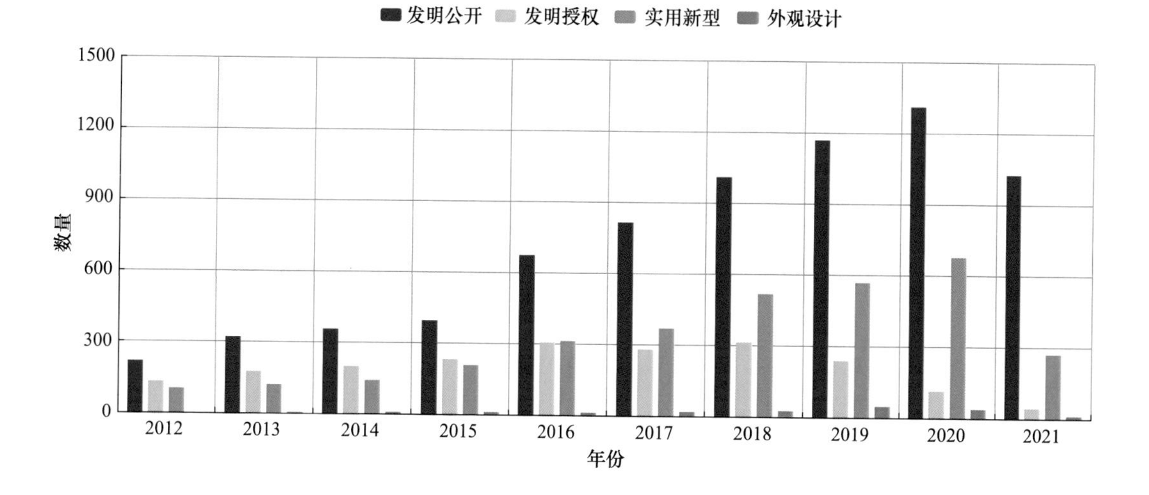

图 17.5 2012—2021 年中国机器视觉专利申请汇总情况

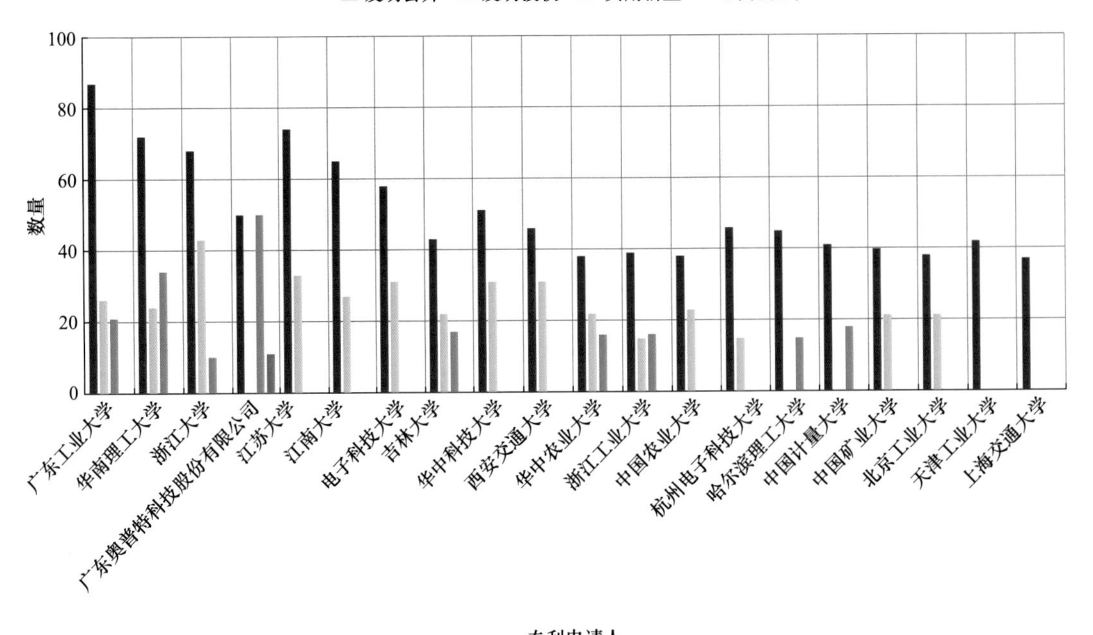

图 17.6 2012—2021 年中国机器视觉专利申请人汇总情况

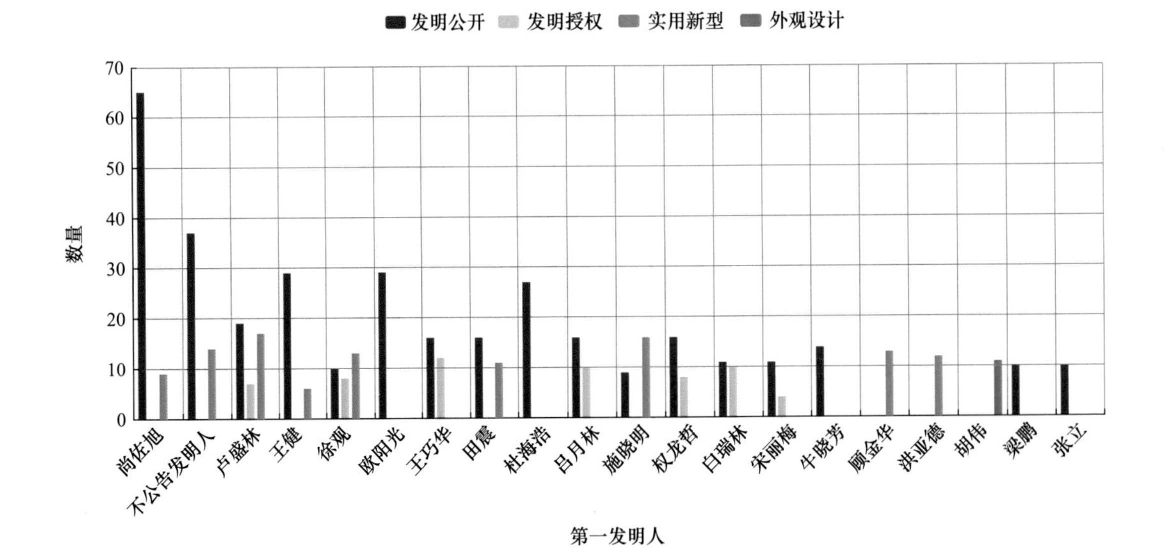

图 17.7 2012—2021 年中国机器视觉专利第一发明人汇总情况